Grundzüge der Beschaffung, Produktion und Logistik

Das Übungsbuch

Sebastian Kummer (Hrsg.)
Oskar Grün
Werner Jammernegg

Grundzüge der Beschaffung, Produktion und Logistik

Das Übungsbuch

2., aktualisierte Auflage

PEARSON

Higher Education
München • Harlow • Amsterdam • Madrid • Boston
San Francisco • Don Mills • Mexico City • Sydney
a part of Pearson plc worldwide

Bibliografische Information der Deutschen Nationalbibliothek

Die Deutsche Nationalbibliothek verzeichnet diese Publikation in der Deutschen Nationalbibliografie; detaillierte bibliografische Daten sind im Internet über *http://dnb.dnb.de* abrufbar.

10 9 8 7 6 5 4 3 2 1

16 15 14 13

ISBN 978-3-86894-094-7

Lilienthalstr. 2, D-85399 Hallbergmoos/Germany

www.pearson.de
A part of Pearson plc worldwide

Programmleitung: Martin Milbradt, mmilbradt@pearson.de
Lektorat: Elisabeth Prümm, epruemm@pearson.de
Korrektorat: Susanne Kossack, Troisdorf
Einbandgestaltung: Thomas Arlt, tarlt@adesso21.net
Herstellung: Claudia Bäurle, cbaeurle@pearson.de
Satz: Nadine Krumm, mediaService, Siegen (www.mediaservice.tv)
Druck und Verarbeitung: GraphyCems, Villatuerta

Printed in Spain

Inhaltsverzeichnis

Vorwort der Autoren zur 2. Auflage

Die positive Resonanz auf die erste Auflage des vorliegenden Übungsbuchs hat uns zur konzeptionellen Fortführung und inhaltlichen Weiterentwicklung des Übungsbuches angeregt. Sowohl die Struktur des Übungsbuchs als auch die Inhalte haben wir analog zur dritten Auflage des Textbuchs gestaltet. Die Übungsaufgaben wurden umfassend überarbeitet und um zusätzliche Aufgaben zur Abdeckung der neuen Inhalte des Textbuchs erweitert.

Das didaktische Konzept inklusive der Kennzeichnung unterschiedlicher Schwierigkeitsgrade bei einzelnen Aufgabenstellungen hat sich in der Praxis bewährt und wird daher unverändert fortgeführt:

Reine Lernfragen im Sinne einer Wiederholung des Textbuches sind nicht speziell gekennzeichnet.

⋆ Fragen und Aufgaben, welche die Anwendung eines Schemas, die Kombination verschiedener Bereiche oder moderaten Rechenaufwand erfordern.

⋆⋆ Fragen und Aufgaben, welche eine vertiefte Reflexion des Stoffes und/oder hohen Rechenaufwand erfordern.

Die Herausgeber danken Herrn Professor Peter Faller für seine kritische Durchsicht und Herrn Wolfram Groschopf für die Koordination der Autoren und mit dem Verlag. Für die Unterstützung bei der Zusammenstellung der Übungsbeispiele möchten wir uns bei den MitarbeiterInnen Patricia Rogetzer, Patrick Jörg und Martin Hrusovsky bedanken. Unser Dank gilt auch dem Verlag für die stets gute Zusammenarbeit, insbesondere Herrn Martin Milbradt.

Wien, im April 2013
Sebastian Kummer,
Oskar Grün,
Werner Jammernegg

Vorwort der Autoren zur 1. Auflage

Aus der Innovationsforschung wissen wir, dass viele erfolgreiche Anregungen von Kunden kommen. Da wir nicht nur betriebswirtschaftliche Tatbestände lehren, sondern diese auch umsetzen, haben wir die Anregung, ein Übungsbuch herauszubringen, die aus dem akademischen und nicht-akademischen Leser- und Benutzerkreis des Lehrbuches „Grundzüge der Beschaffung, Produktion und Logistik" und auch vom Verlag an uns herangetragen wurde, gerne aufgenommen.

Den Studierenden wird in diesem Buch die Möglichkeit geboten, sich auch über die Kontrollfragen des Textbuches hinaus mit dem Stoff auseinanderzusetzen und ihr Wissen zu überprüfen. Natürlich dient das Übungsbuch auch dazu, sich auf Prüfungen im Bereich Beschaffung, Produktion und Logistik vorzubereiten.

Das Übungsbuch übernimmt die Gliederungsstruktur des Textbuches, um die Lesbarkeit und parallele Benutzung zu gewährleisten. Jedes Hauptkapitel beginnt mit einer Zusammenfassung der wichtigsten Sachverhalte. Im Anschluss daran finden sich die Übungsfragen und -aufgaben. Als didaktische Hilfe ist der Schwierigkeitsgrad der Fragen und Übungsaufgaben mit Sternen gekennzeichnet.

Reine Lernfragen im Sinne einer Wiederholung des Textbuches sind nicht speziell gekennzeichnet.

* Fragen und Aufgaben, welche die Anwendung eines Schemas, die Kombination verschiedener Bereiche oder moderaten Rechenaufwand erfordern.

** Fragen und Aufgaben, welche eine vertiefte Reflexion des Stoffes und/oder hohen Rechenaufwand erfordern.

Im Anschluss an jedes Kapitel finden sich Musterlösungen.

Die Herausgeber danken den Professoren Peter Faller und Kathrin Fischer für ihre kritische Durchsicht, Frau Andrea Wittmann für die hilfreichen Anmerkungen und Herrn Wolfram Groschopf für die Koordination unter den Autoren und mit dem Verlag. Für die Unterstützung bei der Zusammenstellung der Übungsbeispiele möchten wir uns bei den MitarbeiterInnen Johannes Fichtinger, Heidi Rosic und Monika Weishäupl bedanken. Unser Dank gilt auch dem Verlag für die gewohnt gute Zusammenarbeit, insbesondere Herrn Christian Schneider und Herrn Dr. Rainer Fuchs.

Wir würden uns über Rückmeldungen, Fragen und Anregungen aus dem Leserkreis sehr freuen und wünschen Ihnen viel Erfolg beim Üben.

Sebastian Kummer,
Oskar Grün,
Werner Jammernegg

Die Autoren

Teil I

Mag. Wolfram Groschopf ist Mitarbeiter des Instituts für Transportwirtschaft und Logistik der Wirtschaftsuniversität Wien. Im Rahmen seiner Lehr- und Forschungstätigkeit beschäftigt er sich mit Logistikmanagement und Supply Chain Management.
E-Mail: *wolfram.groschopf@wu.ac.at*

Teil II

em. o. Univ.Prof. Dr. Oskar Grün war Vorstand des Instituts für Organisation und Materialwirtschaft der Wirtschaftsuniversität Wien. Konzeptionelle Fragen sowie Kern- und Supportprozesse der Materialwirtschaft bilden den Schwerpunkt seiner Lehre und Forschung.
E-Mail: *oskar.gruen@wu.ac.at*

Mag. Jean-Claude Brunner ist wissenschaftlicher Mitarbeiter am Institut für Organisation und Materialwirtschaft der Wirtschaftsuniversität Wien. Seine Forschungsinteressen sind Organisationsgrenzen und Wertschöpfungsnetzwerke.
E-Mail: *jean-claude.brunner@wu.ac.at*

Teil III

Univ.Prof. Dipl.-Ing. Dr. Werner Jammernegg ist Vorstand des Instituts für Produktionsmanagement der Wirtschaftsuniversität Wien. Seine Schwerpunkte in Forschung, Lehre und Beratung liegen im Operations Management und im Supply Chain Management.
E-Mail: *werner.jammernegg@wu.ac.at*

Dr. Martin Poiger ist Lektor und stellvertretender Studiengangsleiter in den Studiengängen „Logistik und Transportmanagement" der Fachhochschule des bfi Wien. Des Weiteren ist er Lehrbeauftragter an der Wirtschaftsuniversität Wien sowie an der Donauuniversität Krems. Seine fachlichen Schwerpunkte liegen in den Bereichen Prozess- und Qualitätsmanagement, Supply Chain Management und wissenschaftliche Methoden.
E-Mail: *martin.poiger@fh-vie.ac.at*

Teil IV

Univ.Prof. Dr. Sebastian Kummer ist Vorstand des Instituts für Transportwirtschaft und Logistik der Wirtschaftsuniversität Wien. Als praxisorientierter Wissenschaftler führt er sowohl wissenschaftliche Forschungsprojekte als auch Beratungsvorhaben zu aktuellen Fragen des Logistikmanagements und des Supply Chain Management durch.
E-Mail: *sebastian.kummer@wu.ac.at*

TEIL I

Grundlagen der betrieblichen Leistungserstellung

Wolfram Groschopf

1 Betriebliche Leistungserstellung

Wirtschaften bedeutet planmäßiges Handeln von Wirtschaftssubjekten (Unternehmen, Haushalten) mit der Absicht, Bedürfnisse zu befriedigen. Da im Normalfall die Bedürfnisse die vorhandenen Mittel übersteigen, muss zwischen alternativ zu verwendenden knappen Mitteln gewählt werden. Dies erfolgt unter Einhaltung des **ökonomischen Prinzips**, das in zwei Ausprägungen existiert: beim Minimumprinzip wird mit möglichst geringen Mitteln (Input) ein gegebenes Ergebnis (Output) erzielt. Beim Maximumprinzip wird mit gegebenen Mitteln (Input) ein möglichst hohes Ergebnis (Output) erzielt.

Unternehmen definieren Ziele, um planmäßig handeln zu können. Dabei wird zwischen **Sachzielen** und **Formalzielen** unterschieden. Zur Erreichung dieser Ziele können Unternehmen ihre Aufgabenerfüllung auf unterschiedliche Art und Weise organisieren. Die traditionelle Organisationsform ist die funktionale Organisation. Eine **Funktion** entsteht durch die Zusammenfassung gleichartiger Aufgaben. Ein **Funktionsbereich** (z.B. Beschaffung) ist ein abgegrenzter Bereich zur Aufgabenerfüllung innerhalb einer betrieblichen Organisation. Durch die Bündelung von Aufgaben zu Funktionen und deren Erfüllung in Funktionsbereichen werden Spezialisierungsvorteile erzielt.

Die **Beschaffung** versorgt das Unternehmen mit Roh-, Hilfs- und Betriebsstoffen, Zulieferteilen, Waren, Betriebsmitteln, Dienstleistungen, Personal, Informationen und Kapital in entsprechender Art, Menge und Qualität zum richtigen Zeitpunkt und am richtigen Ort. Die **Produktion** erzeugt aus den beschafften Materialien und Teilen durch Kombination der Produktionsfaktoren (Arbeit, Betriebsmittel, Material) die durch die speziellen Sachziele vorgegebenen Produkte. Der **Absatz** (Vertrieb) behandelt den Verkauf (marktliche Verwertung) der erstellten Leistungen. Die **Logistik** umfasst die Durchführung und Steuerung aller Transport-, Lager- und Umschlagsvorgänge, die in und zwischen Unternehmen getätigt werden. Darüber hinaus existieren logistische Dienstleistungen wie Verpacken, Kommissionieren, Etikettieren oder Palettieren, deren Management ebenfalls von Bedeutung ist. Die Logistik als Koordinationsfunktion geht über die Optimierung der material- und warenflussbezogenen Dienstleistungen innerhalb der betrieblichen Funktionsbereiche hinaus und zielt auf eine Abstimmung zwischen den unterschiedlichen Funktionsbereichen ab.

Die **Betriebswirtschaftslehre** beschreibt und erklärt wirtschaftliche Aktivitäten in Unternehmen und entwickelt Handlungsempfehlungen. In diesem Zusammenhang hat sich eine Vielzahl von Teildisziplinen herausgebildet. Jürgen Weber unterscheidet in seiner Klassifikation der speziellen Betriebswirtschaftslehren zwischen Wirtschaftszweiglehren, Faktorenlehren, Funktionenlehren, Führungslehren und Metaführungslehren (auch Querschnittsfunktionslehren genannt).

Die **speziellen Betriebswirtschaftslehren Beschaffung** und **Produktion** zählen zu den Funktionenlehren. Gegenstand der speziellen Betriebswirtschaftslehre der **Logistik** sind sowohl Funktionen wie Lagerung und Transport als auch Funktions- und Führungsteilsysteme koordinierende Aktivitäten. Logistik ist – wie das **Supply Chain Management** – den Metaführungslehren zuzuordnen.

Folgende Tatbestände werden im Rahmen der betrieblichen Leistungserstellung behandelt:

- Was ist ein Unternehmen?
- Welche Arten von Zielen verfolgen Unternehmen?
- Wozu dienen betriebliche Funktionen und Funktionsbereiche?
- Welche Aufgaben erfüllen die Funktionsbereiche Beschaffung, Produktion, Absatz und Logistik?
- Welche Stellung haben Beschaffung, Produktion und Logistik innerhalb der Betriebswirtschaftslehre?

Fragen

1.1 Ziele als Ausgangspunkt wirtschaftlichen Handelns

1. Definieren Sie den Begriff des Wirtschaftens.
2. Das ökonomische Prinzip existiert in zwei Ausprägungen. Nennen und erläutern Sie beide Ausprägungen und nennen Sie je ein Beispiel.
3. Worin besteht das allgemeine Sachziel eines Unternehmens?
4. ⋆ Zu welchem Zweck definieren Unternehmen Formalziele?
5. Welche Inhalte werden bei Formalzielen unterschieden? Nennen Sie alle vier und führen Sie je ein Beispiel an.
6. ⋆ Was verstehen Sie unter einem Zielkonflikt?
7. Zwischen welchen Formalzielen treten häufig Zielkonflikte auf?
8. ⋆ Welche drei Akteure sollen im Rahmen des nachhaltigen Wirtschaftens zusammenarbeiten?
9. Was verstehen Sie unter dem Begriff „Corporate Social Responsibility" (CSR)?
10. Nach Abschluss Ihrer Ausbildung möchten Sie gemeinsam mit einem Bäckermeister eine Bäckerei eröffnen, wobei Sie alle wirtschaftlichen und personellen Agenden übernehmen.
    a. Definieren Sie ein allgemeines und mögliche spezielle Sachziele, die diese Bäckerei verfolgen könnte.
    b. Formulieren Sie Beispiele für wirtschaftliche, technische, soziale und ökologische Formalziele, die diese Bäckerei anstreben könnte.

1.2 Beschaffung, Produktion und Logistik als betriebliche Funktionen und Funktionsbereiche

11. Wie entsteht eine betriebliche Funktion?
12. Definieren Sie den Begriff des betrieblichen Funktionsbereiches.
13. Welche Aufgabe erfüllt die Beschaffung?
14. Nennen Sie die Aufgabe der Produktion.
15. Welche wesentlichen Produktionsfaktoren werden bei der Dienstleistungsproduktion unterschieden?
16. Worin besteht die Aufgabe des Absatzes?
17. Warum kommt dem Absatz besondere Bedeutung zu?
18. Mit welchen Vorgängen in und zwischen Unternehmen beschäftigt sich die Logistik?
19. Zählen Sie logistische Dienstleistungen auf.
20. Welche zusätzlichen Aufgaben übernimmt die Logistik in ihrer Eigenschaft als Koordinationsfunktion?
21. Nennen Sie Spezialisierungsvorteile, die durch die Bündelung von Aufgaben zu Funktionen und deren Erfüllung in Funktionsbereichen erzielt werden können.

1.3 Beschaffung, Produktion und Logistik als Spezielle Betriebswirtschaftslehren

22. Was ist die Hauptaufgabe der Betriebswirtschaftslehre als eine realwissenschaftliche Disziplin der Sozial- und Geisteswissenschaften?
23. Welche Arten von speziellen Betriebswirtschaftslehren unterscheidet Jürgen Weber in seiner Klassifikation?
24. Womit beschäftigen sich die Funktionenlehren?
25. Beschreiben Sie das Beschäftigungsfeld der Metaführungslehren. Wie werden diese noch genannt?
26. Ordnen Sie die speziellen Betriebswirtschaftslehren Beschaffung, Produktion und Logistik in die Systematik nach Jürgen Weber ein.

Lösungen

1. Wirtschaften bedeutet planmäßiges Handeln mit der Absicht, Bedürfnisse zu befriedigen.
2. Beim Maximumprinzip wird mit gegebenen Mitteln ein möglichst großer Bedarfsdeckungseffekt erzielt (z.B.: Ein Einkäufer will mit 100.000 € möglichst viele Maschinen kaufen). Beim Minimumprinzip soll ein gegebener Bedarfsdeckungseffekt mit möglichst wenigen Mitteln erzielt werden (z.B.: Ein Einkäufer will 10 Maschinen zu einem möglichst günstigen Preis einkaufen).
3. Das allgemeine Sachziel eines Unternehmens besteht in der Bereitstellung von Gütern und Dienstleistungen (zusammengefasst als Produkte) mit dem Ziel der (eigenen oder) fremden Bedürfnisbefriedigung.
4. Unternehmen definieren Formalziele (Erfolgsziele), da sie Handlungskriterien zur Erreichung der unternehmerischen Sachziele liefern. So soll beispielsweise die Herstellung von Backwaren (allgemeines Sachziel) zu minimalen Kosten (Formalziel) erfolgen.
5. Bei Formalzielen wird zwischen wirtschaftlichen (z.B. Gewinnerzielung), technischen (z.B. Flexibilität der Produktion), sozialen (z.B. humane Arbeitsbedingungen) und ökologischen (z.B. Umweltschutz) Inhalten unterschieden.
6. Bei Vorliegen eines Zielkonflikts ist die Verfolgung eines Zieles nur zu Lasten eines anderen Zieles möglich (konfliktäre Ziele). Darüber hinaus existieren Ziele, die einander ergänzen (komplementäre Ziele) oder einander nicht beeinflussen (indifferente Ziele).
7. Wirtschaftliche Formalziele stehen häufig in Konflikt mit sozialen und ökologischen Formalzielen. So wird die Gewinnerzielung beispielsweise durch den Kauf von Schutzbekleidung für die Mitarbeiter oder den Einbau von Schadstofffiltern zur Emissionsreduktion beeinträchtigt.
8. Im Rahmen des nachhaltigen Wirtschaftens ist die Zusammenarbeit von Unternehmen, Politik und Gesellschaft notwendig, um größtmöglichen langfristigen Nutzen für alle Beteiligten und Betroffenen sicherzustellen.
9. Unter dem Begriff der „Corporate Social Responsibility“ (CSR) werden alle freiwilligen Maßnahmen von Unternehmen zusammengefasst, die auf einen verantwortungsvollen Umgang mit Mensch und Natur abzielen. Diese Maßnahmen gehen über die gesetzlich geregelten Verpflichtungen des Unternehmens (z.B. Einhaltung von Umweltstandards) hinaus.
10. Die folgenden Lösungsansätze stellen Beispiele dar, abweichende Lösungen sind daher vor allem in Bezug auf die Formalziel-Inhalte möglich:
    a. Das allgemeine Sachziel einer Bäckerei besteht in der Bereitstellung von Backwaren. Spezielle Sachziele betreffen die Art (z.B. Semmel, Brot) und Menge (z.B. 10.000 Semmeln, 1.000 Brote) der Produkte, die in einem bestimmten Zeitraum (z.B. innerhalb eines Arbeitstages) produziert werden sollen.

b. Die wirtschaftlichen Formalziele sichern das Überleben der Bäckerei durch Gewinnziele (z.B. Verzinsung des Eigenkapitals von 10% pro Jahr, Sicherung der Zahlungsfähigkeit des Unternehmens, Erzielung eines Umsatzes von 3.500.000 € im ersten Geschäftsjahr). Technische Formalziele können die Flexibilität der Produktion betreffen (z.B. in einem Ofen sollen unterschiedliche Brotsorten gebacken werden), die Durchlaufzeiten in der Produktion (z.B. sollen angelieferte Rohstoffe innerhalb eines Tages verarbeitet werden) oder die Qualität der Produktion (z.B. soll die Ausschussrate nicht mehr als 2% betragen). Soziale Formalziele betreffen die soziale Verantwortung, die Sie als Unternehmer vor allem gegenüber Kunden und Mitarbeitern, aber auch gegenüber der Gesellschaft tragen. In Bezug auf Kunden ist die ausschließliche Verwendung unbedenklicher, geprüfter Rohstoffe für Ihre Backwaren wichtig. Soziale Formalziele in Bezug auf die eigenen Mitarbeiter betreffen die Schaffung von menschenwürdigen, nicht gesundheitsgefährdenden Arbeitsbedingungen im Unternehmen (z.B. Einhaltung von Sicherheitsstandards, regelmäßige ärztliche Untersuchungen). Darüber hinaus stellt die Schaffung und Erhaltung von dauerhaften Arbeitsplätzen in der Bäckerei ein soziales Formalziel gegenüber Mitarbeitern und der Gesellschaft dar. Ökologische Formalziele betreffen den verantwortungsvollen, sparsamen Umgang mit natürlichen Ressourcen (z.B. Recycling von Öl aus der Produktion, Einhaltung gesetzlicher Emissionsgrenzwerte).

11. Eine Funktion entsteht durch die Zusammenfassung gleichartiger Aufgaben. So werden beispielsweise in der Funktion Produktion alle Herstellungsprozesse zusammengefasst.

12. Ein Funktionsbereich ist ein abgegrenzter Bereich zur Aufgabenerfüllung innerhalb einer betrieblichen Organisation.

13. Aufgabe der **Beschaffung** ist es, das Unternehmen mit Roh-, Hilfs- und Betriebsstoffen, Zulieferteilen, Waren, Betriebsmitteln, Dienstleistungen, Personal, Informationen und Kapital in entsprechender Art, Menge und Qualität zum richtigen Zeitpunkt und am richtigen Ort zu versorgen.

14. Die **Produktion** erzeugt aus den beschafften Materialien und Teilen durch Kombination der Produktionsfaktoren (Arbeit, Betriebsmittel, Material) die durch das Sachziel vorgegebenen Produkte.

15. Bei der Dienstleistungsproduktion sind Arbeit und Informationen die wesentlichen Produktionsfaktoren. (Bei Dienstleistungen, die an Menschen oder Objekten erbracht werden, ist zusätzlich deren Anwesenheit erforderlich, z.B. Haarschnitt, zu transportierendes Gut).

16. Unter dem Begriff **Absatz** werden die Maßnahmen zum Verkauf der erstellten Produkte zusammengefasst.

17. Der Absatz von Sachgütern und Dienstleistungen ist die wichtigste Einnahmequelle des Unternehmens und die Grundlage aller anderen unternehmerischen Aktivitäten, da die geplanten Absatzmengen die Planungsgrundlage für die anderen Bereiche (Beschaffung, Produktion und Logistik) bilden.

18. Die Funktion Logistik umfasst alle Transport-, Lager- und Umschlagsvorgänge, die in und zwischen Unternehmen getätigt werden sowie deren Steuerung.

19. Logistische Dienstleistungen sind Verpacken, Kommissionieren, Etikettieren und Palettieren.

20. Die Logistik als Koordinationsfunktion befasst sich mit der Abstimmung zwischen den einzelnen betrieblichen Funktionsbereichen.
21. Wesentliche Spezialisierungsvorteile sind die Realisierung von Lern- bzw. Erfahrungskurveneffekten in den einzelnen Funktionsbereichen. Darüber hinaus lassen sich Teilsysteme wie die Beschaffung einfacher leiten als das Gesamtsystem Unternehmen.
22. Die Betriebswirtschaftslehre beschreibt und erklärt wirtschaftliche Aktivitäten in Unternehmen und entwickelt Handlungsempfehlungen.
23. Jürgen Weber unterscheidet zwischen Wirtschaftszweiglehren, Faktorenlehren, Funktionenlehren, Führungslehren und Metaführungslehren (Querschnittsfunktionslehren).
24. Funktionenlehren behandeln die Aktivitäten einzelner betrieblicher Funktionsbereiche (z.B. Beschaffung, Produktion, Absatz).
25. Metaführungslehren oder Querschnittsfunktionslehren befassen sich mit wirtschaftlichen Aktivitäten, die nicht einzelne Faktoren, Funktionen oder Führungsteilsysteme betreffen, sondern übergreifend eine Koordination der Aktivitäten im Unternehmen vornehmen.
26. Die speziellen Betriebswirtschaftslehren Beschaffung und Produktion zählen zu den Funktionenlehren. Die spezielle Betriebswirtschaftslehre Logistik umfasst sowohl Funktionen wie Lagerung und Transport als auch Funktions- und Führungsteilsysteme koordinierende Aktivitäten. Logistik ist – wie das Supply Chain Management – den Metaführungslehren zuzuordnen.

2 Transformationsebenen im Unternehmen

In Unternehmen werden drei Ebenen der betrieblichen Leistungserstellung (Transformationsebenen) unterschieden, die alle Funktionsbereiche betreffen können und unterschiedliche Aspekte der Leistungserstellung abdecken.

Die **Güterebene** (bonetäre Ebene) behandelt den Material- bzw. Warenfluss (Roh-, Hilfs- und Betriebsstoffe, Zulieferteile, Waren, Halbfertig- und Fertigprodukte) in und zwischen Unternehmen. Sämtliche damit zusammenhängenden Aktivitäten erledigt die Logistik: Der Material- und Güterfluss erstreckt sich im Rahmen der Beschaffungslogistik vom Lieferanten bis in den Wareneingang des Unternehmens (Eingangslager). In der Produktion erfolgt die Verarbeitung der Materialien in Abstimmung mit der Produktionslogistik. Nach der Fertigung „fließt" das Produkt im Rahmen der Distributionslogistik über Fertigwaren- und Auslieferungslager zum Kunden. Der Strom von Recyclinggütern, Verpackungen und Leergut verläuft in die entgegengesetzte Richtung zurück zum Lieferanten oder zu einem Entsorgungsunternehmen im Rahmen der Entsorgungslogistik.

Die **Finanzebene** (monetäre Ebene) behandelt Geldflüsse in und zwischen Unternehmen. Diese Geldflüsse werden durch Zahlungsverpflichtungen für die Lieferung von Materialien, Halbfertigprodukten und Fertigprodukten oder für erbrachte Dienstleistungen ausgelöst. Die Ströme auf der Finanzebene verlaufen im Normalfall in entgegengesetzter Richtung zu den Strömen auf der Güterebene.

Die **dispositive Ebene** (Informations-, Planungs- und Entscheidungsebene) behandelt den Informationsfluss, sämtliche Planungsprozesse und das Fällen von Entscheidungen in einem Unternehmen, zwischen Unternehmen und seinen Lieferanten beziehungsweise Kunden und sonstigen Institutionen (z.B. öffentliche Verwaltung). Die Planung der betrieblichen Leistungserstellung erfolgt ausgehend von der Produktprogrammplanung über die Absatzplanung hin zur Produktions- und Beschaffungsplanung. Die Aktivitäten auf der dispositiven Ebene sind den Tätigkeiten auf den anderen Ebenen zeitlich vorgelagert und dienen der Umsetzung, Steuerung und Kontrolle der betrieblichen Aktivitäten. Die Reihenfolge der dispositiven Tätigkeiten ist von der Beziehung der Produktion zum Absatzmarkt abhängig. Die dispositive Ebene umfasst drei Management-Ebenen: Das strategische Management trifft Grundsatzentscheidungen der betrieblichen Leistungserstellung zur Nutzung von Chancen und der Abwehr von Gefahren. Auf der Ebene des taktischen Managements werden die vom Top-Management getroffenen strategischen Grundsatzentscheidungen konkretisiert. Das operative Management trifft kurzfristige Entscheidungen, die zum wirtschaftlichen Vollzug der Leistungserstellungsprozesse für ein gegebenes Produktprogramm nötig sind.

Folgende Tatbestände werden im Rahmen dieses Kapitels behandelt:

- Welche Transformationsebenen unterscheidet man bei der betrieblichen Leistungserstellung?
- Wie wird der Güterfluss gestaltet?
- Welche Zahlungsströme lassen sich auf der Finanzebene unterscheiden?
- Wie gestaltet sich die Entscheidungsfindung auf der dispositiven Ebene?
- Welche Management-Ebenen werden in Unternehmen unterschieden?

Fragen

2.1 Güterebene

1. In welchen Formen treten Material- und Güterflüsse auf der Güterebene auf?
2. ⋆ Güterflüsse treten innerhalb oder zwischen Unternehmen auf. Ordnen Sie die folgenden Sachverhalte einer der beiden Möglichkeiten zu:

	Innerbetrieblicher Güterfluss	Zwischenbetrieblicher Güterfluss
Pakettransport per Post		
Entnahme von Rohstoffen für die Produktion aus dem Eingangslager		
Versand fertiger Erzeugnisse an den Kunden		
Einlagerung der Erzeugnisse in das Fertigwarenlager		

3. Nennen Sie die wichtigsten Stationen entlang des Material- und Güterflusses vom Lieferanten zum Kunden unter Angabe des entsprechenden logistischen Teilbereichs.
4. Welche Ströme auf der Güterebene verlaufen entgegen der gewöhnlichen Flussrichtung?
5. ⋆ Skizzieren Sie den Realgüterstrom für Ihre neu gegründete Bäckerei am Beispiel des Produkts Semmel gemäß dem Schema im Lehrbuch (*Abbildung 2.2*). Eine Semmel besteht aus den Rohstoffen Weizenmehl, Wasser, Hefe und Salz. Berücksichtigen Sie dabei, dass die Produktion in mehreren Schritten (Teig anrühren, Teigrohlinge formen, Gärung, Backen) erfolgt.

2.2 Finanzebene

6. Welche Flüsse werden auf der Finanzebene betrachtet?
7. ⋆ Wie verhalten sich die Flüsse auf der Finanzebene in Vergleich zu den Flüssen auf der Güterebene?
8. Welche Ströme auf der Finanzebene verlaufen entgegen der gewöhnlichen Flussrichtung?
9. Wozu dienen interne Verrechnungspreise?
10. ⋆ Skizzieren Sie die Geldflüsse (Nominalgüterstrom) für Ihre neu gegründete Bäckerei gemäß dem Schema im Lehrbuch (*Abbildung 2.3*) ausgehend von der Annahme, dass Sie nicht mit internen Verrechnungspreisen arbeiten.

2.3 Dispositive Ebene

11. Welche Flüsse werden auf der dispositiven Ebene betrachtet?
12. Erläutern Sie den Begriff der Planung.
13. Welcher Zusammenhang besteht zwischen Produktprogramm-, Absatz-, Produktions- und Beschaffungsplanung?
14. Auf der dispositiven Ebene werden drei Arten von Management- und Führungsprozessen (dispositive Tätigkeiten) unterschieden. Nennen Sie alle drei Arten und führen Sie je ein Beispiel an.
15. In welchem zeitlichen Verhältnis stehen Aktivitäten auf der dispositiven Ebene zu Aktivitäten auf der Güter- und Finanzebene?
16. Wovon ist die Abfolge der dispositiven Tätigkeiten abhängig?
17. Erläutern Sie das Konzept der Lagerproduktion und führen Sie an, in welcher Reihenfolge die internen und externen (lieferanten- und kundenseitigen) dispositiven Tätigkeiten bei der Lagerproduktion erfolgen.
18. Erläutern Sie das Konzept der auftragsbezogenen Beschaffung und Produktion und führen Sie an, in welcher Reihenfolge die internen und externen (lieferanten- und kundenseitigen) dispositiven Tätigkeiten bei der auftragsbezogenen Beschaffung und Produktion erfolgen.
19. Die dispositive Ebene in Unternehmen besteht aus drei Management-Ebenen. Zählen Sie alle drei Management-Ebenen auf und führen Sie die beiden möglichen Bezeichnungen für die einzelnen Ebenen an.
20. Welche Entscheidungen werden auf der strategischen Ebene getroffen?
21. Welche Entscheidungen werden auf der taktischen Ebene getroffen?
22. Welche Entscheidungen werden auf der operativen Ebene getroffen?

★ 23. Ordnen Sie die folgenden dispositiven Tätigkeiten der richtigen Management-Ebene zu:

	Strategisches Management	Taktisches Management	Operatives Management
Bestellung von Mehl			
Festlegung von Umsatzzielen			
Preisverhandlung für Mehl			
Einstellung eines neuen Bäckers			
Festlegung von Produktionsmengen			

24. Nennen Sie die Aufgaben des betrieblichen Rechnungswesens.
25. Definieren Sie den Begriff Controlling.

★ 26. Ordnen Sie die Tätigkeiten in der folgenden Tabelle der richtigen Transformationsebene zu:

	Güterebene	Finanzebene	Dispositive Ebene
Bestellung von Mehl			
Teig anrühren			
Preisverhandlung für Mehl			
Kundenzahlungen			
Auslieferung von Backwaren			
Rechnungslegung			
Anlieferung von Salz			
Bezahlung der Lieferanten			

Lösungen

1. Güterflüsse existieren in Form von Roh-, Hilfs- und Betriebsstoffen, Zulieferteilen, Waren, Halbfertig- und Fertigprodukten.
2. Die richtigen Zuordnungen lauten:

	Innerbetrieblicher Güterfluss	Zwischenbetrieblicher Güterfluss
Pakettransport per Post		x
Entnahme von Rohstoffen für die Produktion aus dem Eingangslager	x	
Versand fertiger Erzeugnisse an den Kunden		x
Einlagerung produzierter Erzeugnisse in das Fertigwarenlager	x	

3. Der Material- und Güterfluss beginnt beim Lieferanten mit der Lieferung an das Unternehmen und erstreckt sich über den Wareneingang (Eingangslager) im Rahmen der Beschaffungslogistik. In der Produktion erfolgt die Verarbeitung der Materialien in Abstimmung mit der Produktionslogistik. Nach der Fertigung „fließt" das Produkt im Rahmen der Distributionslogistik über Fertigwaren- und Auslieferungslager zum Kunden.
4. Der Strom von Recyclinggütern, Verpackungen und Leergut verläuft in die entgegengesetzte Richtung zurück zum Lieferanten oder zu einem Entsorgungsunternehmen im Rahmen der Entsorgungslogistik. Bei der Lohnfertigung fließen vom Kunden bereitgestelltes Material oder Halbfertigprodukte ins Unternehmen.
5. Die Rohstoffe werden von den Lieferanten (z.B. Mehl von einer Mühle, Salz von einer Saline) angeliefert und im Eingangslager gelagert. Da es sich bei allen Rohstoffen um Schüttgüter handelt, sind Silolager oder die Lagerung in Säcken geeignete Lagermöglichkeiten. Nach Anforderung der Produktionsabteilung werden die Rohstoffe aus dem Eingangslager entnommen und der Produktion zugeführt, wo zunächst der Teig zubereitet wird. Danach werden aus der Teigmasse die einzelnen Teigrohlinge geformt und zur Gärung zwischengelagert, bevor sie gebacken werden können. Die fertig gebackenen Semmeln werden abgekühlt und ins Fertigwarenlager gebracht, von wo sie an die Kunden versendet werden. Semmeln, die optisch nicht der Norm entsprechen und nicht verkaufte Semmeln können beispielsweise an karitative Organisationen gespendet werden, als Tierfutter an Bauern abgegeben werden oder der Energieproduktion in einer Biogasanlage zugeführt werden.
6. Betrachtungsgegenstand der Finanzebene sind die Geldflüsse innerhalb eines Unternehmens und zwischen Unternehmen (Nominalgüterstrom).
7. Die Flüsse auf der Finanzebene verlaufen in entgegengesetzter Richtung zu den Flüssen auf der Güterebene.

8. Entgegen der gewöhnlichen Richtung verlaufen Zahlungsströme in Form von Gutschriften als Folge von Retournierungen, Gegenlieferungen oder anderen Gegengeschäften.
9. Interne Verrechnungspreise dienen dazu, die Leistungen einer Abteilung an andere Abteilungen desselben Unternehmens abzurechnen.
10. Die Umsatzerlöse des Unternehmens werden von den Kunden in Form von Kaufpreisen an Ihre Bäckerei bezahlt. Die Bäckerei bezahlt Faktorpreise für die gelieferten Rohstoffe an die Lieferanten.
11. Die dispositive Ebene betrifft den Informationsfluss und damit verbunden sämtliche Planungsprozesse und das Fällen von Entscheidungen in und zwischen Unternehmen sowie zwischen Unternehmen und sonstigen Institutionen.
12. Die Planung dient der Vorbereitung des künftigen Handelns auf Basis verfügbarer Informationen und Erwartungen über die zukünftige Marktentwicklung. Sie umfasst die Festlegung der zu erreichenden Unternehmensziele und Maßnahmen zur Erreichung dieser Ziele. Im Rahmen der Planung werden Entscheidungen zwischen unterschiedlichen Handlungsmöglichkeiten getroffen, die sich gegenseitig ausschließen.
13. Zunächst definieren Unternehmen im Rahmen der Produktprogrammplanung, welche Güter und Dienstleistungen am Markt angeboten werden sollen. Im Rahmen der Absatzplanung werden auf Basis von Prognosen bzw. Bestellungen die zukünftigen (im Fall von Prognosen: erwarteten) Verkaufsmengen der im Produktprogramm definierten Produkte festgelegt. Davon abgeleitet erfolgt die Erstellung von Produktions- und Beschaffungsplänen, die die zu produzierenden und beschaffenden Mengen bestimmen.
14. Innerhalb des Unternehmens finden interne dispositive Tätigkeiten statt (z.B. Bestimmung eines Produktprogramms oder des Produktionsplans). Externe dispositive Tätigkeiten betreffen einerseits die Abstimmung zwischen Unternehmen und Lieferanten beziehungsweise Kunden (z.B. Angebotslegung, Abwicklung eines Kaufvertrags), andererseits die Abstimmung zwischen Unternehmen und sonstigen Institutionen (z.B. Kooperationspartner, Banken, öffentliche Verwaltung).
15. Auf der dispositiven Ebene werden Entscheidungen getroffen, die Aktivitäten auf der Güter- und Finanzebene auslösen. Sie sind somit den Tätigkeiten auf den anderen Ebenen zeitlich vorgelagert und dienen der Umsetzung, Steuerung und Kontrolle der einzelnen betrieblichen Aktivitäten.
16. Die Abfolge der dispositiven Tätigkeiten ist von der Beziehung der Produktion zum Absatzmarkt abhängig.
17. Bei der Lagerproduktion (make to stock) erfolgt die Produktion auf Basis von erwarteten Absatzzahlen (Prognosen) für einen anonymen Markt. Zum Zeitpunkt der Produktion existiert noch kein konkreter Kundenauftrag. Bei der Lagerproduktion erfolgen somit zunächst unternehmensinterne und lieferantenseitige dispositive Tätigkeiten. Die externen dispositiven Tätigkeiten auf der Kundenseite erfolgen erst nach Fertigstellung der Produktion im Rahmen eines Kundenauftrages.

18. Bei der auftragsbezogenen Beschaffung und Produktion (purchase and make to order) ist die Kundenbestellung Auslöser der Prozesse auf der dispositiven Ebene. Somit erfolgen zuerst kundenseitige dispositive Tätigkeiten (Kundenbestellung), danach interne dispositive Tätigkeiten und dann lieferantenseitige externe dispositive Tätigkeiten zur Beschaffung der notwendigen Komponenten und Rohstoffe.
19. In Unternehmen wird zwischen strategischem Management (Top-Management), taktischem Management (Middle-Management) und operativem Management (Lower-Management) unterschieden.
20. Auf der strategischen Ebene werden Grundsatzentscheidungen getroffen, die die gesamte betriebliche Leistungserstellung betreffen. Ziele sind die Nutzung von Chancen und die Abwehr von Gefahren. Bei strategischen Entscheidungen können die Geschäftsidee ebenso wie die Ressourcenausstattung des Unternehmens verändert werden.
21. Die taktische Ebene befasst sich mit der Konkretisierung der strategischen Grundsatzentscheidungen der Unternehmensführung, um die Zielerreichung des Unternehmens sicherzustellen. Entscheidungen auf dieser Ebene betreffen die einzelnen Funktionsbereiche des Unternehmens.
22. Entscheidungen auf der operativen Ebene betreffen den wirtschaftlichen Vollzug der Leistungserstellungsprozesse für ein gegebenes Produktprogramm.
23. Zuordnung dispositiver Tätigkeiten:

	Strategiches Management	Taktisches Management	Operatives Management
Bestellung von Mehl			x
Festlegung von Umsatzzielen	x		
Preisverhandlung für Mehl		x	
Einstellung eines neuen Bäckers		x	
Festlegung von Produktionsmengen			x

24. Das betriebliche Rechnungswesen hat die Aufgabe, das betriebliche Geschehen mengen- und wertmäßig zu dokumentieren, zu planen und zu kontrollieren.
25. Controlling ist eine spezifische Führungs- und Managementfunktion. Kernaufgaben sind die Gestaltung des Planungsprozesses, die Kontrolle der gesetzten Ziele, die Versorgung des Managements mit führungsrelevanten Informationen und die Unterstützung des Managements.

26. Transformationsebenen

	Güterebene	Finanzebene	Dispositive Ebene
Bestellung von Mehl			x
Teig anrühren	x		
Preisverhandlung für Mehl			x
Kundenzahlungen		x	
Auslieferung von Backwaren	x		
Rechnungslegung			x
Anlieferung von Salz	x		
Bezahlung der Lieferanten		x	

3 Faktorbetrachtung (Input – Output)

Im Rahmen der Faktorbetrachtung werden Unternehmen als Input-Output-Systeme dargestellt. Betriebs- und Volkswirtschaftslehre bieten unterschiedliche Klassifikationen von Produktionsfaktoren (Inputs) an. So umfasst beispielsweise das **erweiterte System der Produktionsfaktoren** neben den klassischen Produktionsfaktoren auch Informationen, Objektfaktoren und Zusatzfaktoren. Bei der Produktion wird durch Transformation der Input-Einheiten (Produktionsfaktoren) ein Produktionsergebnis (Output) geschaffen. Die Produktionstheorie unterscheidet bei der Transformation zwei Typen der Faktorkombination: Substitutionalität und Limitationalität. Output der betrieblichen Produktion können entweder Güter (z.B. Computer) oder Dienstleistungen (z.B. Haarschnitt) sein. Güter und Dienstleistungen lassen sich zu Produkten zusammenfassen, unterscheiden sich jedoch grundlegend dadurch, dass Güter materiell und lagerungsfähig sind. Dienstleistungen hingegen sind immateriell und erfordern zur Leistungserstellung in der Regel die physische Anwesenheit des Objekt- oder Subjektfaktors.

Zur Messung der Effizienz einzelner Produktionsfaktoren werden Kennzahlen eingesetzt. Kennzahlen sind quantitative Daten, die als bewusste Vereinfachung der komplexen wirtschaftlichen Realität über zahlenmäßig erfassbare betriebswirtschaftliche Sachverhalte informieren sollen. Die Zusammenfassung einzelner Kennzahlen zu Kennzahlen-Systemen (z.B. ROI-System) erhöht die Aussagekraft und zeigt die Auswirkungen der Veränderung eines Faktors auf den Erfolg des gesamten Unternehmens (z.B. Auswirkung der Senkung der Materialkosten auf den ROI).

Folgende Tatbestände werden im Rahmen der Faktorbetrachtung behandelt:

- Worin besteht die betriebliche Transformation?
- Welche Typen der Faktorkombination existieren?
- Wie werden Inputs und Outputs klassifiziert?
- Wie wird die Effizienz von Faktoren gemessen?

Fragen

3.1 Einführung

1. Welchen Sachverhalt bezeichnet das Wort Produktion?
2. Charakterisieren Sie den Begriff der Sachgüterproduktion.
3. Was unterscheidet die Sachgüterproduktion grundlegend von der Dienstleistungsproduktion?
4. ⋆ Beantworten Sie folgende Fragestellungen bezüglich Ihrer Bäckerei:
   a. Welcher Produktionsform ist die Bäckerei zuzuordnen?
   b. Welche Inputs in Form von Rohstoffen werden für die Produktion von Semmeln benötigt?
   c. Was benötigen Sie zusätzlich zu den Rohstoffen für die Produktion von Semmeln (Faktorkombination)?

3.2 Input (Produktionsfaktoren)

5. Nennen Sie alle vier Produktionsfaktoren, die in der Volkswirtschaftslehre unterschieden werden.
6. Welche Faktoren unterscheidet Gutenberg in seiner Basissystematik?
7. Beschreiben Sie die unterschiedlichen Arten menschlicher Arbeit nach Gutenberg.
8. Wodurch unterscheiden sich Rohstoffe von Hilfsstoffen?
9. ⋆ Zählen Sie Werkstoffe auf, die in Ihrer Bäckerei verwendet werden könnten. Unterscheiden Sie dabei zwischen Roh-, Hilfs-, Betriebsstoffen und Zulieferteilen.
10. Welche Faktoren existieren nach der Klassifikation von Heinen?
11. ⋆ Worin unterscheiden sich die Klassifikationen von Gutenberg und Heinen?
12. ⋆ Kategorisieren Sie durch Ankreuzen der entsprechenden Felder die folgenden Produktionsfaktoren Ihrer Bäckerei nach Gutenberg.

	Dispositiver Faktor	Elementarfaktor
Wasser		
Backofen		
Mehl		
Produktionsplanung		
Backen		
Schmiermittel		

⋆ 13. Kategorisieren Sie durch Ankreuzen der entsprechenden Felder die folgenden Produktionsfaktoren Ihrer Bäckerei nach Heinen.

	Potentialfaktor	Repetierfaktor
Wasser		
Backofen		
Mehl		
Produktionsplanung		
Backen		
Schmiermittel		

14. Um welche zusätzlichen Produktionsfaktoren ergänzt das erweiterte System von Produktionsfaktoren die vorangegangenen Klassifikationen?

3.3 Transformation

15. Wozu dienen Produktionsfunktionen?
16. Was bedeutet Substitutionalität?
17. Wodurch unterscheiden sich totale und partielle Faktorsubstitution?
18. Wann liegt eine limitationale Produktionsfunktion vor?
19. Welche Möglichkeiten zur Erhöhung des Produktionsertrags stehen nach Gutenberg zur Verfügung?

⋆ 20. Welcher Art von Produktionsfunktion kann die Herstellung von Backwaren in Ihrer Bäckerei zugeordnet werden? Berücksichtigen Sie dabei, dass Sie Ihren Kunden stets qualitativ hochwertige, gleichartige Backwaren anbieten möchten.

⋆ 21. Beschreiben Sie alle drei Möglichkeiten zur Erhöhung des Produktionsertrags nach Gutenberg für Ihre Bäckerei. Differenzieren Sie dabei auch jeweils nach Maschinen und menschlicher Arbeit.

3.4 Output (Güter und Dienstleistungen)

22. Welche grundlegenden Eigenschaften besitzen Güter?
23. Nehmen Sie eine Einteilung der Dienstleistungen vor.

⋆ 24. Wodurch unterscheiden sich Güter von Dienstleistungen? Differenzieren Sie dabei nach der Form des Outputs, der Beziehung der Leistungserstellung zum Kunden und der Messbarkeit der Qualität des Outputs.

25. Was wird bei der Dienstleistungsproduktion als externer Faktor bezeichnet?

3.5 Effizienz von Faktoren

26. Definieren Sie den Begriff Kennzahl und führen Sie alternative Bezeichnungen an.
27. Was drückt die Produktivität aus?
28. Welche Teilproduktivitäten haben Sie im Lehrbuch kennengelernt? Führen Sie die einzelnen Formeln an.
29. Was drückt die Umsatzrentabilität aus?
30. Welchen Sachverhalt beschreibt die Liquidität? Geben Sie auch die Formel an.
31. ⋆ Warum ist die Liquidität für jedes Unternehmen wichtig?
32. Welchen Vorteil haben Kennzahlen-Systeme gegenüber einzelnen Kennzahlen?
33. ⋆ Errechnen Sie auf Basis der angeführten Daten Produktivitätskennzahlen Ihrer Bäckerei. Im Betrachtungszeitraum von einer Arbeitswoche (5 Werktage) hat Ihr Unternehmen 150.000 Backwaren gefertigt.
    a. In der Produktion sind neben dem Bäckermeister zwei Gesellen und zwei Lehrlinge beschäftigt, die je acht Stunden täglich arbeiten. Errechnen Sie die Arbeitsproduktivität aller in der Produktion tätigen Mitarbeiter je Arbeitsstunde.
    b. In der Backstube setzen Sie zwei Teigkneter, eine Stanzmaschine und einen Backofen ein. Jede Maschine ist im Durchschnitt sechs Stunden täglich in Betrieb, die verbleibenden Zeiten entfallen auf Rüst- und Servicezeiten. Errechnen Sie die Maschinenproduktivität aller in der Produktion eingesetzten Maschinen je Maschinenstunde.
34. ⋆ Die flüssigen Mittel Ihrer Bäckerei betragen aktuell 300.000 €. Die kurzfristigen Zahlungsverpflichtungen Ihres Unternehmens gegenüber Lieferanten und Banken belaufen sich auf 400.000 €.
    a. Errechnen Sie die Liquidität Ihrer Bäckerei auf Basis dieser Daten.
    b. Interpretieren Sie das Ergebnis.

⋆ 35. Die Gewinn- und Verlustrechnung (G&V) stellt Aufwendungen und Erträge des ersten Geschäftsjahres Ihrer Bäckerei gegenüber und weist somit die Art, Höhe und Quellen Ihres unternehmerischen Erfolges aus. Auf Basis dieser Daten lassen sich weitere Kennzahlen errechnen:

Operator	Position	in Tsd.	Kommentar
	Umsatz	1.300	
-	Materialaufwand	-300	
-	Personalaufwand	-400	
-	Sonstige Betriebsaufwendungen	-100	
-	Abschreibungen	-50	
=	**Betriebserfolg**	450	
	Zinsergebnis	-100	
=	**Finanzerfolg**	-100	
=	**EGT**	350	Ergebnis der gewöhnlichen Geschäftstätigkeit (EGT) = Betriebserfolg plus Finanzerfolg
-	Steuern	-50	
=	**Jahresüberschuss**	300	

a. Errechnen Sie die Wirtschaftlichkeit der Bäckerei. Das Zinsenergebnis und Steuern müssen dabei nicht berücksichtigt werden.

b. Errechnen Sie die Umsatzrentabilität Ihrer Bäckerei.

c. Berechnen Sie den ROI Ihrer Bäckerei auf Basis der Daten aus der G&V. Das Gesamtkapital beläuft sich auf 2.000.000 €.

Lösungen

1. Die Produktion ist Teil der betrieblichen Leistungserstellung und bezeichnet den Transformations- bzw. Wertschöpfungsprozess, der Inputs (Ausgangsstoffe) in Outputs transformiert.
2. Bei der Sachgüterproduktion werden Ausgangsstoffe (Rohstoffe, Zwischenprodukte) unter Einsatz von Arbeitskraft, Betriebsmitteln und Energie in Güter transformiert.
3. Der Output der Sachgüterproduktion ist materiell und lagerungsfähig. Der Output der Dienstleistungsproduktion ist immateriell und nicht lagerungsfähig.
4. a. Die Geschäftstätigkeit der Bäckerei ist der Sachgüterproduktion zuzuordnen.
   b. Notwendige Inputs sind vor allem Rohstoffe in Form von Mehl, Hefe und Wasser.
   c. Zusätzlich sind zur Produktion von Backwaren menschliche Arbeitskraft, Maschinen (z.B. Teigkneter, Backofen) und Energie für den Betrieb der Maschinen (z.B. des Backofens) notwendig.
5. In der Volkswirtschaftslehre wird zwischen Arbeit, Grund und Boden, Kapital und Information unterschieden.
6. Gutenberg unterscheidet in seiner Basissystematik zwischen dem dispositiven Faktor und Elementarfaktoren.
7. Gutenberg differenziert zwischen objektbezogener und dispositiver Arbeitsleistung. Die objektbezogene Arbeitsleistung umfasst die ausführenden Tätigkeiten, die dispositive Arbeitsleistung (dispositiver Faktor) beinhaltet Planung, Organisation und Führung der Faktorkombination.
8. Rohstoffe bilden einen wesentlichen Bestandteil des zu erzeugenden Gutes, während Hilfsstoffe nur eine mengenmäßig untergeordnete Rolle spielen.
9. Wesentliche Rohstoffe bei der Erzeugung von Backwaren sind Mehl, Hefe und Wasser. Hilfsstoffe sind wegen dem geringen Mengenanteil beispielsweise Salz oder Backmittel. Zu den Betriebsstoffen zählen der in der Produktion verbrauchte Strom oder Schmieröl für die Maschinen. Zulieferteile könnten beispielsweise kandierte Früchte sein.
10. Heinen unterscheidet in seiner Klassifikation zwischen Potential- und Repetierfaktoren.
11. Gutenberg fasst im dispositiven Faktor alle Aufgaben des Managements (Planung, Organisation und Führung) zusammen und ordnet die objektbezogene Arbeit den Elementarfaktoren zu. Heinen hingegen beschreibt im Rahmen der Potentialfaktoren alle menschlichen Arbeitsleistungen und fügt auch Betriebsmittel dieser Gruppe hinzu, da diese im Produktionsprozess nicht verbraucht werden und daher mehrmals eingesetzt werden können.

12. Produktionsfaktoren nach Gutenberg:

	Dispositiver Faktor	Elementarfaktor
Wasser		x
Backofen		x
Mehl		x
Produktionsplanung	x	
Backen		x
Schmiermittel		x

13. Produktionsfaktoren nach Heinen:

	Potentialfaktor	Repetierfaktor
Wasser		x
Backofen	x	
Mehl		x
Produktionsplanung	x	
Backen	x	
Schmiermittel		x

14. Das erweiterte System von Produktionsfaktoren umfasst neben den klassischen Produktionsfaktoren auch Informationen, Objektfaktoren, Subjektfaktoren und Zusatzfaktoren.

15. Produktionsfunktionen beschreiben, wie sich der Output ändert, wenn die Mengen und die Zusammensetzung der Produktionsfaktoren variiert werden.

16. Um dasselbe Produktionsergebnis (Output) zu erzielen, kann ein geringerer Einsatz eines Produktionsfaktors durch einen Mehreinsatz eines anderen Produktionsfaktors ausgeglichen werden (z.B. Ersatz menschlicher Arbeit durch eine Maschine).

17. Während bei der totalen Faktorsubstitution ein Faktor durch einen anderen vollständig ersetzt werden kann, muss bei der partiellen Faktorkombination jeder Produktionsfaktor mit einer Mindestmenge eingesetzt werden.

18. Eine limitationale Produktionsfunktion liegt vor, wenn die Produktionsfaktoren nur in einem bestimmten Verhältnis zueinander eingesetzt werden können (z.B. eine Tischplatte und vier Tischbeine).

19. Gutenberg unterscheidet zwischen intensitätsmäßiger (z.B. schneller arbeiten), zeitlicher (z.B. länger arbeiten) und mengenmäßiger (z.B. Einsatz zusätzlicher Mitarbeiter) Anpassung.

20. Die Produktion sollte in diesem Fall als (linear-)limitationale Produktionsfunktion aufgefasst werden, da die Veränderung der Einsatzmenge nur einer Zutat das Produktionsergebnis in Form, Größe, Geschmack und Konsistenz beeinflussen kann.
21. Intensitätsmäßige Anpassungen können durch höhere Drehzahlen der Maschinen (z.B. Teigrührer, Stanzmaschine für Teigrohlinge) oder rascheres Arbeiten der Mitarbeiter erzielt werden. Zeitliche Anpassungen können durch längere Maschinenlaufzeiten, verlängerte Arbeitszeiten der Mitarbeiter oder Einführung einer zusätzlichen Schicht in der Produktion realisiert werden. Mengenmäßige Anpassungen lassen sich durch den Einsatz zusätzlicher Maschinen oder Mitarbeiter in der Bäckerei erzielen.
22. Güter sind materielle Produktionsergebnisse, die lagerungsfähig sind.
23. Bei Dienstleistungen wird zwischen persönlichen Diensten an Menschen, Diensten zur Vollendung des Produktionsprozesses bzw. des Güterkreislaufes und Erhaltungs- und Reparaturdiensten unterschieden.
24. Güter sind materiell und lagerungsfähig. Die Anwesenheit des Kunden bei Erstellung ist nicht nötig, somit erfolgt die Kundenerfahrung nach der Produktion. Die Messung der Qualität von Gütern ist meist standardisiert. Bei Dienstleistungen handelt es sich hingegen um immateriellen Output, der nicht lagerungsfähig ist. Da die Anwesenheit des Kunden bei der Erstellung oftmals notwendig ist, ergeben sich höhere Anforderungen an die Gestaltung des Produktionsprozesses. Leistungserstellung und Kundenerfahrung geschehen oftmals gleichzeitig, wobei die Messung der Qualität einer Dienstleistung subjektiv durch den Kunden erfolgt.
25. Der externe Faktor bei der Dienstleistungsproduktion ist entweder der Mensch (Subjektfaktor), an dem eine Dienstleistung erbracht wird (z.B. Patient beim Zahnarzt), oder das Objekt (Objektfaktor), das zur Erstellung der Dienstleistung nötig ist (z.B. Gut, das transportiert wird).
26. Kennzahlen sind quantitative Daten, die als bewusste Vereinfachung der komplexen wirtschaftlichen Realität über zahlenmäßig erfassbare betriebswirtschaftliche Sachverhalte informieren sollen. Weitere Bezeichnungen sind: Key Performance Indicators, Ratios, Kennziffern oder Messzahlen.
27. Die Produktivität drückt die mengenmäßige Ergiebigkeit einer wirtschaftlichen Tätigkeit aus und erlaubt Aussagen darüber, wie gut die eingesetzten Faktoren genutzt werden. Bei der Produktivitäts-Kennzahl steht der Output (Sachgüter, Dienstleistungen) in Relation zu den Input-Faktoren.
28. Teilproduktivitäten:

$$Arbeitsproduktivität = \frac{Produktmenge}{Arbeitsstunden}$$

$$Maschinenproduktivität = \frac{Produktmenge}{Maschinenstunden}$$

$$Materialergiebigkeit = \frac{Produktmenge}{Materialverbrauch}$$

29. Die Umsatzrentabilität drückt das Verhältnis des Gewinns zum erzielten Umsatz aus.

30. Die Liquidität beschreibt die Fähigkeit eines Unternehmens seinen Zahlungsverpflichtungen (Verbindlichkeiten) fristgerecht nachzukommen. Dabei wird auf einen bestimmten Betrachtungszeitraum (z.B. Monat, Geschäftsjahr) abgestellt. Daher werden nur die (kurzfristigen) Verbindlichkeiten berücksichtigt, die aktuell bezahlt werden müssen, jedoch nicht mittelfristige und langfristige Verbindlichkeiten.

$$Liquidität = \frac{Flüssige\ Mittel\ im\ Betrachtungszeitraum}{Zahlungsverpflichtungen\ im\ Betrachtungszeitraum}$$

31. Die Einhaltung der Liquidität ist wichtig, da sonst das Unternehmen nicht existieren kann. Sobald ein Unternehmen seinen Zahlungsverpflichtungen nicht mehr nachkommen kann, also illiquide ist, können Lieferanten, Mitarbeiter, Steuern und Abgaben nicht mehr bezahlt werden. Darüber hinaus fallen im Normalfall Verzugszinsen für nicht beglichene Schulden an, die den finanziellen Engpass des Unternehmens weiter verschärfen.
32. Da einzelne Kennzahlen häufig nur begrenzte Aussagekraft haben, werden mehrere Kennzahlen in Kennzahlen-Systemen zusammengefasst, strukturiert und aufeinander abgestimmt, um die Aussagekraft zu erhöhen.
33. Produktivitätskennzahlen
    a. Arbeitsproduktivität:

$$Arbeitsproduktivität = \frac{Produktmenge}{Arbeitsstunden}$$
$$= \frac{150.000}{5\ Arbeitstage \times 8\ Arbeitsstunden \times 5\ Mitarbeiter}$$
$$= 750\ Stück\ /\ Arbeitsstunde$$

    b. Maschinenproduktivität:

$$Maschinenproduktivität = \frac{Produktmenge}{Maschinenstunden}$$
$$= \frac{150.000}{5\ Arbeitstage \times 6\ Maschinenstunden \times 4\ Maschinen}$$
$$= 1.250\ Stück\ /\ Maschinenstunde$$

34. Liquidität:
    a. Berechnung:

$$Liquidität = \frac{Flüssige\ Mittel\ im\ Betrachtungszeitraum}{Zahlungsverpflichtungen\ im\ Betrachtungszeitraum}$$
$$= \frac{300.000}{400.000} = 0{,}75 \approx 75\%\ Liquidität$$

    b. Eine Liquidität von 75% bedeutet, dass Sie drei Viertel der Zahlungsverpflichtungen gegenüber Lieferanten und Banken sofort nachkommen könnten.

35. Weitere Kennzahlen:

a. Wirtschaftlichkeit:

$$Wirtschaftlichkeit = \frac{Erträge}{Aufwendungen}$$
$$= \frac{1.300.000}{850.000} = 1{,}529 \approx 1{,}5€\ Ertrag\,/\,1€\ Aufwand$$

b. Umsatzrentabilität:

$$Umsatzrentabilität = \frac{Gewinn}{Umsatz} = \frac{300.000}{1.300.000} = 0{,}2308 \approx 23{,}1\%$$

c. ROI:

$$ROI = \frac{Gewinn}{Umsatz} \times \frac{Umsatz}{Kapital} = \frac{300.000}{2.000.000} = 0{,}15 \approx 15\%$$

4 Prozessbetrachtung

Die Betriebswirtschaftslehre entwickelt sich im Zeitablauf beständig weiter. Für die Bereiche Beschaffung, Produktion und Logistik ist die Entwicklung von der Funktions- zur Prozessorientierung von besonderer Bedeutung.

Die Grundlagen der **Funktionsspezialisierung** finden sich in den Theorien von Adam Smith, dessen Grundgedanke die Produktivitätssteigerung durch Arbeitsteilung ist (Beispiel der Stecknadelproduktion). Frederick Winslow Taylor führt diesen Gedanken im Rahmen des Scientific Management fort. Die Arbeitsteilung führt dabei zu einer sehr starken Zerlegung und Spezialisierung der Arbeitsprozesse.

Im Rahmen der **prozess(fluss-)orientierten Sichtweise** wird die betriebliche Leistungserstellung als Verkettung von Geschäftsprozessen betrachtet. Ein **Geschäftsprozess** ist ein abgrenzbarer, meist arbeitsteiliger Vorgang, der zur Erstellung oder Verwertung betrieblicher Leistungen führt. Die Betonung liegt hierbei auf der Leistungsorientierung im Rahmen einer Kunden-Lieferanten-Beziehung. Das Management von Geschäftsprozessen innerhalb eines Unternehmens heißt **Prozessmanagement**.

Die Messung der Effizienz von Geschäftsprozessen erfolgt anhand der Kriterien Zeit, Kosten, Qualität und Flexibilität, wobei zwischen den einzelnen Kriterien Zielkonflikte auftreten können. Viele Unternehmen setzen Kennzahlen-Systeme zur Messung der betrieblichen Leistung ein. Die Steigerung der Effizienz von Geschäftsprozessen kann entweder durch radikale Änderungen oder kontinuierliche Anpassungen im Unternehmen erfolgen. Ein Beispiel für ein Modell zur radikalen Effizienzsteigerung ist das **Business Process Reengineering** (BPR). Ein Modell zur kontinuierlichen Verbesserung der Geschäftsprozesse ist das aus Japan stammende **KAIZEN** (kontinuierlicher Verbesserungsprozess).

Lean Management ist eine Management-Strategie zur effizienten Ausgestaltung von betrieblichen Leistungssystemen unter den Prämissen der konsequenten Kundenorientierung und der Vermeidung jeglicher Verschwendung. Im Rahmen dieses Ansatzes wird davon ausgegangen, dass der Wert eines Produktes ausschließlich vom Kunden bestimmt wird. Als Kunde wird nicht nur der Endverbraucher, sondern auch jede nachfolgende Produktionsstufe betrachtet. Bei der Wertstromanalyse werden alle Aktivitäten im Hinblick auf die Schaffung von Nutzen für den Kunden analysiert, um jegliche Art der Verschwendung (japanisch: „muda") zu identifizieren. „muda" tritt in Form von Scheinleistungen (muda Typ I) und Blindleistungen (muda Typ II) auf. In weiterer Folge soll „muda" durch Anpassungen der Prozesse vermieden und ein Fluss aller wertschöpfenden Tätigkeiten erreicht werden. Ziel des Lean Managements ist die perfekte Ausrichtung der betrieblichen Leistungserstellung auf die Bedürfnisse der Kunden.

Folgende Sachverhalte werden im Rahmen der Prozessbetrachtung behandelt:

- Welche betriebswirtschaftlichen Entwicklungsstufen sind für Beschaffung, Produktion und Logistik relevant?
- Was ist ein Geschäftsprozess?
- Wie wird die Prozesseffizienz gemessen und gesteigert?
- Worin besteht der Ansatz des Lean Managements?

Fragen

4.1 Von der Funktions- zur Prozessbetrachtung

1. Nennen Sie die wichtigsten drei betriebswirtschaftlichen Entwicklungsstufen für Beschaffung, Produktion und Logistik im Zeitablauf.
2. Welchen Grundgedanken verfolgt Adam Smith in seiner Theorie?
3. Anhand welchen Beispiels illustriert Smith seine Theorie?
4. Nach Smith wirkt sich die Arbeitsteilung in dreifacher Weise auf die Produktivität aus. Nennen Sie alle drei Möglichkeiten.
5. Wie heißt das Konzept von Frederick Winslow Taylor?
6. Welche systematischen Erfassungen führte Taylor erstmals durch?
7. Warum wurde Taylor trotz erzielter Produktivitätssteigerungen von seinem Arbeitgeber entlassen?
8. ⋆ Worin unterscheiden sich die Theorien von Smith und Taylor?

4.2 Prozess(Fluss-)orientierte Sichtweise

9. Was verstehen Sie unter einem Geschäftsprozess?
10. Welche zwei Arten von Kunden werden beim Prozessmanagement unterschieden?
11. Woraus setzt sich ein Geschäftsprozess (Hauptprozess) zusammen?
12. Welche Transformation findet im Rahmen eines Geschäftsprozesses statt?
13. Wie werden Inputs von Geschäftsprozessen bezeichnet? Führen Sie auch Beispiele an.

4.3 Messung und Steigerung der Prozesseffizienz

14. Nennen Sie vier Kriterien zur Messung der Effizienz von Geschäftsprozessen und führen Sie je ein Beispiel an.
15. Worin bestehen die vier Grundsätze des Business Process Reengineering (BPR)?
16. Beschreiben Sie den Grundgedanken des KAIZEN und führen Sie den deutschen Begriff für dieses Konzept an.
17. ⋆ Welcher fundamentale Unterschied besteht zwischen Business Process Reengineering und KAIZEN?
18. Definieren Sie den Begriff Lean Management.
19. Nennen Sie die fünf Prinzipien des Lean Managements.
20. Woraus setzt sich der Wertstrom eines Produktes zusammen?
21. Welche Gruppen von Aktivitäten werden im Rahmen der Wertstromanalyse unterschieden?

Lösungen

1. Die drei wichtigsten Entwicklungsstufen für Beschaffung, Produktion und Logistik im Zeitablauf sind: Funktionsspezialisierung, Produkt- und Kundenspezialisierung und Prozessorientierung.
2. Der Grundgedanke von Adam Smith besteht in der Steigerung der Produktivität durch Arbeitsteilung.
3. Smith illustriert seine Theorie mit dem Beispiel der Stecknadelproduktion.
4. Die Arbeitsteilung steigert die Geschicklichkeit jedes einzelnen Arbeiters. Sie spart Zeit, die sonst beim Wechsel zwischen unterschiedlichen Tätigkeiten verloren ginge. Sie liefert Anreize, Maschinen einzusetzen, welche die Arbeit erleichtern und beschleunigen.
5. Das Konzept von Frederick Winslow Taylor heißt Scientific Management.
6. Taylor führte als erster systematische Erfassungen von Arbeitsprozessen durch.
7. Taylor wurde entlassen, da seine Methoden von der Belegschaft und der Unternehmensführung als inhuman kritisiert wurden. Die von Taylor veranlasste Spezialisierung der Arbeiter auf eine bis wenige Tätigkeiten führte zu hoher Monotonie, geringer Arbeitszufriedenheit und oftmals negativen gesundheitlichen Auswirkungen.
8. Taylor teilt Arbeitsprozesse noch stärker als Smith auf und beschränkt die Aufgabe eines Arbeiters oftmals auf eine einzige Tätigkeit. Darüber hinaus nimmt Taylor die Trennung zwischen disponierenden und ausführenden Funktionen im Unternehmen vor.
9. Ein Geschäftsprozess ist ein abgrenzbarer, meist arbeitsteiliger Vorgang, der zur Erstellung oder Verwertung betrieblicher Leistungen führt. Die Betonung liegt hierbei auf der Leistungsorientierung im Rahmen einer Kunden-Lieferanten-Beziehung.
10. Beim Prozessmanagement wird zwischen externen und internen Kunden (z.B. nachfolgende Produktionsstufen) unterschieden.
11. Ein Geschäftsprozess (Hauptprozess) setzt sich aus mehreren Teilprozessen zusammen, die zueinander in einer Leistungsbeziehung stehen. Für die Teilprozesse können unterschiedliche Prozessvarianten existieren.
12. Ein Geschäftsprozess beinhaltet eine Transformation von Input-Einheiten in Output (Güter oder Dienstleistungen) mittels Ressourcen (Betriebsmittel und Mitarbeiter).
13. Input eines Geschäftsprozesses sind Flusseinheiten (Flow Units) in Form von Material, Kunden, Daten/Information/Wissen oder Geld.
14. Kriterien zur Messung der Prozesseffizienz:
    - **Zeit** (z.B. Lieferzeit, Termintreue)
    - **Kosten** (z.B. Anteil der Materialkosten an den Gesamtkosten, Anteil der Personalkosten an den Gesamtkosten)
    - **Qualität** (z.B. Ausschussrate, Kundenzufriedenheit)
    - **Flexibilität** (z.B. Flexibilität im Produktangebot, Flexibilität in der Produktionsmenge)

15. Business Process Reengineering:
    - BPR orientiert sich an den kritischen Geschäftsprozessen.
    - Die Geschäftsprozesse müssen auf die Kunden ausgerichtet werden.
    - Das Unternehmen muss sich auf seine Kernkompetenzen konzentrieren.
    - Die Möglichkeiten der aktuellen Informationstechnologie müssen intensiv zur Unterstützung der Prozesse genutzt werden.
16. KAIZEN („kontinuierliche Verbesserungsprozesse“) dient dazu, Verbesserungspotenziale zu finden und diese auszuschöpfen. KAIZEN ist ein kontinuierlicher Prozess, wodurch das Risiko einer einzelnen Fehlentscheidung minimiert wird.
17. Während Business Process Reengineering eine radikale Restrukturierung von Geschäftsprozessen verfolgt, ist KAIZEN ein kontinuierlicher Prozess.
18. Lean Management ist eine Management-Strategie zur effizienten Ausgestaltung von betrieblichen Leistungssystemen unter den Prämissen der konsequenten Kundenorientierung und der Vermeidung jeglicher Verschwendung.
19. Die fünf Prinzipien des Lean Managements sind Kundenorientierung, Betrachtung des gesamten Wertstroms, Fluss aller wertschöpfenden Tätigkeiten (vor allem in der Produktion), Produktion nach dem Pull-Prinzip und das Streben nach Perfektion.
20. Der Wertstrom eines Produktes setzt sich aus allen erforderlichen Tätigkeiten der Produktentwicklung, der Transformation im Rahmen der betrieblichen Leistungserstellung und dem Informationsmanagement zusammen.
21. Bei der Wertstromanalyse werden Aktivitäten mit eindeutiger Wertschöpfung für den Kunden, Scheinleistungen (muda Typ I) und Blindleistungen (muda Typ II) unterschieden.

5 Supply Chain Management

In den letzten Jahrzehnten ist die Komplexität der betrieblichen Leistungserstellung rapide gestiegen. Dabei werden unternehmensseitige Komplexitätstreiber (z.B. internationale Arbeitsteilung) und kundenseitige Komplexitätstreiber (z.B. veränderte Konsumgewohnheiten) unterschieden, die eine verstärkte unternehmensübergreifende Zusammenarbeit entlang von Supply Chains notwendig machen. Eine **Supply Chain** umfasst alle an der Entwicklung, Erstellung, Lieferung und Entsorgung eines Produktes Beteiligten vom Rohstofflieferanten bis zum Endkunden. **Supply Chain Management** (SCM) ist ein prozessorientierter Managementansatz, der alle Flüsse von Gütern (Rohstoffen, Bauteilen, Halbfertig- und Fertigprodukten), Informationen, Finanzmitteln sowie die vertraglichen und sozialen Beziehungen entlang der Supply Chain vom Rohstofflieferanten bis zum Endkunden umfasst und das Ziel der Integration der Wertschöpfungsprozesse und letztendlich einer Verbesserung der Wettbewerbsposition aller an der Supply Chain Beteiligten verfolgt. Die Verbindungen zwischen Unternehmen innerhalb der Supply Chain werden unterschieden in gemanagte, überwachte und nicht überwachte Verbindungen.

Zieldimensionen des SCM betreffen die Steigerung des Nutzens der Endkunden, marktseitig die Stärkung der Wettbewerbsposition aller an der SC beteiligten Unternehmen. Unternehmensinterne Zieldimensionen sind die Verbesserung von Prognosen zur Reduktion von Rohstoffen, Halbfertigfabrikaten und fertigen Produkten und zur effizienten Auslastung der Unternehmensressourcen. Die Messung der Prozesseffizienz erfolgt beim SCM ebenso wie beim Prozessmanagement nach den Kriterien Zeit, Kosten, Qualität und Flexibilität, wobei Zielkonflikte zwischen den einzelnen Kriterien auftreten können. Die Priorisierung der einzelnen Kriterien ist abhängig von den Anforderungen an die SC und somit vom hergestellten Produkt: standardisierte Produkte erfordern kosteneffiziente und schlanke Supply Chains, kurzlebige und innovative Produkte erfordern hingegen reaktionsfähige Supply Chains. Zur Erreichung der Zieldimensionen wird beim SCM zwischen strategischer, taktischer und operativer **Gestaltungsebene** unterschieden. Die Gestaltung und Steuerung der SC auf operativer und teilweise taktischer Ebene ist Aufgabe der Logistik. Besondere Bedeutung kommt dabei der Schaffung von umfassenden und durchgängigen Informationsflüssen zu, um dem **Bullwhip-Effekt** (Peitschenschlageffekt) entgegen zu wirken.

Ein in der Praxis häufig eingesetztes Modell zur effizienten Gestaltung der Zusammenarbeit in Supply Chains ist das **Supply Chain Operations Reference Modell** (SCOR-Modell). Dieses hierarchische Modell beschreibt auf höchster Ebene (Ebene 1) Umfang und Inhalt der Aufgaben aller Teilnehmer einer Supply Chain, grenzt sie voneinander ab und ordnet sie den fünf Prozesstypen Planung, Beschaffung, Herstellung, Lieferung und Rücksendung zu. Die darunter liegenden Ebenen dienen der detaillierten Betrachtung einzelner Teilaktivitäten. Zur Messung der Effizienz verfügt das SCOR-Modell über ein hierarchisch strukturiertes System von Kennzahlen (SCOR Metrics). So setzen sich Spitzenkennzahlen auf Ebene 1 aus mehreren Kennzahlen darunterliegender Ebenen zusammen. Ein Beispiel für eine Spitzenkennzahl ist die **Cash-to-Cash Cycle Time**. Diese Kennzahl beschreibt die Zeitdauer, wie lange Kapital von der Bezahlung des Materials an den Lieferanten (Zahlungsausgang) bis zur Bezahlung des Kaufpreises durch den Kunden (Zahlungseingang) im Unternehmen gebunden ist.

Folgende Tatbestände werden im Rahmen des Supply Chain Management behandelt:

- Was ist eine Supply Chain?
- Welche Charakteristika vereint Supply Chain Management?
- Wie werden Supply Chains für unterschiedliche Produkte gestaltet?
- Welche Zieldimensionen und Gestaltungsebenen bestehen im Rahmen des Supply Chain Management?
- Worin besteht der Ansatz des SCOR-Modells?

Fragen

5.1 Ursprung und Entwicklung

1. Welche Faktoren trugen zur Entwicklung und wachsenden Bedeutung des SCM in den letzten Jahrzehnten bei?
2. Nennen Sie unternehmens- und kundenseitige Komplexitätstreiber, die eine verstärkte unternehmensübergreifende Zusammenarbeit nötig machen.
3. Definieren Sie den Begriff Supply Chain Management.
4. ★ Worin besteht der Unterschied zwischen SCM und Prozessmanagement?
5. ★ Ordnen Sie die folgenden Tätigkeiten in Ihrer Bäckerei einer der folgenden Möglichkeiten zu:

	Prozessmanagement	SCM
Abschluss von Kooperationsvereinbarungen mit Lieferanten		
Festlegung von Produktionsmengen für das Produkt Semmel		
Reorganisation der Backstube		
Einführung einer neuen Produktionslinie		
Abschluss eines Vertrags mit einem neuen Großkunden		

6. Nennen Sie die wesentlichen Kernbestandteile von SCM.
7. Was verstehen Sie unter einem Supply Net (Liefernetzwerk)?
8. Definieren Sie drei unterschiedliche Arten von Verbindungen in Supply Chains.

5.2 Zieldimensionen und Gestaltungsebenen des SCM

9. Nennen und beschreiben Sie die unterschiedlichen Zieldimensionen von SCM.
10. Nach welchen Kriterien erfolgt die Messung der Prozesseffizienz in Supply Chains? Existieren Zielkonflikte zwischen den einzelnen Kriterien?
11. Charakterisieren Sie standardisierte Produkte und führen Sie an, welche Schwerpunkte Unternehmen bei der Gestaltung von Supply Chains für standardisierte Produkte setzen.
12. Charakterisieren Sie kurzlebige und innovative Produkte und führen Sie an, welche Schwerpunkte Unternehmen bei der Gestaltung von Supply Chains für kurzlebige und innovative Produkte setzen.
13. ★ Diskutieren Sie Unterschiede zwischen kosteneffizienten und reaktionsfähigen Supply Chains.
14. Nennen und erläutern Sie die 3 Gestaltungsebenen des SCM. Führen Sie auch Beispiele für Maßnahmen auf den einzelnen Ebenen an.
15. Charakterisieren Sie die Aufgabenfelder der Beschaffungs-, Produktions- und Distributionslogistik im Rahmen des SCM.

5.3 Die Bedeutung von Informationen: Bullwhip-Effekt

16. Beschreiben Sie das Phänomen des Bullwhip-Effekts und führen Sie die deutsche Bezeichnung an.
17. Wie entwickeln sich Bedarfsschwankungen entlang der Supply Chain, beginnend mit einer sehr geringen Bedarfsschwankung, im Einzelhandel?
18. Worin bestehen die Ursachen für den Bullwhip-Effekt?
19. Beschreiben Sie einen Lösungsansatz zur Verringerung des Bullwhip-Effekts entlang der Supply Chain.

5.4 SCOR-Modell

20. Was ist das Supply-Chain Operations Reference-Modell (SCOR-Modell)?
21. Welche Konzepte werden im Rahmen des SCOR-Modells integriert? Nennen und beschreiben Sie alle drei Konzepte.
22. Auf welche Unternehmen erstreckt sich der Wirkungsbereich des SCOR-Modells?
23. ⋆ Ordnen Sie die folgenden Teilnehmer der Supply Chain Ihrer Bäckerei in den Wirkungsbereich des SCOR-Modells ein. Gehen Sie von der Annahme aus, dass Sie Backwaren sowohl direkt an Endverbraucher, als auch an den Lebensmitteleinzelhandel verkaufen.

	Vorlieferant	Lieferant	Kunde	Kunde des Kunden
Mühle				
Familie Maier				
Bauer (Weizen)				
Supermarkt				

24. Welche fünf Hauptprozesse werden auf oberster Ebene des SCOR-Modells unterschieden?
25. ⋆ Warum kommt bei den Prozessen auf oberster Ebene der Planung eine besondere Bedeutung zu?
26. Wie wird im Rahmen des SCOR-Modells die Effizienz von Prozessen gemessen? Nennen Sie das Kennzahlensystem und beschreiben Sie dessen Aufbau.
27. Welche Zeitdauer misst die Cash-to-Cash Cycle Time?
28. Wie lautet das Rechenschema der Cash-to-Cash Cycle Time?

⋆ 29. Der Produktionsprozess dauert im Schnitt eine Woche. Die durchschnittliche Verweildauer des Materials im Lager von der Anlieferung bis zum Produktionsbeginn beträgt zwei Wochen. Die Durchlaufzeit im Ausgangslager beträgt meist nur 0,5 Wochen. Die Lieferantenverbindlichkeiten werden im Durchschnitt vier Wochen nach Rechnungslegung beglichen. Die Zahlung des Kunden erfolgt im Regelfall sechs Wochen nach der Auslieferung.

   a. Berechnen Sie die Cash-to-Cash Cycle Time in Wochen.

   b. Geben Sie die Cash-to-Cash Cycle Time in Arbeitstagen an (eine Woche besteht aus fünf Arbeitstagen).

⋆ 30. Rohstoffe für die Produktion werden, je nach Rohstoff, in unterschiedlichen Intervallen geliefert und verarbeitet. Um Durchschnittswerte zu erhalten, werden Lieferscheine und Aufzeichnungen aus Lagerhaltung und Produktion herangezogen: die angelieferten Rohstoffe befinden sich im Schnitt fünf Arbeitstage im Eingangslager. Alle in die Produktion gelangten Rohstoffe werden innerhalb eines Tages verarbeitet. Da Backwaren möglichst frisch ausgeliefert werden sollen, beträgt die Durchlaufzeit im Ausgangslager lediglich 0,25 Arbeitstage. Lieferanten werden durchschnittlich innerhalb von fünf Arbeitstagen nach Lieferung bezahlt. Die eine Hälfte der Umsätze erzielt die Bäckerei mittels Direktverkauf gegen Barzahlung. Die andere Hälfte der Umsätze wird mit Großkunden erzielt, die innerhalb von zehn Arbeitstagen nach Auslieferung ihre Rechnungen begleichen.

   a. Identifizieren bzw. berechnen Sie alle Durchlaufzeiten, die für die Cash-to-Cash Cycle Time relevant sind.

   b. Berechnen Sie die Cash-to-Cash Cycle Time der Bäckerei auf Basis der Ergebnisse aus a.

   c. Was bedeutet die errechnete Cash-to-Cash Cycle Time für Ihre Bäckerei?

⋆ 31. Die Zeitspanne von der Anlieferung von Materialien bis zur Fertigstellung der Produktion beträgt durchschnittlich zwei Wochen, die gewöhnliche Lagerdauer im Ausgangslager beträgt eine Woche. Die Kundenforderungen werden im Normalfall innerhalb von drei Wochen beglichen.

   a. Wie lange muss in diesem Fall die Durchlaufzeit der Lieferantenverbindlichkeiten sein, um eine Cash-to-Cash Cycle Time von 0 Wochen zu erzielen?

   b. Was bedeutet eine Cash-to-Cash Cycle Time von 0 Wochen für das Unternehmen?

32. Die Reduzierung der Cash-to-Cash Cycle Time kann durch zwei Gruppen von Maßnahmen erfolgen. Nennen Sie beide Gruppen, zählen Sie die einzelnen Maßnahmen beider Gruppen auf und führen Sie zu jeder Maßnahme ein Beispiel an.

Lösungen

1. Unternehmen erfüllen in Supply Chains mit Lieferanten, Vorlieferanten und Händlern Kundenwünsche. In den 80er Jahren des vergangenen Jahrhunderts war die Zeit „reif" für eine unternehmensübergreifende Sichtweise, da unternehmensinterne Prozesse nur noch verhältnismäßig geringe Effizienzsteigerungpotentiale boten. Treiber der unternehmensübergreifenden Zusammenarbeit entlang von Supply Chains sind die in den letzten Jahrzehnten rapide gestiegene Komplexität der betrieblichen Leistungserstellung und daraus resultierend die Zunahme des Kontroll- und Koordinationsaufwandes.
2. **Unternehmensseitige Komplexitätstreiber** sind die verstärkte Spezialisierung einzelner Unternehmen und die internationale Arbeitsteilung bei der Leistungserstellung. Daraus resultieren räumlich stark verteilte Supply Chains mit einer hohen Anzahl an beteiligten Unternehmen. **Kundenseitige Komplexitätstreiber** sind vor allem veränderte Konsumgewohnheiten, aus denen eine stark gestiegene Artikelvielfalt, kürzere Produktlebenszyklen und somit laufender Anpassungsbedarf in Supply Chains resultieren.
3. Supply Chain Management (SCM) ist ein prozessorientierter Managementansatz, der alle Flüsse von Gütern (Rohstoffen, Bauteilen, Halbfertig- und Fertigprodukten), Informationen, Finanzmitteln sowie die vertraglichen und sozialen Beziehungen entlang der Supply Chain vom Rohstofflieferanten bis zum Endkunden umfasst und das Ziel der Integration der Wertschöpfungsprozesse und letztendlich einer Verbesserung der Wettbewerbsposition aller an der Supply Chain Beteiligten verfolgt.
4. Die Planung und Organisation von unternehmensinternen Prozessen erfolgt im Rahmen des Prozessmanagements. Unternehmensübergreifend werden Schnittstellen zu direkten Lieferanten und Kunden betrachtet. Supply Chain Management beschäftigt sich hingegen mit der Planung und Organisation unternehmensübergreifender Prozesse, die die gesamte Supply Chain betreffen.
5. Ordnen Sie die folgenden Tätigkeiten im Zusammenhang mit Ihrer Bäckerei einer der folgenden Möglichkeiten zu:

	Prozessmanagement	SCM
Abschluss von Kooperationsvereinbarungen mit Lieferanten		x
Festlegung von Produktionsmengen für das Produkt Semmel	x	
Reorganisation der Backstube	x	
Einführung einer neuen Produktionslinie	x	
Abschluss eines Vertrags mit einem neuen Großkunden		x

6. Kernbestandteile von SCM sind:
   - Ganzheitliche, integrierte Betrachtung von Supply Chains
   - Kooperation der Supply Chain Partner durch:
     - partnerschaftliches Verhalten
     - Aufbau von Vertrauen
     - Langfristige Verträge
7. Im Normalfall sind Unternehmen an der Herstellung mehrerer Produkte beteiligt, beziehen Rohstoffe von unterschiedlichen Lieferanten und verkaufen Produkte an mehrere Kunden. Somit ist jedes Unternehmen in ein strukturelles Netzwerk aus kooperierenden Unternehmen (Liefernetzwerk, engl. supply net) mit verschiedenen Lieferanten und Kunden eingebunden.
8. Aus Unternehmenssicht (z.B. fokales Unternehmen) erfolgt eine Typisierung der einzelnen Verbindungen zu anderen Unternehmen der SC mit dem Ziel, diese nach ihrer Wichtigkeit für das eigene Unternehmen zu klassifizieren:
   - Gemanagte Verbindungen haben hohen Einfluss auf die Geschäftstätigkeit des Unternehmens. Diese Verbindungen werden aktiv gesteuert und überwacht.
   - Überwachte Verbindungen werden vom Unternehmen nicht aktiv gestaltet, aber überwacht (z.B. durch Audits bei Lieferanten).
   - Nicht überwachte Verbindungen haben hingegen kaum Einfluss auf den Unternehmenserfolg und müssen daher nicht näher betrachtet werden.
   - Darüber hinaus existieren Verbindungen zu Nicht-Mitgliedern der eigenen SC. Dies sind Verbindungen von Lieferanten oder Kunden, die keinen Bezug zur SC haben (z.B. die Verbindung eines Lieferanten zu seiner Hausbank).
9. Hauptziel von SCM ist, den Nutzen der Endkunden zu steigern. Der Kundennutzen wird subjektiv wahrgenommen und ist produktabhängig. Marktseitige Zieldimensionen des SCM dienen zur Stärkung der Wettbewerbsposition der gesamten SC gegenüber Mitbewerbern am Markt. Unternehmensinterne Zieldimensionen sind die Verbesserung der Prognosefähigkeit mit dem Ziel, Bestände an Rohstoffen, Halbfertigfabrikaten und fertigen Produkten im Unternehmen und letztlich entlang der gesamten SC gering zu halten sowie die unternehmenseigenen Ressourcen durch verbesserte Planung effizient auszulasten.
10. Dimensionen zur Messung der Prozesseffizienz sind Zeit, Kosten, Qualität und Flexibilität. Diese haben auch für unternehmensübergreifende Prozesse im Rahmen des SCM Gültigkeit, ebenso die Zielkonflikte zwischen den einzelnen Zieldimensionen. Die Anforderungen an die SC und somit der Trade Off zwischen den konkurrierenden Zieldimensionen sind oftmals abhängig vom hergestellten Produkt.
11. Standardisierte Produkte haben einen langen Produktlebenszyklus mit gut prognostizierbaren Absatzmengen und niedrigen Gewinnspannen (z.B. Grundnahrungsmittel, Bürobedarf). Aus Kundensicht stehen neben Qualitätsaspekten vor allem die sofortige Verfügbarkeit und der Preis im Mittelpunkt. Auf Basis dieser Kundenanforderungen versuchen Unternehmen Supply Chains kosteneffizient und schlank (lean) zu gestalten. Von den vier Zieldimensionen hat hier also die Kostendimension die höchste Priorität. Kosten wie Bestands-, Transport- und Produktionskosten sollen so niedrig wie möglich gehalten werden.

12. Kurzlebige und innovative Produkte zeichnen sich durch einen kurzen Produktlebenszyklus, schwer prognostizierbare Absatzmengen und höhere Gewinnspannen aus (z.B. Smartphones, Textilkollektionen). Die Nachfrage nach diesen Produkten ist bei der Markteinführung schwer abschätzbar, das Zeitfenster für den Verkauf ist begrenzt. Bei diesen Produkten sind Kunden weniger preissensitiv, erwarten jedoch eine rasche Verfügbarkeit und ansprechende Qualität. Insofern ergibt sich für die SC ein Zielkonflikt zwischen Kosten der Über- oder Unterproduktion und den Dimensionen Zeit bzw. Flexibilität. Unternehmen versuchen oftmals durch reaktionsfähige Supply Chains, kurze Produktions- und Bestellzyklen zu realisieren und die Verfügbarkeit der Produkte am Markt durch Verbesserung des Logistikservice zu erhöhen.
13. Kosteneffiziente Supply Chains sind auf die kontinuierliche Produktion großer Mengen und stetiger Verfügbarkeit ausgerichtet. Hauptaugenmerk wird aufgrund der geringen Gewinnspannen auf die Kostendimension gelegt. Bei Supply Chains für kurzlebige und innovative Produkte hingegen muss die SC in der Lage sein, auf Veränderungen der Marktnachfrage rasch reagieren zu können. Daher steht die Reaktionsfähigkeit in Form der Realisierung kurzer Bestell- und Produktionszyklen im Mittelpunkt.
14. Ausgehend vom vorherrschenden Führungskonzept und der Kooperationsform innerhalb der Supply Chain können unterschiedliche Gestaltungsebenen für das SCM abgeleitet werden:
    - Die strategische Ebene beinhaltet Gestaltungs- und Lenkungsaufgaben und zielt auf eine Optimierung der Effektivität der Supply Chain durch Setzen der richtigen Maßnahmen ab, z.B. Integration von Logistikdienstleistern, Technologieauswahl, Abstimmung der Produktentwicklung zwischen den einzelnen Partnern und Strategien zur gemeinsamen Marktbearbeitung.
    - Auf taktischer Ebene erfolgt die Mittelfristplanung, z.B. Planung von Absatzzahlen eines neuen Produktes oder die produktspezifische Konfiguration der Supply Chain.
    - Auf operativer Ebene kommen unterschiedliche Instrumente zum Einsatz, die die Effizienz der Leistungserstellung erhöhen. Dadurch sollen günstige Kosten-Nutzen Relationen bei der Leistungserstellung entstehen, z.B. durch die Abstimmung von Beschaffungs,- Produktions-, und Distributionsmengen sowie Lieferterminen der einzelnen Teilnehmer an der Supply Chain.
15. Die Logistik zielt auf die unternehmensübergreifende Verknüpfung und Abstimmung des Material- und Informationsflusses zwischen den Supply Chain Partnern ab. Die Beschaffungslogistik übernimmt die Gestaltung und Abwicklung der Güter- und Informationsflüsse ins Unternehmen. Für den Produktionsbereich relevant ist die Gestaltung der Produktionsprozesse mit dem Ziel der Reduktion von Durchlaufzeiten, also einer möglichst raschen Transformation und effizienten Ausgestaltung der Prozessabläufe in Abstimmung mit der Produktionslogistik. Die Distributionslogistik realisiert den auftragsbezogenen Güter- und Informationsfluss zwischen Produzenten und Kunden in der Supply Chain.
16. Der Bullwhip-Effekt (Peitschenschlageffekt) besagt, dass sich geringe absatzseitige Veränderungen der Kundennachfrage nach einem Fertigprodukt dynamisch zu immer stärkeren Bedarfsschwankungen entlang der vorgelagerten Produktions-

und Handelsstufen entlang der Supply Chain aufschaukeln. Dieses Phänomen verursacht Kosten durch Überbestände und Fehlmengen sowie schwankende Auslastung bei allen an der Supply Chain beteiligten Unternehmen.

17. Aus einer sehr geringen Bedarfsschwankung im Einzelhandel entstehen eine geringe Bedarfsschwankung im Großhandel, eine mittlere Bedarfsschwankung beim Produzenten und eine große Bedarfsschwankung beim Rohstofflieferanten.

18. Ursachen für den Bullwhip-Effekt sind vor allem die verzerrte Weitergabe von Informationen, unabgestimmte Nachfrageprognosen einzelner Unternehmen, zeitliche Verzögerungen bei den Bestellungen entlang der Supply Chain, die Bündelung von Aufträgen, um Skaleneffekte zu erzielen und die Bestellung von größeren Mengen aus Furcht vor Lieferengpässen.

19. Zur Beherrschung des Bullwhip-Effekts ist eine abgestimmte Vorgehensweise aller beteiligten Unternehmen nötig, da die Erzielung eines Gesamtoptimums nur durch die rasche Informationsweitergabe und die Abstimmung aller Aktivitäten innerhalb der Supply Chain möglich ist. Neben dem Aufbau von Vertrauen steht dabei die IT-Anbindung der Supply Chain Partner zur kollaborativen Planung und Steuerung der Zusammenarbeit im Mittelpunkt.

20. Das Supply Chain Operations Reference-Modell (SCOR-Modell) ist ein Werkzeug zur Darstellung, Messung und Analyse der Effizienz unternehmensinterner und unternehmensübergreifender Geschäftsprozesse.

21. Das SCOR-Modell integriert folgende Konzepte in einem umfassenden Referenzmodell:
    - Business Process Reengineering dient der Erhebung des Ist-Zustandes eines Geschäftsprozesses und der Ableitung eines Idealzustandes. Der Idealzustand wird oftmals durch radikale Änderungen im Unternehmen herbeigeführt.
    - Benchmarking ist eine Methode zur Erhebung und Verbesserung der Performance von Geschäftsprozessen durch den Vergleich mit Unternehmen derselben und anderer Branchen.
    - Best Practice Analysen werden zur Identifikation von Management-Praktiken und Softwarelösungen eingesetzt, die bestmögliche betriebliche Leistungen innerhalb einer bestimmten Branche aufweisen.

22. Im Rahmen des SCOR-Modells werden alle beteiligten Vorlieferanten und Lieferanten, das eigene Unternehmen sowie direkte Kunden und deren Kunden in Form einer integrierten Supply Chain betrachtet.

23. Bei Familie Maier ist eine Mehrfachnennung möglich, da sie Backwaren direkt bei der Bäckerei oder im Supermarkt kaufen kann.

	Vorlieferant	Lieferant	Kunde	Kunde des Kunden
Mühle		x		
Familie Maier			x	x
Bauer (Weizen)	x			
Supermarkt			x	

24. Die fünf Hauptprozesse auf oberster Ebene des SCOR-Modells lauten: Planung (plan), Beschaffung (source), Herstellung (make), Lieferung (deliver) und Rücksendung (return).
25. Planung umfasst alle Planungsprozesse, die die gesamte Supply Chain betreffen und sorgt somit für eine Abstimmung der restlichen vier Prozesse auf oberster Ebene.
26. Zur Messung der Prozesseffizienz gibt es beim SCOR-Modell ein System von Kennzahlen (SCOR Metrics). Diese sind analog zu den vier Ebenen meist hierarchisch aufgebaut. So setzt sich eine Kennzahl auf Ebene 1 aus mehreren Kennzahlen der darunter liegenden Ebenen zusammen und betrifft meist mehrere Prozesse.
27. Die Cash-to-Cash Cycle Time misst die Zeitdauer, wie lange im Unternehmen eingesetztes Kapital von der Bezahlung des Materials an den Lieferanten bis zur Bezahlung durch den Kunden gebunden ist.
28. Rechenschema Cash-to-Cash Cycle Time:

Operator	Größe
+	DLZ Eingangslager
+	DLZ Leistungserstellung (inkl. Zwischenlagerungen)
+	DLZ Ausgangslager
+	DLZ Kundenforderung
-	DLZ Lieferantenverbindlichkeiten
=	Cash-to-Cash Cycle Time

29. Beispiel Cash-to-Cash Cycle Time:
    a. Cash-to-Cash Cycle Time in Wochen:

Operator	Größe	Wert (in Wochen)
+	DLZ Eingangslager	2
+	DLZ Leistungserstellung	1
+	DLZ Ausgangslager	0,5
+	DLZ Kundenforderung	6
-	DLZ Lieferantenverbindlichkeiten	4
Cash-to-Cash Cycle Time		5,5

    b. Cash-to-Cash Cycle Time in Arbeitstagen:

$$5{,}5\ Wochen \times 5\ Arbeitstage = 27{,}5\ Arbeitstage$$

30. Cash-to-Cash Cycle Time der Bäckerei:

a. Relevante Größen:

Größe	Wert (in Tagen)	Kommentar
DLZ Eingangslager	5	Laut Angabe
DLZ Leistungserstellung	1	Laut Angabe
DLZ Ausgangslager	0,25	Laut Angabe
DLZ Kundenforderung	5	(0 Tage bei Barzahlung + 10 Tage bei Zahlung auf Rechnung) / 2
DLZ Lieferantenverbindlichkeiten	5	Laut Angabe

b. Berechnung der Cash-to-Cash Cycle Time der Bäckerei auf Basis der Ergebnisse aus a):

Operator	Größe	Wert (in Tagen)
+	DLZ Eingangslager	5
+	DLZ Leistungserstellung	1
+	DLZ Ausgangslager	0,25
+	DLZ Kundenforderung	5
-	DLZ Lieferantenverbindlichkeiten	5
Cash-to-Cash Cycle Time		6,25

c. Eingesetztes Kapital ist vom Zahlungsausgang für Rohstoffe bis zum Eintreffen der Kundenzahlungen durchschnittlich 6,25 Arbeitstage im Unternehmen gebunden.

31. Cash-to-Cash Cycle Time

a. Durchlaufzeit Lieferantenverbindlichkeiten:

Operator	Größe	Wert (in Wochen)
+	DLZ Eingangslager	2
+	DLZ Leistungserstellung	
+	DLZ Ausgangslager	1
+	DLZ Kundenforderung	3
-	DLZ Lieferantenverbindlichkeiten	6
Cash-to-Cash Cycle Time		0

b. Eine Cash-to-Cash Cycle Time von 0 Wochen bedeutet für das Unternehmen, dass die Bezahlung der Lieferantenverbindlichkeiten und der Zahlungseingang der Kunden zeitgleich erfolgen. Das Unternehmen bindet somit kein eigenes Kapital für den Ankauf von Rohstoffen.

32. Reduzierung der Cash-to-Cash Cycle Time:
    - Finanzwirtschaftliche Maßnahmen:
        - Verlängerung des Lieferantenzahlungsziels (z.B. Aushandlung besserer Konditionen beim Lieferanten)
        - Beschleunigung der Kundenzahlung (z.B. Einräumen von Skonti für raschere Bezahlung, Rechnungsstellung erfolgt zeitgleich mit der Lieferung)
    - Realwirtschaftliche Maßnahmen:
        - Verringerung der Durchlaufzeit der Leistungserstellung (z.B. durch eine Beschleunigung oder eine Parallelisierung von Produktionsprozessen)
        - Verringerung der Durchlaufzeit im Eingangslager (z.B. genauere Disposition, Just-in-Time-Anlieferungen)
        - Senkung der Durchlaufzeit im Ausgangslager (z.B. genauere Disposition, Verbesserung der Absatzprognosen)

6 Fallstudien

Fallstudie Kurt Mann Bäckerei & Konditorei: „Der Mann, der verwöhnt"

In diesem Abschnitt wird das österreichische Traditionsunternehmen Kurt Mann Bäckerei & Konditorei („Der Mann") vorgestellt. Das Unternehmen beschäftigt sich mit der Herstellung und dem Verkauf der eigenen Backwaren und zugekaufter Handelswaren (z.B. Milchprodukte, Getränke). Der Verkauf erfolgt über das eigene Filialnetz im Großraum Wien. Zusätzlich beliefert „Der Mann" namhafte Handelsketten.

Die **Supply Chain** des Unternehmens umfasst auf der Beschaffungsseite Vorlieferanten (z.B. Bauern) und direkte Lieferanten (z.B. Mühle). Der Schwerpunkt der betrieblichen Leistungserstellung erfolgt im unternehmenseigenen Backzentrum. Auf der Absatzseite besteht die Supply Chain aus direkten internen Kunden (eigene Filialen), direkten externen Kunden (Handelsketten) und den Kunden der Kunden (Endverbraucher).

Im Mittelpunkt der Fallstudie stehen die betrieblichen Funktionsbereiche Beschaffung, Produktion und Logistik im Backzentrum, deren Zusammenwirken und die Verknüpfung der Funktionsbereiche mit Lieferanten und Kunden. Die **Beschaffung** sichert die Versorgung des Unternehmens mit Produktionsfaktoren. Alle Beschaffungsaktivitäten sind bei „Der Mann" in der Stelle Einkauf zusammengefasst und organisatorisch dem Bereich Administration zugeordnet. Ausgehend von Verkaufsprognosen an Fertigerzeugnissen (Primärbedarf) werden die Bedarfsmengen der einzelnen Rohstoffe (Sekundärbedarf) festgelegt. In der **Produktion** erfolgt die betriebliche Transformation, wobei aus den beschafften Rohstoffen mithilfe von Ressourcen (z.B. Mitarbeiter, Maschinen) auf Basis der Stammdaten (z.B. Arbeitspläne, Rezepturen) Backwaren hergestellt werden. **Logistische Tätigkeiten** fallen bei „Der Mann" entlang der gesamten Wertschöpfungskette an: Bei der Lieferung von Rohstoffen (Beschaffungslogistik), in allen Teilbereichen des Backzentrums (Produktionslogistik) und bei der Distribution an die Kunden (Distributionslogistik). Den Bereich Logistik betreffen somit alle Stationen des Material- und Warenflusses einschließlich der entsprechenden Informationsflüsse.

Den Abschluss der Fallstudie bildet ein Abschnitt über **nachhaltiges Wirtschaften** im Unternehmen, also Maßnahmen, die zur Ressourcenschonung beitragen: beispielsweise werden auf der Beschaffungsseite lange Anlieferwege durch Local Sourcing vermieden und der Energieverbrauch in der Produktion durch technische Maßnahmen (z.B. Energierückgewinnung) gering gehalten.

Folgende Tatbestände werden im Rahmen der Fallstudie behandelt:

- Welche Aufgaben erfüllen die Funktionsbereiche Beschaffung, Produktion und Logistik bei „Der Mann“?
- Wie gestaltet sich die betriebliche Leistungserstellung bei „Der Mann“?
- Durch welche Maßnahmen reduziert „Der Mann“ den Ressourceneinsatz und schont die Umwelt?

Fragen

6.1 Einführung

1. Welchem Arbeitsgebiet (Sparte) ist die Firma „Der Mann“ zuzuordnen?
2. Worin besteht die Geschäftstätigkeit der Firma „Der Mann“?
3. Nennen Sie die Distributionskanäle, über die das Unternehmen seine Backwaren vertreibt.
4. Wie ist die numerische Distribution definiert? Führen Sie auch die Formel an.

6.2 Grundlagen der betrieblichen Leistungserstellung

5. Beschreiben Sie die Flüsse auf der Güterebene. Berücksichtigen Sie dabei auch die Funktionsbereiche des Backzentrums.
6. Wie gestalten sich die Flüsse auf der Finanzebene?
7. ★ Ordnen Sie die Tätigkeiten auf der dispositiven Ebene den einzelnen Management-Ebenen in der folgenden Tabelle zu:

	Strategisches Management	Taktisches Management	Operatives Management
Planung von Verkaufsförderungsmaßnahmen			
Personaleinsatzplanung			
Änderung des Produktsortiments			
Standortentscheidung für neue Filialen			
Abschluss von Lieferantenverträgen			
Nachbestellung von Rohstoffen			

6.3 Beschaffung

8. ★ In welchem Verhältnis stehen Rezeptur und Bedarfssortiment?
9. Wie erfolgt die Bedarfsermittlung bei „Der Mann“?
10. Was versteht man bei „Der Mann“ unter kooperativer Lieferantenpolitik?
11. Beschreiben Sie die Lieferantenbewertung bei „Der Mann“.

6.4 Produktion

12. Warum wird die Produktion für die eigenen Filialen als prognosegetrieben bezeichnet?
13. Beschreiben Sie das Konzept der Kundenauftragsproduktion und führen Sie an, für welche Kunden diese erfolgt.
14. Was verstehen Sie unter der umgruppierenden Produktion?
15. Nennen Sie die wichtigsten Ressourcen, die im Rahmen der Produktion bei „Der Mann“ eingesetzt werden.
16. Welche Aufgabe übernimmt das Produktionsmanagement?

6.5 Logistik

17. Wo fallen logistische Tätigkeiten entlang der Supply Chain von „Der Mann“ an?
18. Warum werden Lagerbestände so gering als möglich gehalten?
19. Wie erfolgt der innerbetriebliche Transport im Backzentrum?
20. Welche Aufgabe erfüllt die Kommissionierung?
21. Beschreiben Sie die Funktionsweise des „dispoTool-Systems“.
22. Wie erfolgt die Distribution der fertigen Produkte bei „Der Mann“?

6.6 Nachhaltiges Wirtschaften im Unternehmen

23. Welche nachhaltigen Maßnahmen setzt „Der Mann“ auf der Beschaffungsseite?
24. Nennen Sie Maßnahmen in der Produktion, die den Energieverbrauch gering halten.
25. Wie werden nicht verkaufte Produkte bei „Der Mann“ weiterverwertet?

Lösungen

1. Die Firma „Der Mann" gehört zur Sparte Gewerbe und Handwerk.
2. Die Geschäftstätigkeit der Firma Mann umfasst die Herstellung und den Verkauf von Backwaren. Zusätzlich werden zugekaufte Handelswaren (z.B. Milchprodukte, Getränke) vertrieben.
3. Die Produkte werden sowohl über das eigene Filialnetz als auch über Handelsketten vertrieben.
4. Die numerische Distribution ist eine Kennzahl, welche die Anzahl eigener Filialen in Relation zum Gesamtmarkt setzt.

$$Numerische\ Distribution = \frac{Anzahl\ eigener\ Filialen\ (in\ Periode)}{Gesamtanzahl\ Filialen\ (in\ Periode)}$$

5. Die Flüsse von Rohstoffen, unfertigen und Fertigprodukten auf der Güterebene verlaufen von den (Vor-)Lieferanten durch das Backzentrum von „Der Mann" mit den Hauptbereichen Wareneingang, Produktion und Absatzbereich, hin zu den eigenen Filialen oder zu externen Kunden und schließlich zum Endverbraucher.
6. Die Einnahmen aus Umsatzerlösen fließen von den Kunden in das Unternehmen. Von dort fließen die Ausgaben für Faktoren (Rohstoffe, Handelswaren, Betriebsmittel) zu den Lieferanten. Weitere Ausgaben des Unternehmens betreffen beispielsweise Steuern.
7. Tätigkeiten auf der dispositiven Ebene:

	Strategisches Management	Taktisches Management	Operatives Management
Planung von Verkaufsförderungsmaßnahmen		x	
Personaleinsatzplanung			x
Änderung des Produktsortiments	x		
Standortentscheidung für neue Filialen	x		
Abschluss von Lieferantenverträgen		x	
Nachbestellung von Rohstoffen			x

8. In der Rezeptur eines Produkts werden die einzelnen Rohstoffe in den benötigten Mengen je Stück festgelegt. Diese Rohstoffe bilden die Grundlage für das Bedarfssortiment.
9. Die einzelnen Bedarfsmengen der Rohstoffe werden im Rahmen der Bedarfsermittlung festgelegt. Dazu wird der Bedarf an fertigen Erzeugnissen (Primärbedarf) prognostiziert. Dieser wird aus den Verkaufszahlen des vergangenen Geschäftsjahres berechnet, unter Berücksichtigung der durchschnittlich fünf neu eröffneten Filialen pro Jahr und der Kontingente für Verkaufsförderungsmaßnahmen, die von der Marketing- und Verkaufsabteilung angefordert werden. Anhand dieser Werte lassen sich relativ stabile Prognosen errechnen. Durch Multiplikation des Primär-

bedarfs mit den je Erzeugnis benötigten Mengen an Rohstoffen gemäß den Rezepten lässt sich auch der Rohstoffbedarf (Sekundärbedarf) ermitteln.

10. Die kooperative Lieferantenpolitik bei „Der Mann“ zeigt sich in langfristigen, partnerschaftlichen Beziehungen zu den Lieferanten, die fast alle im geografischen Umfeld des Unternehmens angesiedelt sind (Local Sourcing). Ziel dieser Beschaffungsstrategie ist es, den hohen Qualitätsanforderungen an die eingesetzten Rohstoffe Rechnung zu tragen und effiziente Beschaffungsprozesse zu gewährleisten.
11. Die Lieferantenbewertung erfolgt an Hand von Reklamationsstatistiken. Sollte irgendein Parameter außerhalb der mit dem Lieferanten vereinbarten Toleranzen liegen (z.B. die Kühlkette wurde unterbrochen), dann wird die Ware zurückgeschickt und es erfolgt ein Vermerk in der Reklamationsstatistik.
12. Die Produktion für die eigenen Filialen kann als prognosegetrieben (Make To Stock) bezeichnet werden, da jede Filiale die Bestellmengen auf Basis des erwarteten Absatzes (Prognose) kalkuliert.
13. Bei der Kundenauftragsproduktion werden definierte Mengen an Produkten gemäß dem Auftrag der Kunden (Handelsketten) hergestellt.
14. Bei der umgruppierenden Produktion werden aus einer Vielzahl von Zutaten verschiedenste Produktvarianten hergestellt.
15. Die wichtigsten Ressourcen sind Mitarbeiter in der Produktion, Rohstoffe und Betriebsmittel.
16. Das Produktionsmanagement trägt dafür Sorge, dass ausreichend Ressourcen für die Produktion zur Verfügung stehen.
17. Logistische Tätigkeiten fallen bei „Der Mann“ entlang der gesamten Wertschöpfungskette an: bei der Lieferung von Rohstoffen an das Unternehmen (z.B. Anlieferungsverkehr, Warenumschlag), in allen drei Teilbereichen des Backzentrums (z.B. Eingangslager, innerbetrieblicher Transport, Produktionslager) und bei der Distribution an die Kunden (z.B. Kommissionierung, Auslieferung der Waren).
18. Lagerbestände werden möglichst gering gehalten, um wenig Kapital in Form von Rohstoffen im Lager zu binden und um die Gefahr des Verderbens auszuschließen.
19. Der innerbetriebliche Transport erfolgt zum Teil automatisch über ein computergesteuertes Rohrleitungssystem, durch das Rohstoffe aus dem Wareneingangsbereich direkt in die Produktion gelangen, wo die Zutaten gemischt und weiterverarbeitet werden. Der innerbetriebliche Transport zwischen den einzelnen Produktionsschritten erfolgt vor allem mittels Fließbändern, „Stikkenwagen“ oder manuell.
20. Aufgabe der Kommissionierung ist die Bündelung von Teilmengen, um allen Kunden die bestellten Arten und Mengen an Produkten liefern zu können. Die Kommissionierung bei „Der Mann“ erfolgt in einem einstufigen Verfahren mittels des Warenverteilsystems „dispoTool“.
21. Das „dispoTool“ ist ein Warenverteilsystem. Jedem Kunden wird ein Display mit darunter befindlichen Kisten zugeordnet. Alle Displays sind mit einem Touch-Industrie-PC verbunden, auf dem die bestellten Mengen jedes Artikels gespeichert sind. Nach Anwählen eines bestimmten Artikels auf dem PC (z.B. Semmel) wird die Bestellmenge dieses Artikels für jeden Kunden auf den Displays angezeigt. Auf Basis dieser Daten verteilt ein Kommissionierer die angezeigten Teilmengen auf die entsprechenden Kisten.

22. Die Distribution der Produkte erfolgt größtenteils mit dem eigenen Fuhrpark. Bei Engpässen werden zusätzliche Transportkapazitäten bei Logistikdienstleistern (LDL) angemietet.
23. Beim Einkauf von Rohstoffen wird darauf geachtet, dass die Lieferanten aus der Region stammen (Local Sourcing), was kurze Anlieferungswege und rasche Verfügbarkeit bedeutet. Dies steigert die lokale Wertschöpfung und reduziert Umweltbelastungen durch den Anlieferungsverkehr. Nach der Anlieferung wird ein Großteil der Rohstoffe in Silos gelagert, um Verpackungsmaterial einzusparen.
24. In der Produktion senken hohe technische Standards und ein modernes Energiemanagement den Energieverbrauch und damit verbundene Energiekosten. Die Abwärme der Backöfen wird für die Fußbodenheizung und das Warmwasser verwendet. Moderne Leuchtmittel, die teilweise mit Bewegungsmeldern gekoppelt sind und die Steuerung der Außenbeleuchtung über Lichtsensoren helfen, Strom zu sparen.
25. Backwaren mit leichten Mängeln (z.B. zu geringes Gewicht) und überzählige Produkte werden an karitative Organisationen gespendet. Nicht verkaufte Backwaren aus den Filialen werden im Sinne einer nachhaltigen Entsorgung einer Biogasanlage zugeführt und in Energie umgewandelt.

Fallstudie Kühne + Nagel: Logistikdienstleistungen für einen Druckerproduzenten

Der Abschnitt behandelt die Fallstudie über den international tätigen Logistikdienstleister Kühne + Nagel, der am Standort Duisburg für einen weltweit führenden Druckerproduzenten Dienstleistungen erbringt. Neben klassischen Lager- und Distributionsdienstleistungen erfolgen dabei im Bereich der Kontraktlogistik **Value Added Services** (Mehrwertdienstleistungen). Dazu zählen wertschöpfende Tätigkeiten, die im Normalfall vom Produzenten selbst erbracht werden (z.B. Endfertigung von Produkten). Kühne + Nagel übernimmt dabei für den Kunden die Verpackung, das Kitting und die Distribution von Verbrauchsmaterialen für Tintenstrahldrucker. Basis für diese maßgeschneiderten Mehrwertdienstleistungen sind langfristige Verträge und die enge Kooperation mit dem Druckerproduzenten.

Im Mittelpunkt der Fallstudie steht das **Center für Distribution und Endfertigung** in Duisburg, das im Jahr 1998 in Betrieb genommen und seitdem um zusätzliche Standorte erweitert wurde, um die steigenden Bedarfsmengen und zusätzliche VAS abdecken zu können. Der **Güterfluss** erfolgt aus den einzelnen Werken des Druckerproduzenten. Dabei werden Produkte entweder direkt ins Distributions-Center angeliefert oder zunächst in der Fertigung bearbeitet und verpackt. Von dort werden die verkaufsfähigen Produkte an Händler und sonstige Großabnehmer (Empfänger) verschickt, die den Verkauf an Endkunden abwickeln. Kühne + Nagel führt auch den Versand von Ersatzteilen an die Endkunden durch. Defekte Geräte werden im Rahmen der Entsorgungslogistik direkt vom Endkunden ans Distributions-Center zurückgeschickt.

Das **Management** am Standort Duisburg ist in drei funktionale Bereiche gegliedert: Das Logistikmanagement hat die Aufgabe, alle Anlieferungsverkehre, die Lagerhaltung und die Distribution zu koordinieren. Das Bestandsmanagement überwacht alle Bestände an fertigen Druckern, in Produktion befindlichen Druckern und Verbrauchsmaterialen über die einzelnen Betriebsbereiche hinweg und minimiert den Schwund. Der Bereich Value Added Services (VAS) verantwortet die gesamte Produktion, die Zusammenstellung von Produktbündeln und die Anpassung der Produkte an die unterschiedlichen regionalen Gegebenheiten. Darüber hinaus ist dieser Bereich für die Erfüllung kurzfristiger Kundenanforderungen zuständig.

Logistische Aufgaben am Standort BKH dienen zur Abwicklung des gesamten Güterflusses mit den entsprechenden Informationsflüssen (v.a. in Form von Lieferscheinen und Kundenaufträgen) von der Warenannahme bis zum Versand. Als **Product Completion Center** erfolgt am Standort BKH auch die Endkonfiguration der Verbrauchsmaterialien im Auftrag des Druckerproduzenten mit unterschiedlichen Teilaktivitäten. Die Hauptaktivität der Anlage ist die Verpackung von Tintenstrahldruckpatronen auf aktuell vierzehn Verpackungslinien.

Sowohl im Logistik- als auch im Produktionsbereich bestehen besonders hohe Anforderungen an die Flexibilität, um die kurzfristig stark schwankenden Mengen bewältigen zu können. Das Management achtet daher bei der Planung auf hohe Flexibilität und Verfügbarkeit der Ressourcen (Mitarbeiter und Anlagen), um in allen Bereichen die im Service Level Agreement festgelegte perfekte Auftragserfüllung von mehr als 95% zu erreichen. Zur Sicherung der hohen Zielerreichung kommen umfassende IT-Systeme und international anerkannte Zertifizierungen nach ISO in den Bereichen Qualität, Umwelt und Arbeitssicherheit sowie ein unternehmensinternes kontinuierliches Verbesserungsprogramm zum Einsatz. Der Standort Duisburg wird derzeit hauptsächlich für den Druckerproduzenten betrieben, ist aber grundsätzlich zur Mischnutzung für mehrere Kunden ausgelegt.

Folgende Sachverhalte werden im Rahmen der Fallstudie behandelt:

- Was sind Value Added Services im Bereich der Kontraktlogistik?
- Welche Aufgaben übernimmt der Logistikdienstleister Kühne + Nagel für den Druckerproduzenten?
- Wie gestaltet sich die betriebliche Leistungserstellung am Standort Duisburg?
- Was ist ein Service Level Agreement?
- Welche Maßnahmen erfolgen im Rahmen des Qualitäts- und Umweltmanagements?

Fragen

6.1 Unternehmensprofil

1. Auf welche Bereiche erstreckt sich die Geschäftstätigkeit der Firma Kühne + Nagel?

6.2 Geschäftskonzept

2. Welche Leistungen erbringt das Unternehmen für seine Kunden?
3. Das Leistungsportfolio von Kühne + Nagel erstreckt sich entlang der gesamten logistischen Kette von der Beschaffungs- bis zur Entsorgungslogistik. Zählen Sie die einzelnen Stationen der logistischen Kette auf und nennen Sie Beispiele für Leistungen, die das Unternehmen in den einzelnen logistischen Bereichen erbringt.

6.3 Value Added Services (Mehrwertdienstleistungen)

4. Erläutern Sie den Begriff Value Added Services im Bereich der Kontraktlogistik.
5. Welche Voraussetzungen bilden die Basis für die Erbringung von Value Added Services im Bereich der Kontraktlogistik?
6. Nennen und beschreiben Sie die Value Added Services, die Kühne + Nagel für den Druckerproduzenten erbringt.

6.4 Center für Distribution und Endfertigung in Duisburg

7. Geben Sie einen kurzen Überblick über die Entwicklung des Projektes am Standort Duisburg.
8. Beschreiben Sie die Abläufe auf der Güterebene am Standort Duisburg im Rahmen des Projekts für den Druckerproduzenten.

6.5 Management

9. Geben Sie einen kurzen Überblick über die Leistungen, die das Logistikmanagement am Standort Duisburg erbringt.
10. Nennen Sie die Leistungen, die das Bestandsmanagement am Standort Duisburg erbringt.
11. Welche Leistungen erbringt der Bereich Value Added Services am Standort Duisburg?

6.6 Logistik

12. Logistische Aufgaben am Standort Blumenkampshof (BKH) dienen zur Abwicklung des gesamten Güterflusses mit den entsprechenden Informationsflüssen. Nennen Sie die logistischen Hauptaktivitäten auf der Beschaffungsseite in der Reihenfolge ihres Auftretens.
13. Welche logistischen Aktivitäten erfolgen nach Eingang eines Kundenauftrages?
14. Nennen Sie die relevanten Informationsflüsse im Zusammenhang mit den logistischen Aktivitäten am Standort Duisburg auf der Beschaffungs- und der Absatzseite.
15. Geben Sie einen Überblick über die Ausstattung des Lagers am Standort BKH.
16. Wodurch gewährleistet Kühne + Nagel eine rasche Abwicklung von stark schwankenden Bedarfsmengen?
17. Nennen Sie die deutsche Bezeichnung für die Kennzahl on time order delivery performance und geben Sie an, wie hoch diese am Standort Duisburg ist.

6.7 Endkonfiguration

18. Erläutern Sie, warum der Standort BKH als Product Completion Center bezeichnet wird und nennen Sie die Hauptaktivität der Anlage.
19. Welche Teilaktivitäten erfolgen im Product Completion Center?
20. Wodurch gewährleistet Kühne + Nagel eine rasche Produktion von stark schwankenden Bedarfsmengen?

6.8 Service Level Agreement

21. Welche Sachverhalte sind in dem Service Level Agreement (SLA) zwischen dem Druckerproduzenten und Kühne + Nagel geregelt?
22. In welchem Zusammenhang stehen SLA und perfekte Auftragserfüllung?
23. Welche Maßnahmen kann der Druckerproduzent bei Nichteinhaltung des SLA setzen?

6.9 IT-Systeme

24. Welche vier IT-Systeme kommen am Standort Duisburg zum Einsatz?
25. Geben Sie einen Überblick über die Hauptfunktionalitäten des Lagerverwaltungssystems.
26. Geben Sie einen Überblick über die Hauptfunktionalitäten des Transportmanagementsystems.
27. Geben Sie einen Überblick über die Hauptfunktionalitäten des Produktionssteuerungssystems.
28. Geben Sie einen Überblick über die Hauptfunktionalitäten des Trainingssystems.

6.10 Qualitäts- und Umweltmanagement

29. Welche Maßnahmen werden am Standort Duisburg zur (präventiven) Qualitätssicherung gesetzt?
30. In welcher Form erfolgt die Einhaltung und laufende Verbesserung der Prozessqualität am Standort Duisburg?
31. Wodurch werden die negativen Umweltauswirkungen der Logistik- und Produktionsaktivitäten am Standort Duisburg reduziert?

6.11 Weitere Aktivitäten am Standort Duisburg

32. Welche weiteren Aktivitäten existieren derzeit am Standort Duisburg?
33. Worin besteht der Vorteil einer Mischnutzung für den Kunden?

Lösungen

1. Die Geschäftstätigkeit des Unternehmens erstreckt sich auf Luft- und Seefrachtspedition, Straßen- und Eisenbahnlogistik, Kontraktlogistik, Projektlogistik und maßgeschneiderte Logistikdienstleistungen für Kunden aus allen Branchen.
2. Dazu zählt die Übernahme aller unternehmensbezogener Logistikprozesse für Kunden. Neben der Organisation und Vermittlung von Transporten als Spedition übernimmt das Unternehmen auch die Durchführung von Transport- und Lageraktivitäten und bietet seinen Kunden im Bereich der Kontraktlogistik Value Added Services (Mehrwertdienstleistungen) sowie Versicherungsdienstleistungen entlang der gesamten logistischen Kette.
3. Die Stationen der logistischen Kette inklusive Beispielen sind: Beschaffungslogistik (z.B. Management von Anlieferungstransporten, Bestellabwicklung), Intralogistik (z.B. Lagerhaus- und Bestandsmanagement, Auftragsabwicklung), Distributionslogistik (z.B. Transportplanung, Transportmanagement) Entsorgungslogistik (z.B. Management von Material- und Produktrückflüssen, Reparaturmanagement).
4. Wertschöpfende Aktivitäten, die im Normalfall Produzenten oder Handelsunternehmen selbst erbringen, werden an den Logistikdienstleister ausgelagert.
5. Basis für diese maßgeschneiderten Mehrwertdienstleistungen sind langfristige Verträge und die enge Kooperation zwischen Logistikdienstleister und Kunden.
6. Kühne + Nagel übernimmt für den Kunden die Verpackung von Produkten (product completion), die Zusammenstellung von Produktbündeln (kitting), die Anpassung von Produkten an regionale Gegebenheiten (localisation) und die Distribution von Verbrauchsmaterialen für Tintenstrahldrucker.
7. Das Projekt für den Druckerproduzenten startete zunächst im Jahr 1998 mit der Übernahme von Lager- und Distributionsaktivitäten für Druckerteile und komplette Drucker am Standort „Am Blumenkampshof" (BKH) in Duisburg. Im Jahr 1999 wurde die Zusammenarbeit in Form von Value Added Services durch den Aufbau und den Betrieb von Verpackungslinien für Druckerpatronen einer neuen Generation von Druckern erweitert. Der Standort BKH wurde von einem reinen Distributionscenter zu einem Center für Distribution und Endfertigung (Product Completion Center) aufgewertet und um zusätzliche Flächen am Standort „Logport" (LGP) erweitert. Die erfolgreiche Umsetzung und das Management der Produktion bei Kühne + Nagel führten zu einer Erweiterung der Aktivitäten in Form von zusätzlichen Verpackungslinien für Druckerpatronen, Reparaturdiensten für Drucker, der Localisation von Druckern (z.B. durch Beipacken von entsprechenden Netzteilen) und der Konfiguration von Druckern für den europäischen Markt (Jabil, Hydra). Für die Folgejahre sind zusätzliche Erweiterungen geplant
8. Aus den einzelnen Werken des Druckerproduzenten (Lieferanten) werden Produkte entweder direkt ins Distributions-Center angeliefert oder zunächst in der Fertigung bearbeitet und verpackt. Von dort werden die verkaufsfähigen Produkte an Händler und sonstige Großabnehmer (Empfänger) verschickt, die den Verkauf an Endkunden abwickeln. Kühne + Nagel führt auch den Versand von Ersatzteilen an die Endkunden durch. Defekte Geräte werden im Rahmen der Entsorgungslogistik direkt vom Endkunden ans Distributions-Center zurückgeschickt.

9. Das Logistikmanagement hat die Aufgabe, alle Anlieferungsverkehre, die Lagerhaltung und die Distribution zu koordinieren.
10. Das Bestandsmanagement (Lager) hat die Aufgabe, alle Bestände an fertigen Druckern, in Produktion befindlichen Druckern und Verbrauchsmaterialen über die einzelnen Betriebsbereiche hinweg zu überwachen und den Schwund zu minimieren.
11. Der Bereich Value Added Services (VAS) verantwortet die gesamte Produktion, die Zusammenstellung von Produktbündeln und die Anpassung der Produkte an die unterschiedlichen regionalen Gegebenheiten. Darüber hinaus ist dieser Bereich für die Erfüllung kurzfristiger Kundenanforderungen zuständig.
12. Zunächst erfolgt im Eingangsbereich die Warenannahme. Dabei ist oftmals der Umschlag der Waren von nicht standardisierten Paletten oder aus Containern auf standardisierte Paletten notwendig. Danach folgen die Einlagerung und der Lagerungsprozess.
13. Auf Basis der Kundenbestellungen erfolgen bei der Kommissionierung die Entnahme der bestellten Teilmengen aus den unterschiedlichen Bereichen des Lagers und die transportgerechte Palettierung der bestellten Teilmengen. Abschließend erfolgen die Verpackung und der Versand der bestellten Mengen an die unterschiedlichen Kunden.
14. Informationsflüsse auf der Beschaffungsseite erfolgen v.a. in Form von Lieferscheinen. Auf der Absatzseite sind die Kundenaufträge Basis der logistischen Aktivitäten.
15. Für den raschen Umschlag und die Einlagerung von angelieferten Produkten auf Standardpaletten kommen Gabelstapler und Regalbedienungsgeräte zum Einsatz. Ein Einfahrregal-System (drive in racking system, DIS) dient zur Lagerung der Produkte und Verbrauchsmaterialien. Diese Regaltechnik erlaubt eine raumoptimierte Lagerung und minimiert Ein- und Auslagerungszeiten.
16. Die stark schwankenden Bedarfsmengen erfordern eine äußerst flexible Personaleinsatzplanung. Daher verfügt das Duisburger Kühne + Nagel Management über ein Team an eigenen Vollzeitmitarbeitern und arbeitet zur Abdeckung von Personalspitzen zusätzlich mit Personalvermittlungsunternehmen zusammen.
17. Die fristgerechte Auftragserfüllung beträgt 95%.
18. Als Product Completion Center erfolgt am Standort BKH die Endkonfiguration der Verbrauchsmaterialien im Auftrag des Druckerproduzenten. Die Hauptaktivität der Anlage ist die Verpackung von Tintenstrahldruckpatronen. Derzeit sind vierzehn Verpackungslinien in Betrieb, zwei weitere Verpackungslinien sind im Design- oder Installationsstadium.
19. Folgende Teilaktivitäten erfolgen im Product Completion Center:
    - Auslieferungsvorbereitung (pre-flighting): Upgrade von Drucker-Betriebssystemen, Austausch von Speicherkarten, Durchführung kurzfristiger Qualitätsverbesserungen, etc.
    - Verpackung: Entwurf von Verpackungen, Abpacken von Druckpatronen in Einzelhandelsverpackungen, Zusammenstellung von Sammelpackungen, Kommissionierung von Handelsverpackungen nach Stücklisten, etc.
    - Multi-boxing: Zusammenfügen verschiedener Teile in ein größeres Installationspaket, Umverpacken verschiedener Teile für eine Einzelinstallation, etc.

- Localisation: Anbringen länderspezifischer Beschriftungen, Beilegen von Handbüchern, Austausch von Artikelnummern, Austausch der Stromversorgungskabel, etc.
- Umbeschriftung von Verpackungen
- Umpacken von Teilen

20. Ebenso wie im Logistikbereich bestehen auch im Produktionsbereich besonders hohe Anforderungen an die Flexibilität, um die kurzfristig um bis zu 250% schwankenden Produktionsmengen bewältigen zu können. Das Management achtet daher bei der Produktionsplanung auf hohe Flexibilität in Bezug auf Produktionskapazität der Maschinen und Personalverfügbarkeit. Wie die Logistikorganisation hat die Produktionsplanung durch Erfahrung gelernt, in enger Zusammenarbeit mit dem eigenen Kernteam und besonderen Vereinbarungen mit lokalen Personalvermittlungsunternehmen die notwendigen flexiblen Personalkapazitäten bereitzustellen.
21. Das Service Level Agreement ist ein Vertrag zwischen dem Druckerproduzenten und Kühne + Nagel und dient zur konkreten Beschreibung von Umfang und Inhalt der Dienstleistung und der Festlegung der Servicequalität.
22. Die perfekte Auftragserfüllung gibt die Servicequalität hinsichtlich vollständiger, termingerechter und unbeschädigter Lieferungen inklusive der entsprechenden Dokumentation an. Die Erfüllung dieser Kennzahl kann der Druckerproduzent auf Basis des Service Level Agreement nachprüfen und einfordern. Kühne + Nagel ist dem Druckerproduzenten gegenüber verpflichtet, eine perfekte Auftragserfüllung von mindestens 95% zu garantieren.
23. Der Druckerproduzent ist berechtigt, den Vertrag bei Nichteinhaltung der Service Level zu kündigen und zu einem anderen Logistik-Dienstleister in Osteuropa zu wechseln. Diese Vereinbarung mit dem Druckerproduzenten ist ein laufender Ansporn für Kühne + Nagel zu besonderer Sorgfalt bei der Leistungserstellung und der ständigen Verbesserung des Service in allen Bereichen.
24. Die vier IT-Systeme am Standort Duisburg sind: Lagerverwaltungssytem, Produktionssteuerungssystem, Transportmanagementsystem und Trainingssytem.
25. Das Lagerverwaltungssytem weist Gütern anhand ihrer Artikelnummer einen passenden Lagerplatz zu. So werden Gefahrengüter nur den speziell dafür ausgelegten Lagerplätzen zugewiesen. Zusätzlich verwaltet das System die Chargen- und Seriennummern sowie die Lagerdauer. Durch die Erfassung dieser Daten wird sichergestellt, dass eine kurze Lagerdauer der Produkte realisiert wird und keine Produkte wegen Überalterung ausgeschieden werden müssen. Das System ermöglicht eine vollkommen papierlose Abwicklung im Lager.
26. Das Transportmanagementsystem erlaubt es dem Duisburger Transportteam, einzelne Sendungen anhand individueller LKW-Beladungspläne aus dem Warenlager abzurufen.
27. Das Produktionssteuerungssystem übernimmt die effektive Steuerung der gesamten Anlage, die Einsatzplanung sowie die Belegungsplanung der Hochgeschwindigkeitsverpackungslinien, um die Verfügbarkeit der richtigen Ressourcen für die geplanten Produktionsaktivitäten sicherzustellen. Zusätzlich unterstützt das System die Wartungsplanung, das Management der Maschinenausfallszeiten und anderer unproduktiver Aktivitäten, so dass mit den verfügbaren Betriebsmitteln die maximale Produktionsleistung erbracht werden kann.

28. Das Trainingssystem erfasst die Trainingsaktivitäten und identifiziert, wer das notwendige Qualifikationsprofil für eine bestimmte Aktivität besitzt. Weiters ist ersichtlich, welche Mitarbeiter Auffrischungstrainings benötigen und welche Zusatzqualifikationen zur Deckung des Personalbedarfs notwendig sind, um den Betrieb sicherzustellen. Darüber hinaus teilt das System die Auszubildenden den offenen Trainingsplätzen zu und unterstützt so die Weiterbildungsaktivitäten umfassend.
29. Die Duisburger Anlagen sind in mehreren Bereichen nach ISO zertifiziert: ISO 9001 (Qualität), ISO 14001 (Umwelt) und ISO 18001 (Arbeitssicherheit). Zusätzlich existiert ein Six Sigma-Programm, so dass die Anlagen über eine präventive Qualitätssicherung verfügen. Das Qualitätsversprechen des Duisburger Management zeigt sich auch in den Leitlinien von Kühne + Nagel.
30. Die Einhaltung und laufende Verbesserung der Prozessqualität am Standort Duisburg wird jährlich mehrmals vom Druckerproduzenten in Form von Audits überprüft und auf einer drei-stufigen Skala (Stufe 1 bis 3) bewertet. Der Standort Duisburg erreicht dabei laufend die höchste Stufe 3.
31. Kühne + Nagel hat Leitlinien im Bereich der Umweltpolitik definiert, um Nachhaltigkeitsaspekte bei allen Entscheidungen zu berücksichtigen. Maßnahmen in diesem Bereich sind: Installation von Solarenergiekollektoren, Aufrüstung der Beleuchtung in allen Anlagen auf die höchste Leuchteffizienzklasse und Untersuchung der Abfälle der Anlagen auf ihr Recycling-Potenzial, um möglichst viel Material wieder zu verwenden oder an externe Recyclingunternehmen abzugeben, die diese Materialien umweltgerecht verwerten können.
32. Derzeit werden freie Lagerkapazitäten am Standort BKH zur Abwicklung der Lagerhaltung für einen anderen Kunden eingesetzt.
33. Durch die Erbringung von zusätzlichen Leistungen oder die Mischnutzung bestehender Anlagen reduziert Kühne + Nagel Kosten für die Kunden.

TEIL II

Beschaffung

Oskar Grün
Jean-Claude Brunner

7 Aufgabenfeld der Beschaffung

Die Beschaffung zählt wie die Produktion, der Absatz und die Logistik zu den Kernfunktionen des Unternehmens. Das Aufgabenfeld der Beschaffung ist vielfältig und hängt im Wesentlichen von Art und Menge der zu beschaffenden Objekte ab.

Objekte der Beschaffung sind das Material (Roh-, Hilfs- und Betriebsstoffe, Zulieferteile), Handelswaren, Ersatzteile, Dienstleistungen, Betriebsmittel (Anlagen), Personal, Informationen und Kapital. Wir verwenden hier einen enger gefassten Beschaffungsbegriff.

> Beschaffung im engeren Sinne umfasst alle Maßnahmen zur Versorgung des Unternehmens mit Material (s.o.), Handelswaren, Ersatzteilen und Dienstleistungen.

Die Beschaffung vollzieht sich in sieben **Prozessen**, an denen mehrere unternehmensinterne und -externe Institutionen mitwirken: Bedarfsermittlung, Beschaffungsmarktforschung, Make or Buy-Entscheidung, Bestellung und Bestellabwicklung, Lieferantenmanagement, Beschaffungspolitik, Beschaffungscontrolling. In diese Beschaffungsprozesse sind folgende **Institutionen** involviert: Kunden, Absatzbereich, Bedarfsträger, Lieferanten, sog. Third Parties, und Beschaffungsspezialisten. **Ziele** der Beschaffung sind die Versorgung der Bedarfsträger mit

- den richtigen Gütern und Dienstleistungen in der richtigen Art, Menge und Qualität, zur richtigen Zeit, am richtigen Ort (Sachziel Versorgungssicherheit)
- zu möglichst geringen Kosten (Formalziel Versorgungswirtschaftlichkeit)

unter Bedachtnahme auf

- Mitarbeiterinteressen (Sozialziel) und
- Umweltbelange (Umweltziel).

Das **Erfolgspotenzial** der Beschaffung hängt vor allem von der Branche und vom Organisationsgrad der Anbieter bzw. Abnehmer ab. Demnach ist das Erfolgspotenzial im Handel am größten, und bei großer Marktmacht der Anbieter (Monopol bzw. Oligopol) ist der Verhandlungsspielraum der Abnehmer gering. Generell gilt, dass die Bedeutung der Beschaffung im Zuge des anhaltenden Trends zum Fremdbezug (Outsourcing) steigt.

Folgende Tatbestände sind im Zusammenhang mit dem Aufgabenfeld der Beschaffung zu klären:

- Welche Güter werden beschafft?
- Welche Beschaffungsprozesse sind zu absolvieren?
- Wer ist an den Beschaffungsprozessen beteiligt?
- Welche Ziele gelten für die Beschaffung?
- Wovon hängt das Erfolgspotenzial der Beschaffung ab?

Fragen

7.1 Definitionen und Abgrenzung

1. Erstellen Sie eine vollständige Liste der Objekte der Beschaffung.
2. Nach welchem Kriterium wird zwischen Beschaffung im engeren und im weiteren Sinn unterschieden?
3. Erläutern Sie den Unterschied zwischen Roh-, Hilfs- und Betriebsstoffen.
4. Eine Werkzeugmaschinenfabrik beschafft für die Fertigung von Drehbänken Antriebsmotoren, Zahnradrohlinge, Profileisen, Roheisen, Lacke und Reinigungsmittel. Gliedern Sie diese Materialen nach Roh-, Hilfs- und Betriebsstoffen sowie Zulieferteilen.
5. Eine Großbäckerei beschafft Wasser, Mehl, Salz, Bürosessel. Um welche Objekte handelt es sich dabei?
6. Um welche Beschaffungsobjekte handelt es sich bei
   a. Papier in einer Druckerei,
   b. Büchern in einer Universität,
   c. Reifen in einer Kfz-Werkstätte?
7. Ordnen Sie die folgenden Objekte nach Repetier- und Potenzialfaktoren und erläutern Sie den Unterschied zwischen den beiden Faktorarten: Heizgas, Mehlmischmaschine, Plastikbehälter, Zucker, Rezeptur, Rosinen.
8. In welchen Kriterien unterscheiden sich Material und Betriebsmittel?
9. ⋆ Welche Objekte beschafft eine Rechtsanwaltskanzlei und wer sollte dort für die Beschaffung verantwortlich sein?
10. ⋆ Warum sollte auch der Dienstleistungseinkauf über die Beschaffungsspezialisten abgewickelt werden?

7.2 Prozesse und Institutionen

11. Auf welchen Transformationsebenen (Güterebene, Finanzebene und dispositive Ebene) vollziehen sich Beschaffungsprozesse und wie unterscheiden sich die Transformationsebenen der Beschaffung von denjenigen der Logistik?
12. Erstellen Sie eine vollständige Liste aller Beschaffungsprozesse.
13. Erstellen Sie eine Liste aller an den Beschaffungsprozessen beteiligten Institutionen.
14. ⋆ Wer ist zuständig für die Beschaffung von
    a. Material
    b. Personal
    c. Kapital
    d. Informationen und
    e. weshalb ist diese Arbeitsteilung sinnvoll?

15. Was versteht man unter Bedarfsträgern und an welchen Beschaffungsprozessen wirken die Bedarfsträger mit?

* 16. Stellen Sie die Beschaffungsspezialisten als Grenzsystem dar.

* 17. Welche Bedeutung haben Third Parties im Beschaffungsprozess?

* 18. Inwieweit ist es gerechtfertigt, den Kunden als Institution im Beschaffungsprozess anzusehen?

* 19. Welche Objekte eignen sich für eine zentrale Beschaffung (Beschaffung durch Beschaffungsspezialisten)?

20. Nach welchen Kriterien kann man die Beschaffungsspezialisten intern gliedern?

7.3 Ziele und Erfolgspotenzial

21. Nennen Sie Sachziel, Formalziel, Sozialziel und Umweltziel der Beschaffung.

22. Grenzen Sie Versorgungssicherheit von Versorgungswirtschaftlichkeit ab.

23. Beschreiben Sie den Zusammenhang zwischen Servicegrad und Kosten.

24. Wie bestimmt man das Optimum zwischen Servicegrad und Kosten?

* 25. Warum ist ein Servicegrad von 100 Prozent unrealistisch?

* 26. Interpretieren Sie die Aussage „Im Einkauf liegt der Gewinn“!

* 27. Interpretieren Sie die Aussage „Material sparen und nicht Personal“!

* 28. Welche Bedeutung hat das Aktionspotenzial der Beschaffung für die Erreichung der Beschaffungsziele?

* 29. Welchen Einfluss hat die Marktmacht des Abnehmers auf das Erfolgspotenzial der Beschaffung?

Lösungen

1. Objekte der Beschaffung sind das Material (Roh-, Hilfs- und Betriebsstoffe, Zulieferteile), Handelswaren, Ersatzteile, Dienstleistungen, Betriebsmittel (Anlagen), Personal, Informationen und Kapital.
2. Das Unterscheidungskriterium ist das Beschaffungsobjekt. Beschaffung im engeren Sinn beschränkt sich auf die Objekte Material, Handelswaren, Ersatzteile und Dienstleistungen. Beschaffung im weiteren Sinne umfasst zusätzlich die Objekte Betriebsmittel, Personal, Informationen und Kapital.
3. Rohstoffe gehen mit hohen Mengen- bzw. Wertanteilen in das Endprodukt ein (z.B. Mehl bei Backwaren). Hilfsstoffe gehen ebenfalls in das Produkt ein, allerdings nur mit geringen Mengen- bzw. Wertanteilen (z.B. Gewürze bei Backwaren). Betriebsstoffe gehen nicht in das Endprodukt ein. Sie sind für das Betreiben der Produktionsanlagen erforderlich, d.h. sie dienen der Aufrechterhaltung des Produktionsprozesses (z.B. Schmierstoffe).
4. Werkzeugmaschinenfabrik

	Rohstoffe	Hilfsstoffe	Betriebsstoffe	Zulieferteile	Handelswaren	Betriebsmittel
Antriebsmotoren				x		
Zahnradrohlinge				x		
Profileisen	x					
Roheisen	x					
Lacke		x				
Reinigungsmittel			x			

5. Großbäckerei

	Rohstoffe	Hilfsstoffe	Betriebsstoffe	Zulieferteile	Handelswaren	Betriebsmittel
Wasser	x		x			
Mehl	x					
Salz		x				
Bürosessel						x

Wasser ist sowohl Rohstoff (für Backwaren) als auch Betriebsstoff (für Kühlung, Reinigung etc.).

6. Diverse

	Rohstoffe	Hilfsstoffe	Betriebsstoffe	Zulieferteile	Handelswaren	Betriebsmittel
Papier/Druckerei	x					
Bücher/Universität						x
Reifen/Kfz-Werkstätte					x	

7. Repetierfaktoren: Heizgas, Zucker, Rosinen;

   Potenzialfaktoren: Mehlmischmaschine, Plastikbehälter, Rezeptur.

   Die Repetierfaktoren werden im Produktionsprozess verbraucht, die Potenzialfaktoren gebraucht.
8. Material unterscheidet sich von den Betriebsmitteln in den Kriterien Mengenvolumen, Wertvolumen, Art des Beschaffungsprozesses, Qualifikation der Beschaffungsverantwortlichen sowie Begleit- bzw. Folgeprozesse (siehe *Tabelle 7.1*).
9. Beschaffungsobjekte sind u.a.: Zugang zu Rechtsdatenbanken, Literatur, Büromaterial. Verantwortlich für die Beschaffung ist das Sekretariat (nach Rücksprache mit und im Auftrag der RechtsanwältInnen).
10. Dienstleistungen erfordern die Kundenintegration, d.h. eine Interaktion zwischen Bedarfsträger und Anbieter/Lieferant. Die Mitwirkung von Beschaffungsspezialisten ist nicht zwingend aber sinnvoll, da diese ihr Wissen über den Beschaffungsmarkt und den Beschaffungsprozess einbringen, was den Kreis der potenziellen Anbieter erweitern und das Preis-Leistungs-Verhältnis verbessern kann.
11. Die Beschaffungsprozesse spielen sich überwiegend auf der dispositiven Ebene ab, die Aktivitäten auf den anderen Ebenen auslösen (z.B. Wareneingang und Zahlungsströme). Die güterlichen Prozesse werden im Rahmen der Logistik behandelt (Raum-Zeit-Überwindung inkl. deren Disposition).
12. Bedarfsermittlung, Beschaffungsmarktforschung, Make or Buy-Entscheidungen, Bestellung inkl. Bestellabwicklung, Lieferantenmanagement, Beschaffungspolitik und Beschaffungscontrolling.
13. Kunden, Absatz, Bedarfsträger, Lieferanten, Third Parties und die Beschaffungsspezialisten.
14. Es gelten folgende Zuständigkeiten:
    a. für Material – Beschaffungsspezialisten
    b. für Personal – Personalwesen
    c. für Kapital – Finanzwesen
    d. für Informationen – Informationswirtschaft und Management
    e. Die Arbeitsteilung ist sinnvoll, weil diese Institutionen über das jeweils notwendige objektspezifische Wissen verfügen.

15. Bedarfsträger sind alle betrieblichen Stellen/Bereiche, die Güter/Dienstleistungen verbrauchen, d.h. die unternehmensinternen Empfänger der zu beschaffenden Güter und Dienstleistungen. Bedarfsträger sind an der Bedarfsermittlung beteiligt, werden bei Bestellungen informiert und wirken bei Make or Buy-Entscheidungen sowie beim Lieferantenmanagement mit.
16. Beschaffungsspezialisten bilden die Schnittstelle des Unternehmens zu den Lieferanten. Als Grenzsystem bündeln sie die Anforderungen der Bedarfsträger zu Bestellungen und veranlassen die Verteilung der Lieferungen auf die einzelnen Bedarfsträger.
17. Third Parties übernehmen im Zuge des Outsourcings wesentliche Logistik- und Beschaffungsaktivitäten. Der Schwerpunkt der Third Parties-Aktivitäten liegt auf der Steuerung und Abwicklung von Logistikdienstleistungen (Transportieren, Fuhrparkmanagement, Lagerung). Mittels Desktop-Purchasing kann beispielsweise die Beschaffung von Büromaterial an einen externen Dienstleister ausgelagert werden.
18. In der Prozessbetrachtung (Supply Chain Management) stößt der Kunde mit seinem Auftrag alle betrieblichen Beschaffungsaktivitäten an, insbesondere die Anforderungen der Bedarfsträger an die Beschaffungsspezialisten.
19. Für eine zentrale Beschaffung eignen sich Objekte mit großem Einkaufsvolumen, bei denen die Bündelung der Aufträge die Marktmacht gegenüber Lieferanten stärkt, sowie Objekte, deren Beschaffung spezifisches Fachwissen verlangt (z.B. den Beschaffungsmarkt betreffend). Nicht geeignet sind Objekte mit einem hohen Dispositionsaufwand im Vergleich zum Warenwert (hohe Verwaltungskosten). Rahmenverträge vereinen die Vorteile der zentralen Beschaffung (Sicherung günstiger Beschaffungspreise) mit der dezentralen Beschaffung (Sicherung der Flexibilität der Bedarfsträger).
20. Die Beschaffungsspezialisten können nach Funktionen (Bestellwesen, Rechnungserledigung etc.), nach Objekten (Materialarten, Lieferantengruppen) oder nach Bedarfsträgern (z.B. Produktgruppen, Werken) gegliedert werden.
21. Das Sachziel der Beschaffung ist die Versorgungssicherheit (Versorgung mit den richtigen Gütern und Dienstleistungen in der richtigen Art, Menge und Qualität, zur richtigen Zeit, am richtigen Ort). Formalziel der Beschaffung ist die Versorgungswirtschaftlichkeit (in der Regel Kostensenkung). Das Sozialziel und das Umweltziel der Beschaffung sind eher Nebenbedingungen als Ziele, nämlich die Berücksichtigung der Mitarbeiterinteressen und der Umweltbelange in der Beschaffung.
22. Versorgungssicherheit stellt die „materielle Liquidität" sicher, also die bedarfsgerechte Bereitstellung von Material und Dienstleistungen. Die Versorgungswirtschaftlichkeit erfordert die Berücksichtigung des ökonomischen Prinzips durch Bedachtnahme auf die Beschaffungskosten.
23. Je höher der Servicegrad, desto größer die Lieferbereitschaftskosten und desto geringer die Fehlmengenkosten, d.h. Servicegrad und Fehlmengenkosten verhalten sich gegenläufig.
24. Das Optimum liegt im Minimum der Summe von Lieferbereitschaftskosten und Fehlmengenkosten. Da die Berechnung der Fehlmengenkosten in der Regel Schwierigkeiten bereitet, empfiehlt es sich, mit den Bedarfsträgern einen bestimmten Servicegrad zu vereinbaren und dessen Kosten zu minimieren.

25. Ein Servicegrad von 100 Prozent bedeutet die umgehende und vollständige Erfüllung jeder Bedarfsanforderung. Dies setzt nicht nur vollständige Information, sondern auch eine umfassende Lieferbereitschaft voraus, die nur unter Inkaufnahme unverhältnismäßiger Kosten erzielbar wäre.
26. Die Aussage betont die große Bedeutung des Einkaufs im Handel, d.h. sein hohes Erfolgspotenzial. Da die Produktion im Handel entfällt, wirken sich niedrige Einkaufspreise unmittelbar auf den erzielbaren Gewinn aus.
27. Sowohl die Senkung der Materialkosten als auch der Personalkosten wirken sich positiv auf das Betriebsergebnis aus. Bei der Senkung der Personalkosten ist allerdings eine Reihe von Restriktionen zu beachten (z.B. Kündigungsschutzbestimmungen), während die Senkung der Materialkosten leichter durchsetzbar ist, z.B. durch Senkung der Bedarfsanforderungen oder durch Pooling der Nachfrage auf dem Beschaffungsmarkt.
28. Je größer das Aktionspotenzial der Beschaffung, z.B. durch Mitsprache bei der Festlegung des Sortiments und des Produktionsprogramms (schmales Bedarfssortiment, Bündelung des Bedarfs), desto leichter fällt die Erreichung der Beschaffungsziele, da auf die spezifischen Interessen der Beschaffung Rücksicht genommen werden kann.
29. Je größer die Marktmacht des Abnehmers, desto größer das Erfolgspotenzial der Beschaffung, da die Beschaffung wesentlichen Einfluss auf die Preise, die Lieferkonditionen und die Qualität nehmen kann.

8 Die Bedarfsermittlung

Die Beschaffung beginnt mit der Bedarfsermittlung. Sie ist Voraussetzung für die Gewährleistung von Versorgungssicherheit und Versorgungswirtschaftlichkeit. Im Einzelnen geht es darum, das Bedarfssortiment (Art und Qualität), die Bedarfsmenge pro Periode und den Bedarfszeitpunkt sowie den Bedarfsort zu ermitteln. Hierbei treten häufig Konflikte zwischen Bedarfsträgern mit überzogenen Ansprüchen an die Versorgungssicherheit und den Beschaffungsspezialisten beim Streben nach Versorgungswirtschaftlichkeit auf.

Ausgangspunkt für die Ermittlung der **Bedarfsmengen** ist der Primärbedarf (verkaufsfähige Erzeugnisse), aus dem der Sekundärbedarf (für Rohstoffe, Teile, Baugruppen) und der Tertiärbedarf (für Hilfs- und Betriebsstoffe) abgeleitet werden. Da der Genauigkeitsanspruch und der Dispositionsaufwand der Bedarfsermittlung vom Wert und vom Beschaffungsrisiko des Materials abhängen, werden mittels ABC-Analyse und Material-Portfolio jene hochwertigen bzw. risikobehafteten Materialien ermittelt, die den Aufwand einer exakten Bedarfsermittlung rechtfertigen.

Die **programmorientierte Bedarfsermittlung** ist exakt, weil der Bedarf aus dem Primärbedarf der Erzeugnisse und ihrer Bestandteile ermittelt wird. Letztere ergeben sich aus der Stückliste bzw. Rezeptur, die in unterschiedlichen Varianten als Mengen-, Struktur- und Baukastenstückliste auftreten. Diese Form der Bedarfsermittlung empfiehlt sich für A- und für B-Teile sowie solche mit hohem Beschaffungsrisiko.

Die **verbrauchsorientierte Bedarfsermittlung** ist weniger genau, weil aus den Verbrauchswerten der Vergangenheit auf den zukünftigen Bedarf geschlossen wird. Sie eignet sich demnach für C-Teile und solche mit geringem Beschaffungsrisiko. Je nach Verlauf unterscheidet man einen regelmäßigen Verbrauch (X-Güter, hohe Prognosegenauigkeit), einen Verbrauch mit saisonalen Schwankungen (Y-Güter, mittlere Prognosegenauigkeit) und den unregelmäßigen Verbrauch (Z-Güter, niedrige Prognosegenauigkeit). Verlaufsabhängig verwendet man unterschiedlich anspruchsvolle Verfahren für die Bedarfsprognose und operiert mit dem arithmetischen Mittelwert, mit (gewogenen) gleitenden Mittelwerten und mit der exponentiellen Glättung.

Wenn keine verlässlichen Verbrauchswerte aus der Vergangenheit vorliegen bzw. Stücklisten fehlen, kommen **Schätzverfahren** zur Anwendung.

Folgende Tatbestände sind im Rahmen der Bedarfsermittlung zu klären:

- Wovon hängt der Materialbedarf ab?
- Welche Merkmale eignen sich für die Klassifikation des Materials?
- Welche Methoden der Bedarfsermittlung gibt es?
- Wovon hängt die Wahl der Methode der Bedarfsermittlung ab?

Fragen

8.1 Grundbegriffe und vorbereitende Maßnahmen

1. Welche Merkmale sind zur exakten Bestimmung des Bedarfs notwendig?

★ 2. Es liegt ein Auftrag über 200 Bücherregale vor. Ein Regal besteht aus den folgenden Teilen:

Anzahl	Bezeichnung	Lagerbestand
1	Rückwand	50
2	Seitenteile	100
6	Regalbrett	100
24	Schrauben	2.000
24	Schraubenmuttern	2.000

Es ist mit einem Ausschuss von 5% bei der Produktion der Rückwände zu rechnen. 50 Seitenteile sind bereits für einen Spezialauftrag vorgemerkt.

a. Ermitteln Sie den Sekundär- und Zusatzbedarf.

b. Ermitteln Sie den Brutto- und Nettobedarf.

★ 3. Eine Großbäckerei produziert täglich 12.000 Brötchen. Für 6 Brötchen werden 500 g Weizenmehl, 21 g Hefe, 4 g Zucker, 5 g Salz und 250 ml Wasser benötigt. Im Lager für den Tagesbedarf liegen 400 kg Weizenmehl.

a. Ermitteln Sie den täglichen Sekundärbedarf.

b. Wie hoch ist der Tages-Nettobedarf an Weizenmehl?

★ 4. Führen Sie eine Materialklassifizierung mithilfe der ABC-Analyse durch.

Materialposition	Preis pro Stück in €	Bedarf/Periode in Stück
1	200	500
2	500	45
3	1.000	12
4	10	1.100
5	300	100
6	60	400
7	5	4.900
8	5.000	25
9	20	950

⋆ 5. Die folgende Aufstellung zeigt das in einem Betrieb erforderliche Material, gegliedert nach Materialnummern, Mengen, Wert (pro Stück, gesamt, relativ).

a. Machen Sie einen begründeten Vorschlag für die Klassifikation in A-, B- und C-Güter.

b. Stellen Sie Ihren Vorschlag grafisch dar.

Material	Menge Stück	Wert pro Stück	Gesamtwert absolut	in %	Klasse
M01 Alpha	400	600	240.000	39,9%	
M02 Bravo	500	300	150.000	24,9%	
M03 Charlie	200	300	60.000	10,0%	
M04 Delta	200	250	50.000	8,3%	
M05 Echo	100	500	50.000	8,3%	
M06 Foxtrot	400	40	16.000	2,7%	
M07 Golf	1.000	14	14.000	2,3%	
M08 Hotel	200	31	6.200	1,0%	
M09 India	80	56	4.480	0,7%	
M10 Juliett	400	10	4.000	0,7%	
M11 Kilo	180	20	3.600	0,6%	
M12 Lima	1.200	1	1.200	0,2%	
M13 Mike	300	3	900	0,1%	
M14 November	100	6	600	0,1%	
M15 Oscar	70	8	560	0,1%	
M16 Papa	50	11	550	0,1%	
Summe	5.380		602.090	100,0%	

⋆ 6. a. Erstellen Sie ein Materialportfolio für einen Medizingeräte-Hersteller auf der Basis folgender Materialarten und ihrer Klassifizierung.

Bezeichnung	Wert Mio €	Einfluss auf das Betriebsergebnis	Beschaffungsrisiko
Applikations-Software	2,0	hoch (3)	hoch (5)
Scanner	10,0	hoch (5)	gering (1)
Lizenzen/Patente	4,0	hoch (5)	hoch (5)
Motoren	2,0	gering (2)	gering (2)
Tastaturknöpfe	0,1	gering (1)	gering (1)
Ersatzteile	0,2	gering (1)	gering (1)

b. Bestimmen Sie, ausgehend von Ihrem Material-Portfolio, die Art der Bedarfsermittlung für Tastaturknöpfe, Motoren und Scanner.

8.2 Die programmorientierte Bedarfsermittlung

7. Unter welchen Bedingungen (für welche Materialarten) eignet sich die programmorientierte Bedarfsermittlung?
8. Vergleichen Sie die Mengen-, Struktur- und Baukastenstückliste hinsichtlich ihres Informationsgehalts.
9. a. Erstellen Sie anhand des folgenden Gozinto-Graphen eine Mengenstückliste.

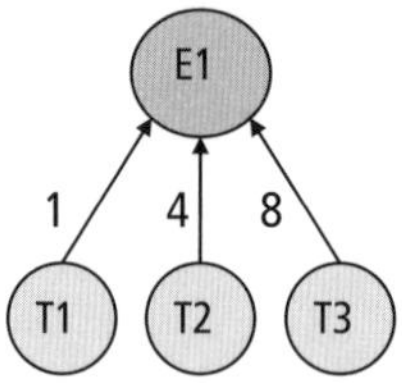

   b. Der Primärbedarf von E1 beträgt 200 Stück. Ermitteln Sie den Sekundärbedarf.

⋆ 10. a. Erstellen Sie anhand des folgenden Gozinto-Graphen eine Strukturstückliste.
   b. Der Primärbedarf von E2 beträgt 200 Stück. Ermitteln Sie den Sekundärbedarf.

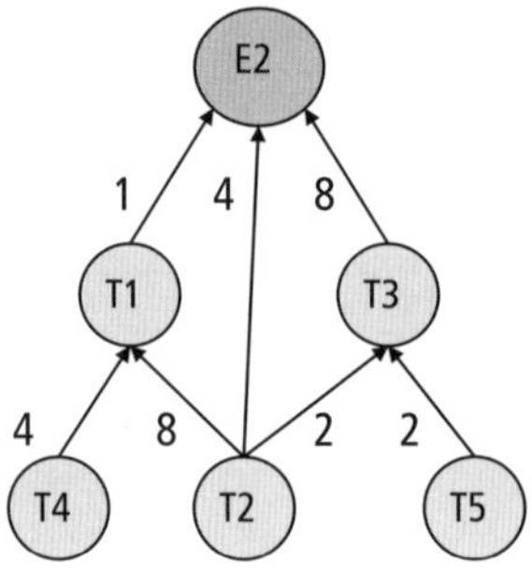

   c. Erstellen Sie eine Baukastenstückliste für E2, T1 und T3.

★★ 11. Gegeben sind folgende Baukastenstücklisten.

E3	T2	T3
2 T1 3 T2 5 T3	1 T1 2 T4 2 T5	1 T1 2 T4

a. Zeichnen Sie einen Gozinto-Graphen für E3.

b. Ermitteln Sie den Sekundärbedarf bei einem Primärbedarf von 500 Stück E3.

c. Im Zuge der Modellpflege wird T3 überarbeitet und 2 Stück des Bestandteils T4 durch ein Stück T6 ersetzt. Welchen Änderungsaufwand verursacht dies bei den Mengen-, den Struktur- und den Baukastenstücklisten?

★ 12. Sie haben folgende Strukturstückliste für die Produktion eines Endprodukts *P* gegeben:

Ebene				Menge	Artikel
1	2	3	4		
x				4	A
	x			6	D
	x			1	C
		x		2	B
			x	4	D
			x	2	E
		x		3	D
x				4	C
	x			2	B
		x		4	D
		x		2	E
	x			3	D

a. Zeichnen Sie den entsprechenden Gozinto-Graphen für P.

b. Bestimmen Sie den Sekundärbedarf für Einzelteil D, wenn ein Primärbedarf für *P* von 40 Stück gegeben ist.

8.3 Die verbrauchsorientierte Bedarfsermittlung

⋆ 13. Unter welchen Bedingungen eignen sich die verbrauchsorientierten Methoden für die Bedarfsermittlung?

14. Unterscheiden Sie Materialien hinsichtlich der Vorhersehbarkeit ihres Bedarfs und geben Sie jeweils ein Beispiel an.

⋆⋆ 15. Für die Bedarfsplanung liefert Ihnen die Produktion folgende Angaben über den Verbrauch im vergangenen Jahr:

Monat	Jan	Feb	Mrz	Apr	Mai	Jun	Jul	Aug	Sep	Okt	Nov	Dez
Stück	80	100	90	110	90	120	130	110	140	130	150	140

Ermitteln Sie mithilfe der unten angeführten Methoden den Januar-Bedarf.

a. Arithmetischer Mittelwert.

b. Gleitender Mittelwert über vier Perioden.

c. Gewogener gleitender Mittelwert über vier Perioden, wobei die aktuellste Periode mit 50%, die zweitaktuellste mit 25%, die drittaktuellste mit 15% und die viertaktuellste mit 10% gewichtet wird.

d. Exponentielle Glättung mit $\alpha = 0{,}2$ und einem Vorhersagewert für Dezember von 120.

⋆⋆ 16. Die Marketingabteilung stellt Absatzzahlen der vergangenen 5 Jahre zur Verfügung.

Jahr	2008	2009	2010	2011	2012	2013
Stück	28	33	39	46	50	?

Errechnen Sie verbrauchsorientiert den Bedarf für das Jahr 2013 mithilfe folgender Methoden:

a. Arithmetischer Mittelwert.

b. Gleitender Mittelwert über vier Perioden.

c. Gewogener gleitender Mittelwert über vier Perioden, wobei die aktuellste Periode mit 50%, die zweitaktuellste mit 25%, die drittaktuellste mit 15% und die viertaktuellste mit 10% gewichtet wird.

d. Exponentielle Glättung mit $\alpha = 0{,}1$ und einem Vorhersagewert für 2012 von 48.

⋆⋆ 17. In einem Hangar am Flughafen werden im Turbinenservice unterschiedliche Verfahren zur Prognose des Bedarfs an Ersatzteilen in den nächsten Perioden eingesetzt. Folgende Quartalsdaten wurden über die Anzahl der verbrauchten Ersatzteile in den letzten beiden Jahren aufgezeichnet:

2012				2013		
1. Quartal	2. Quartal	3. Quartal	4. Quartal	1. Quartal	2. Quartal	3. Quartal
155	135	125	155	125	225	?

a. Angenommen, es wird im Jahr 2013 mithilfe des 3-periodigen gewogenen, gleitenden Mittelwerts prognostiziert, wobei die Gewichte $G_{t-2} = 20\%$, $G_{t-1} = 30\%$ und $G_t = 50\%$ gewählt wurden. Welche Prognosewerte wurden dann jeweils für das 2. und 3. Quartal 2013 erstellt?

b. Angenommen, es wird im Jahr 2013 die exponentielle Glättung erster Ordnung mit Glättungsfaktor 0,2 eingesetzt und der Prognosewert für das 1. Quartal 2013 war 145. Welche Prognosewerte wurden dann jeweils für das 2. und 3. Quartal 2013 erstellt?

c. Im Jahr 2012 haben die Mitarbeiter Schätzungen gemacht. Errechnen Sie den Prognosefehler für jedes Quartal. Welche Aussage können Sie über die Schätzungen der Mitarbeiter treffen?

Mitarbeiterschätzungen 2012

1. Quartal	2. Quartal	3. Quartal	4. Quartal
115	105	100	125

Lösungen

1. Zur exakten Bestimmung des Bedarfs sind folgende Merkmale der Güter bzw. Dienstleistungen notwendig: Art und Menge/Periode, Qualität, Zeitpunkt und Ort des Bedarfs.
2. a. Der Sekundär- und Zusatzbedarf ergibt sich aus der Multiplikation des Primärbedarfs mit den Mengen der je Erzeugnis benötigten Teile.

Bezeichnung	Sekundärbedarf	Zusatzbedarf
Rückwand	200 · 1 = 200	200 · 1 · 0,05 = 10
Seitenteile	200 · 2 = 400	
Regalbrett	200 · 6 = 1.200	
Schrauben	200 · 24 = 4.800	
Schraubenmuttern	200 · 24 = 4.800	

b. Vom Brutto- zum Nettobedarf.

Bezeichnung	Bruttobedarf	Lagerbestand	Vormerkung	Nettobedarf
Rückwand	210	50		160
Seitenteile	400	100	50	350
Regalbrett	1.200	100		1.100
Schrauben	4.800	2.000		2.800
Schraubenmuttern	4.800	2.000		2.800

3. a. Da das Rezept auf 6 Stück ausgelegt ist, gilt es, den Multiplikator zu ermitteln (12.000 : 6 = 2.000).

Bezeichnung	Sekundärbedarf
Weizenmehl	2.000 · 0,5 kg = 1.000 kg
Hefe	2.000 · 21 g = 42 kg
Zucker	2.000 · 4 g = 8 kg
Salz	2.000 · 5 g = 10 kg
Wasser	2.000 · 250 ml = 500 l

b. Der Tages-Nettobedarf an Weizenmehl beträgt 600 kg (1.000 kg – 400 kg).

4. Bei der ABC-Analyse wäre anhand weiterer Informationen zu prüfen, ob Material 9 als B- oder C-Gut zu klassifizieren ist.

Material	Preis pro Stück	Bedarf/Periode	Wert absolut	Wert relativ	Wert kumuliert	Klasse
8	5.000	25	125.000	34,0%	34%	A
1	200	500	100.000	27,2%	61%	A
5	300	100	30.000	8,2%	69%	B
7	5	4.900	24.500	6,7%	76%	B
6	60	400	24.000	6,5%	82%	B
2	500	45	22.500	6,1%	89%	B
9	20	950	19.000	5,2%	94%	C
3	1.000	12	12.000	3,3%	97%	C
4	10	1.100	11.000	3,0%	100%	C
			368.000	100,0%		

5. a. Bei der ABC-Analyse wäre anhand weiterer Informationen zu prüfen, ob Material „M03 Charlie“ eher als A-Gut oder B-Gut zu klassifizieren ist.

Material	Menge Stück	Wert pro Stück	Gesamtwert absolut	Gesamtwert in %	Klasse	Wert
M01 Alpha	400	600	240.000	39,9%	A	64,77%
M02 Bravo	500	300	150.000	24,9%	A	
M03 Charlie	200	300	60.000	10,0%	B	26,57%
M04 Delta	200	250	50.000	8,3%	B	
M05 Echo	100	500	50.000	8,3%	B	
M06 Foxtrot	400	40	16.000	2,7%	C	8,65%
M07 Golf	1.000	14	14.000	2,3%	C	
M08 Hotel	200	31	6.200	1,0%	C	
M09 India	80	56	4.480	0,7%	C	
M10 Juliett	400	10	4.000	0,7%	C	
M11 Kilo	180	20	3.600	0,6%	C	
M12 Lima	1.200	1	1.200	0,2%	C	
M13 Mike	300	3	900	0,1%	C	
M14 November	100	6	600	0,1%	C	
M15 Oscar	70	8	560	0,1%	C	
M16 Papa	50	11	550	0,1%	C	
Summe	5.380		602.090	100,0%		

b. Grafische Darstellung (eine Lorenzkurve ist ebenfalls korrekt):

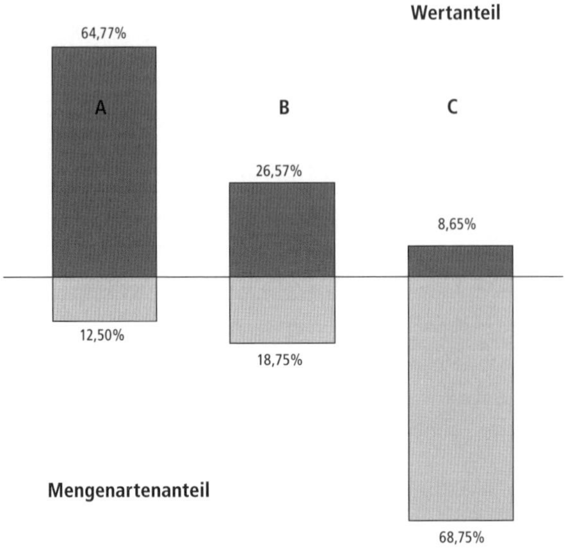

6. a. Material-Portfolio umfasst Hebelmaterialien (Scanner), strategisch bedeutsame (Lizenzen/Patente, Software) und unkritische Materialien (Tastaturknöpfe, Ersatzteile).

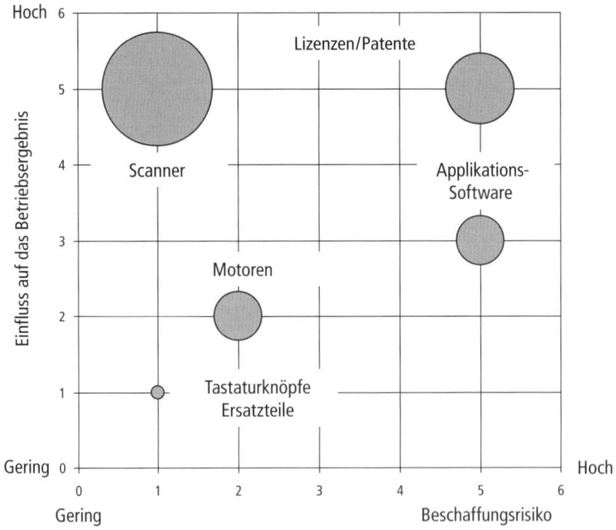

b. Tastaturknöpfe, Motoren und Scanner erfüllen die Voraussetzungen für die programmorientierte Bedarfsermittlung, da sie in Stücklisten aufscheinen. Vom Wert her lohnen sich für Tastaturknöpfe und Ersatzteile keine aufwändigen Dispositionen. Bei den Motoren ist es wichtig, die Teilevielfalt durch Standardisierung zu reduzieren. Es spricht viel dafür, die wertmäßig bedeutenden Scanner genau zu disponieren.

7. Für die programmorientierte Bedarfsermittlung ist die Kenntnis der geplanten Absatzmengen und der Bestandteile des jeweiligen Erzeugnisses erforderlich.
8. Die Mengenstückliste gibt Auskunft über die Art und Anzahl der Bestandteile. Die Strukturstückliste informiert neben Art und Anzahl auch über die Fertigungs- oder Produktionsstufe; sie hat daher einen höheren Informationsgehalt. Die einzelne Baukastenstückliste hat denselben Informationsgehalt wie eine Mengenstückliste.
9. a. Die Mengenstückliste und
   b. der daraus abgeleitete Sekundärbedarf.

Mengenstückliste E1	Sekundärbedarf	
1 T1	200 · 1 T1 =	200 T1
4 T2	200 · 4 T2 =	800 T2
8 T3	200 · 8 T3 =	1.600 T3

10. a. Die Strukturstückliste von E2:

Ebene 1	Ebene 2	Anzahl	Bezeichnung
x		1	T1
	x	8	T2
	x	4	T4
x		4	T2
x		8	T3
	x	2	T2
	x	2	T5

   b. Der Sekundärbedarf für 200 E2 beträgt 5.600 T2, 800 T4 und 3.200 T5. Die 5.600 T2 ergeben sich aus 800 (200·4) auf Ebene 1 und 1.600 (200·1·8) sowie 3.200 (200·8·2) auf Ebene 2. Von den Intermediär-Teilen T1 und T3 werden 200 T1 und 1.600 T3 benötigt.

Ebene 1	Ebene 2	Anzahl	Bezeichnung
200 · 1		1	T1
	200 · 1 · 8	8	T2
	200 · 1 · 4	4	T4
200 · 4		4	T2
200 · 8		8	T3
	200 · 8 · 2	2	T2
	200 · 8 · 2	2	T5

c. Die Baukastenstücklisten für E2:

E2	T1	T3
1 T1 4 T2 8 T3	8 T2 4 T4	2 T2 2 T5

11. a. Der Gozinto-Graph für E3:

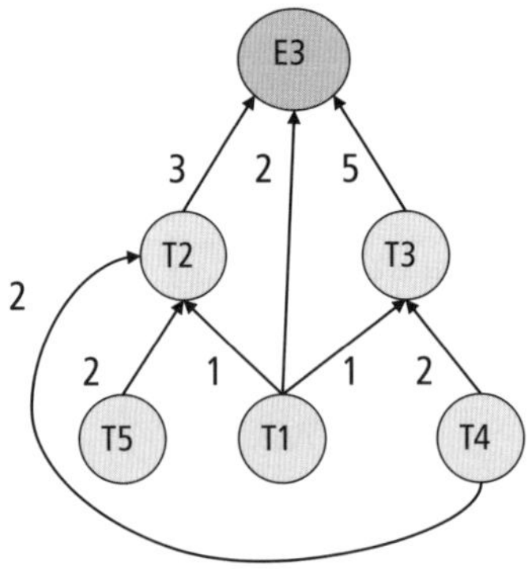

b. Der Sekundärbedarf für 500 E3 beträgt 5.000 T1, 8.000 T4 und 3.000 T5. Von den Intermediär-Teilen T2 werden 1.500 und von T3 2.500 benötigt.

Ebene 1	Ebene 2	Anzahl	Bezeichnung
500 · 3		3	T2
	500 · 3 · 2	2	T5
	500 · 3 · 1	1	T1
	500 · 3 · 2	2	T4
500 · 2		2	T1
500 · 5		5	T3
	500 · 5 · 2	2	T4
	500 · 5 · 1	1	T1

c. Die Baukastenstückliste und die Strukturstückliste sind am leichtesten zu warten, da die Änderung nur T3 (1 Zeile) betrifft. Bei der Mengenstückliste müssen die Mengen neu berechnet werden.

Baukastenstückliste T3

Anzahl	Bezeichnung
1	T1
1	T6

Strukturstückliste

1	2	Anzahl	Bezeichnung
x		3	T2
	x	2	T5
	x	1	T1
	x	2	T4
x		2	T1
x		5	T3
	x	1	T6
	x	1	T1

Mengenstückliste

Anzahl	Bezeichnung
10	T1
6	T4
6	T5
5	T6

12. a. Gozinto-Graph für P:

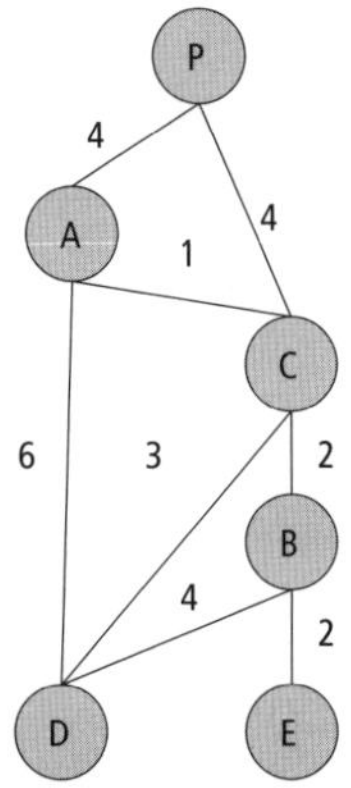

b. PAD: 6·4 + PACBD: 4·1·2·4 + PACD: 4·1·3 + PCD: 4·3 + PCBD: 4·2·4= 112 Stück *D* pro Teil P. → Sekundärbedarf von *D* für 40 Stück P: 112·40 = 4.480 Stück.

13. Die verbrauchsorientierte Materialbedarfsermittlung basiert auf Verbrauchswerten der Vergangenheit (Materialbewegungsrechnungen und -statistiken) und/oder auf Annahmen über den zukünftigen Verbrauch. Es müssen also Aufzeichnungen über den früheren Materialverbrauch vorhanden sein, die eine gute Erwartungsbildung des zukünftigen Verbrauchs erlauben. Die verbrauchsorientierte Materialbedarfsermittlung eignet sich für Betriebsstoffe, für C-Teile und Produkte ohne Stücklisten.
14. Hinsichtlich der Vorhersehbarkeit ihres Bedarfs unterscheidet man folgende Güter:
    - X-(R-)Güter mit einem regelmäßigen Verbrauch und hoher Prognosegenauigkeit. Beispiel: Mehl, Zucker in einer Bäckerei.
    - Y-(S-)Güter mit stärkeren, meist saisonalen Schwankungen und einer mittleren Prognosegenauigkeit. Beispiel: Ernteprodukte.
    - Z-(U-)Güter mit einem unregelmäßigen Verbrauch und einer niedrigen Prognosegenauigkeit. Beispiel: Ersatzteile für Anlagen.
15. Januar-Bedarf
    a. Arithmetischer Mittelwert: 115,8.
    b. Gleitender Mittelwert über vier Perioden: 140.
    c. Gewogener gleitender Mittelwert über vier Perioden: 141.
    d. Exponentielle Glättung (α = 0,2, Vorhersagewert für Dezember 120): 124.
16. Bedarf für 2013
    a. Arithmetischer Mittelwert: 39,2.
    b. Gleitender Mittelwert über vier Perioden: 42,0.
    c. Gewogener gleitender Mittelwert über vier Perioden: 45,7.
    d. Exponentielle Glättung (α = 0,1, Vorhersagewert für 2012 ist 48): 48,2.
17. Ersatzteilbedarf Turbinenservice
    a. Prognosewerte für das 2. und 3. Quartal 2013:
        - 2. Quartal 2013: $(125 \cdot 0{,}2+155 \cdot 0{,}3+125 \cdot 0{,}5) = 134$
        - 3. Quartal 2013: $(155 \cdot 0{,}2+125 \cdot 0{,}3+225 \cdot 0{,}5) = 181$
    b. Prognosewerte mit der Formel: $V_{t+1} = V_t + \alpha(T_t - V_t)$
        - 2. Quartal 2013: Zeitpunkt t ist 1. Quartal 2013.
          $V_{t+1} = 145 + 0{,}2 \cdot (125 - 145) = 141$
        - 3. Quartal 2013: Zeitpunkt t ist 2. Quartal 2013.
          $V_{t+1} = 141 + 0{,}2 \cdot (225 - 141) = 157{,}8$
    c. Prognosefehler = $V_t - T_t$

1. Quartal	2. Quartal	3. Quartal	4. Quartal
115-155=-40	105-135=-30	100-125=-25	125-155=-30

Die Mitarbeiter unterschätzen systematisch die tatsächliche Nachfrage.

9 Beschaffungsmarktforschung

Nach der Bedarfsermittlung ist zu entscheiden, ob der Bedarf auf dem Wege der Eigenfertigung oder des Fremdbezugs gedeckt werden soll. Die Beschaffungsmarktforschung liefert hierfür und für das Lieferantenmanagement wichtige Informationen.

> Unter Beschaffungsmarktforschung versteht man die systematische Ermittlung des aktuellen und des zukünftigen Lieferangebots hinsichtlich aller relevanten Merkmale (Sortiment, Menge/Zeiteinheit, Preis, Know-how, Konditionen).

Die wichtigsten **Ziele** der Beschaffungsmarktforschung sind die Erhöhung der Markttransparenz, die Erschließung neuer Beschaffungsquellen, die Findung von Substitutionsgütern sowie die Früherkennung von Beschaffungsrisiken. Im Unterschied zur gut etablierten Absatzmarktforschung wird die Beschaffungsmarktforschung in vielen Unternehmen eher rudimentär betrieben, obwohl ihre **Bedeutung** im Zuge des Outsourcings und des Global Sourcings stark zugenommen hat, und gesicherte Informationen über die **Objekte** der Beschaffungsmarktforschung (Beschaffungsgüter, Preise, Lieferanten, Markt) unverzichtbar sind.

Hinsichtlich der **Methoden** ist zwischen der (laufenden) Marktbeobachtung und der (anlassbezogenen) Marktanalyse zu unterscheiden. Je nach Datenquelle stützt man sich auf die Primärforschung, bei der die Daten für die spezifischen Zwecke der Beschaffungsmarktforschung erhoben werden, oder auf die Sekundärforschung, die sich bereits vorhandener Datenquellen bedient.

Folgende Entscheidungstatbestände treten im Zusammenhang mit der Beschaffungsmarktforschung auf:

- Welchen Erfolgsbeitrag leistet die Beschaffungsmarktforschung für die Beschaffung?
- Wann (aus welchen Anlässen) wird Beschaffungsmarktforschung betrieben?
- Welches sind die Objekte der Beschaffungsmarktforschung?
- Welche Methoden werden in der Beschaffungsmarktforschung angewandt?

Fragen

9.1 Definition, Ziele und Bedeutung

1. Welche Bedeutung hat die Beschaffungsmarktforschung für die Bedarfsermittlung, die Make or Buy-Entscheidung und das Lieferantenmanagement?
2. Erläutern Sie die Teilprozesse der Beschaffungsmarktforschung und ihre Abfolge am Beispiel der Beschaffung von Büromaterial.
3. Welche Ziele verfolgt die Beschaffungsmarktforschung?
4. ⋆ Im so genannten Buyclass-Framework unterscheidet man folgende drei Beschaffungssituationen: Neue Aufgabe (new task), modifizierter Wiederholungskauf (modified rebuy), Routinekauf (straight rebuy). Diskutieren Sie die Bedeutung der Beschaffungsmarktforschung in den drei Beschaffungssituationen.
5. ⋆ Welche Konsequenzen hat das Global Sourcing für die Beschaffungsmarktforschung?
6. ⋆ Ein Unternehmen verlagert Teile seiner Produktion in ein Central & Eastern European-Land. Welche neuen Aufgaben ergeben sich in diesem Fall für die Beschaffungsmarktforschung?

9.2 Objekte

7. Beschreiben Sie die Objekte der Beschaffungsmarktforschung.
8. ⋆ Man unterscheidet zwischen Einkaufspreis und „Total Cost of Ownership" (Produktlebenszyklus-Kosten). Erläutern Sie die Relevanz dieser Unterscheidung am Beispiel eines PC-Farbdruckers.
9. ⋆ Ihr Hauptlieferant eines Rohstoffs, auf den ein wesentlicher Anteil der Materialkosten entfällt, informiert Sie über eine anstehende Preiserhöhung um 10 Prozent. Welche Aktivitäten der Beschaffungsmarktforschung löst diese Ankündigung aus?
10. ⋆ Auf welche Aspekte sollte man bei der Beurteilung eines Beschaffungsmarktes besonders achten?

9.3 Methoden

11. Worin unterscheiden sich Marktbeobachtung und Marktanalyse?
12. Bei der Beschaffungsmarktforschung wird zwischen primärer und sekundärer Marktforschung unterschieden. Ordnen Sie folgende Datenquellen der Primär- bzw. Sekundärforschung zu.

Datenquelle	Primärforschung	Sekundärforschung
Prospektdatei/Werbematerial		
Aufzeichnung der Lieferreklamationen		
Bezugsquellendatei		
Erhebung durch Marktforschungsinstitute		
Besuch von Messen		

★★ 13. Welche Optionen bietet das Internet für die Beschaffungsmarktforschung folgender Beschaffungsfälle:

a. Einkauf von Laptops für Außendienstmitarbeiter.

b. Auswahl der Anbieter von Dienstreisen per Flugzeug.

Geben Sie jeweils Ihre Vergleichskriterien und die von Ihnen recherchierten Internetquellen an.

14. Es ergibt sich ein interessanter Kontakt zu einem Lieferanten aus dem arabischen Raum. Wo finden Sie Informationen zu länderspezifischen Lieferantenrisiken?

15. Nennen Sie die Anlässe der Beschaffungsmarktforschung und unterscheiden Sie dabei nach ihrer Häufigkeit.

Lösungen

1. Bedeutung für die Bedarfsermittlung: Die Beschaffungsmarktforschung liefert Hinweise auf die Änderung/Straffung des Bedarfssortiments.

   Bedeutung für die Make or Buy-Entscheidung: Die Beschaffungsmarktforschung informiert über das Lieferangebot auf dem Beschaffungsmarkt, ein wichtiges Kriterium der Make or Buy-Entscheidung.

   Bedeutung für das Lieferantenmanagement: Die Beschaffungsmarktforschung informiert über Änderungen der Marktstruktur, insbesondere über das Auftreten neuer bzw. das Ausscheiden etablierter Lieferanten.
2. Die Teilprozesse sind: Auswahl der Objekte, Auswahl der zu erhebenden Daten und Kriterien, Festlegung der Methoden und Datenquellen sowie die Auswertung und Darstellung. Im ersten Teilprozess wird das zu erhebende Objekt genauer festgelegt, z.B. Druckerpapier. Im zweiten Teilprozess werden die Kriterien bestimmt, z.B. Recycling-Aspekte. Im dritten Teilprozess werden die Methoden und Datenquellen festgelegt, z.B. Internetrecherche bei regionalen Großhändlern. Im letzten Schritt werden die gesammelten Informationen entscheidungsgerecht aufbereitet.
3. Die Ziele der Beschaffungsmarktforschung sind:
   - Informationsversorgung der Entscheidungsträger, d.h. Befriedigung des Informationsbedarfs der Beschaffungsspezialisten und der Bedarfsträger.
   - Erhöhung der Markttransparenz: Überblick über die Marktstrukturen sowie die Lieferanten und deren Kompetenzen und Produkte. Das ist vor allem wegen der fortschreitenden Differenzierung des Lieferangebots und der zunehmenden Globalisierung der Wirtschaftsbeziehungen bedeutsam.
   - Früherkennung von Beschaffungsrisiken: Je früher Beschaffungsrisiken erkannt werden, desto größer ist das Repertoire an Gegenmaßnahmen.
   - Erschließung neuer Beschaffungsquellen und Substitutionsgüter: Neue Lieferanten und alternativ einsetzbare Güter können die Verhandlungsposition der Abnehmer stärken.
   - Beschaffungsmarktforschung als Baustein des Beschaffungsmarketing und der Lieferantenpflege: Beschaffungsmarktforschung schafft die Voraussetzungen für die zielgerichtete Bearbeitung des Beschaffungsmarktes und den Aufbau eines guten Beschaffungs-Images bei den Lieferanten.
4. Die höchste Bedeutung hat die Beschaffungsmarktforschung im Falle einer neuen Aufgabe (new task), da es sich hierbei um neue Beschaffungsobjekte oder um neue Lieferanten handelt. Beim Routinekauf (straight rebuy) ist die Bedeutung der Beschaffungsmarktforschung gering, da sich Beschaffungsobjekt und Beschaffungsmarkt nicht geändert haben. Der modifizierte Wiederholungskauf (modified rebuy) nimmt eine Mittelposition ein. Die vorhandenen Informationen über Beschaffungsobjekt und Beschaffungsmarkt werden selektiv ergänzt bzw. aktualisiert.

5. Das Global Sourcing erhöht die Ansprüche an die Beschaffungsmarktforschung. Dabei ergibt sich ein Selektionsproblem, da die beschränkten Ressourcen keinen vollständigen Marktüberblick ermöglichen.
6. Die Verlagerung verändert die Supply Chains. Die Aufgabe der Beschaffungsmarktforschung ist es, neue lokale Beschaffungsquellen zu identifizieren, Informationen über diese zu sammeln, auszuwerten und den Entscheidungsträgern vorzulegen.
7. Die Objekte der Beschaffungsmarktforschung sind:
   - Die Beschaffungsgüter sind hinsichtlich ihrer Beschaffenheit und Verwendung zu untersuchen. Eine gute Kenntnis der am Markt verfügbaren Güter hilft, überzogene Bedarfsanforderungen und die damit verbundenen Kosten zu reduzieren.
   - Der Preis als wesentliches, in vielen Fällen sogar ausschlaggebendes Merkmal der Beschaffungsgüter, möglichst alle im Lebenszyklus eines Beschaffungsgutes anfallenden Kosten inkl. Entsorgungskosten („Total Cost of Ownership"). Preis- und Konditionen-Vergleiche sowie die Zielkostenrechnung („Target Costing": Aufschlüsselung der Einstandspreise in ihre Komponenten) stärken die Verhandlungsposition der Abnehmer.
   - Lieferanten (aktuelle und potenzielle) hinsichtlich ihrer wirtschaftlichen und technischen Leistungsfähigkeit. Zertifizierungssysteme (z.B. EN ISO 9000 ff) erleichtern die Ermittlung der Leistungsfähigkeit.
   - Der Markt, insbesondere die Marktstruktur. Die Marktstruktur ist abhängig von Anzahl, Qualität und Größenverhältnissen der Marktteilnehmer und von der Dynamik der Marktentwicklung.
8. Der Einkaufspreis eines PC-Farbdruckers beträgt beispielsweise 400 €. Der zugehörige Toner (schwarz) kostet 150 € für 8.000 Druckseiten. Die drei Farbtoner kosten jeweils 40 € für 3.000 Druckseiten. Bei einer angenommenen Einsatzdauer von 3 Jahren und 16.000 s/w und 6.000 Farb-Druckseiten fallen folgende Kosten an: Einkaufspreis à 400 €, 2 Toner (schwarz) à 150 €, 2 x 3 Toner (Farbe) à 40 €. Total Cost of Ownership daher 940 €. Der Gerätepreis allein verursacht weniger als die Hälfte der Gesamtkosten. Nur der Vergleich der Total Cost of Ownership erlaubt eine fundierte Einkaufsentscheidung.
9. Die zehnprozentige Erhöhung des Rohstoffpreises verschlechtert Ihre Kostenstruktur. Es empfiehlt sich, nach anderen Lieferanten zu suchen. Die Preiserhöhung mag auch als Anlass dienen, über einen effizienteren Einsatz des Rohstoffs nachzudenken (Senkung der Ausschussquote).
10. Man sollte besonders auf die Marktstruktur achten, da diese die Machtverhältnisse der einzelnen Teilnehmer mitbestimmt. Wie viele Anbieter und Nachfrager treten auf? Wie ist deren Größenverhältnis? Welche Strategien verfolgen die Marktteilnehmer (Qualitäts- und/oder Kostenführer)? Welche Trends zeichnen sich am Beschaffungsmarkt ab?

11. Der Hauptunterschied liegt in der Häufigkeit: Die Marktbeobachtung ist eine dauerhafte Überwachung bestimmter Merkmale. Die Marktanalyse ist anlassbezogen und konzentriert sich auf jeweils aktuelle Problemlagen, z.B. die Suche nach einem neuen Hauptlieferanten.

12.

Datenquelle	Primärforschung	Sekundärforschung
Prospektdatei/Werbematerial		x
Aufzeichnung der Lieferreklamationen		x
Bezugsquellendatei		x
Erhebung durch Marktforschungsinstitute	x	
Besuch von Messen	x	

13. Das Internet bietet Zugang zu Herstellern und Händlern, aber auch zu Preisvergleichs-Plattformen und Suchmaschinen.
    a. Technische Informationen und Bewertungen für Laptops für Außendienstmitarbeiter finden sich auf den Webseiten diverser Computermagazine sowie spezialisierter Weblogs. Plattformen wie Geizhals.at bieten eine bequeme Möglichkeit des Preisvergleichs. Direktanbieter wie Dell ermöglichen einen groben Einblick in die Komponenten-Kostenstruktur.

       Vergleichskriterien sind: Bildschirmdiagonale, Betriebssystem, Akku-Kapazität, Prozessor, RAM, Preis.
    b. Bei Flugreisen gibt es drei Klassen von Informationsanbietern: Die Fluggesellschaften, Reisebüros sowie Vergleichs- und Suchplattformen.

       Vergleichskriterien sind: Flugdaten, Flugklasse, Freigepäck, Preis.
14. Die Informationsangebote von Wirtschaftsverbänden wie Wirtschaftskammern, Industrie- und Handelskammern und Wirtschaftsforschungsinstituten stellen eine Fülle an Berichten zur Verfügung und bieten Ansprechpartner mit Insiderwissen (z.B. Handelsdelegierte).
15. Die Anlässe der Beschaffungsmarktforschung sind unternehmensinterne Unzufriedenheit mit den derzeitigen Lieferanten, Produktinnovationen oder Reorganisationen. Externe Anlässe sind insbesondere unvorhergesehene Angebotsverknappungen, neue Wettbewerber und Lieferanten, Umweltveränderungen und der technologische Wandel.

10 Make or Buy

In Abhängigkeit vom Ergebnis der Make or Buy-Entscheidung wird ein bestimmtes Gut oder eine bestimmte Dienstleistung entweder selbst erstellt oder fremdbezogen. Wenn die Absicht besteht, diese Leistungen dauerhaft fremd zu beziehen, spricht man vom **Outsourcing**, d.h. es kommt zu einer dauerhaften Verlagerung der Erstellung weg vom betrachteten Unternehmen hin zu den Lieferanten. Lange Zeit galt die von Ford praktizierte **Eigenfertigung** am River Rouge in Detroit im Sinne einer möglichst umfassenden Autarkie als vorbildlich. Heute sind die Fokussierung des Abnehmers auf das Produktdesign und die Montage sowie die weitgehende Einbindung der Systemlieferanten wie im Lkw-Werk in Resende (Brasilien) eher Standard in der Automobilindustrie. Outsourcing hat sich demnach seit den 90er Jahren des vorigen Jahrhunderts zu einem der mächtigsten Trends mit nach wie vor starkem Wachstumspotenzial entwickelt. Häufig ausgelagerte Dienstleistungen sind IT-Services, Human Resource-Aufgaben (z.B. Ausbildung), Engineering und Logistik.

Zwischen den **Extremformen** der reinen Eigenfertigung und des reinen Fremdbezugs gibt es viele **Mischformen**, wonach bestimmte Güter und Dienstleistungen sowohl fremdbezogen als auch eigenerstellt werden. Die Make or Buy-Entscheidung stellt sich sowohl beim erstmaligen Auftreten eines Bedarfs (Erstentscheidung) als auch bei späteren Anlässen wie der Veränderung des Beschaffungsmarktes durch das Auftreten neuer bzw. das Ausscheiden früherer Lieferanten (Folgeentscheidung).

Die Entscheidung über Eigenfertigung oder Fremdbezug verlangt die Abwägung mehrerer **Kriterien**, insbesondere die Konzentration auf die jeweilige Kernkompetenz, die Produktionskapazität, die Kosten, die Höhe und Regelmäßigkeit des Bedarfs, den Kapitalbedarf und die Autonomie sowie das Lieferangebot und die Marktmacht-Verhältnisse.

Die Palette der **Entscheidungshilfen** reicht von der Break Even-Analyse über Portfolio-Analysen und Investitionsrechnungen bis zur Nutzwertanalyse und Checklisten.

Folgende Sachverhalte werden im Rahmen von Make or Buy-Entscheidungen behandelt:

- Warum haben die Make or Buy-Entscheidungen an Bedeutung gewonnen?
- Bei welchen Anlässen stellt sich die Frage Make or Buy?
- Welche Kriterien sind für die Entscheidung Make or Buy relevant?
- Welche Instrumente eignen sich für die Make or Buy-Entscheidung?

Fragen

10.1 Bedeutung und Varianten

1. Was unterscheidet Outsourcing von einem „normalen“ Lieferauftrag?
2. ★ Welche Größen eignen sich zur Messung des Fremdbezugsanteils?
3. ★ Warum haben die Make or Buy-Entscheidungen an Bedeutung gewonnen?
4. Welche Güter/Dienstleistungen werden häufig ausgelagert?
5. ★ Der Allgemeine Deutsche Automobil-Club (ADAC) ist Deutschlands größter Verkehrsclub mit der Aufgabe der „Wahrnehmung und Förderung der Interessen des Kraftfahrzeugwesens und des Motorsports“ mit dem Schwerpunkt Pannenhilfe. Zu Beginn des neuen Jahrtausends stellte sich der ADAC die Frage nach der Rückbesinnung auf das Kerngeschäft. Identifizieren Sie im folgenden Organigramm Outsourcing-Kandidaten.

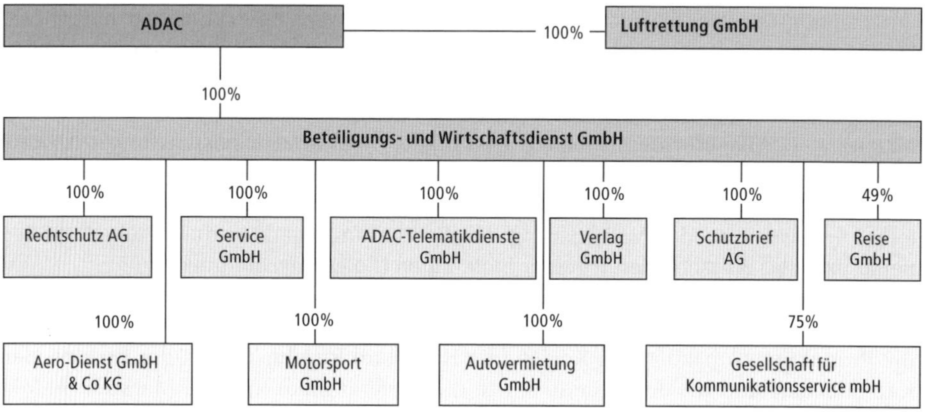

6. Welche Ansprüche stellt das Outsourcing an die Lieferanten?
7. ★ Skizzieren Sie Probleme des Outsourcings für die Qualitätssicherung.
8. Man unterscheidet reinen Fremdbezug, reine Eigenfertigung und Mischformen. Bezieht sich diese Aussage auf a) ein gesamtes Unternehmen b) auf eine einzelne Güter-/Dienstleistungsart oder c) auf einen Geschäftsbereich eines Unternehmens?

10.2 Entscheidungskriterien

9. ★ Interpretieren Sie folgende Aussage: „Wir machen nur das, was wir besser können als andere.“
10. ★ Welche Gesichtspunkte sprechen gegen das Outsourcing?
11. ★ Ein Lkw-Produzent beschließt, in seinen Werken verstärkt von Fremdfertigung auf Eigenfertigung umzusteigen. Erörtern Sie mindestens drei Gründe, die für diese Entscheidung sprechen.

⋆ 12. Bei der Entwicklung des ersten IBM Personal Computers Anfang der Achtziger Jahre entschied sich IBM aus Kosten- und Zeitersparnisgründen, das Betriebssystem von Microsoft und den Prozessor von Intel zuzukaufen. Beurteilen Sie diese Make or Buy-Entscheidungen.

⋆ 13. Was spricht gegen das Outsourcing der Stelle „Kundenreklamationen“ an externe Call-Center?

⋆ 14. Was spricht gegen das Outsourcing in sogenannte Billiglohnländer?

⋆ 15. Welche Probleme ergeben sich bei einem überwiegenden Fremdbezugsanteil für die Herkunftsbezeichnung „Made in …“?

10.3 Entscheidungsinstrumente

⋆ 16. Ermitteln Sie den Break-Even-Punkt, ab dem die Eigenfertigung bzw. der Fremdbezug vorteilhafter sind, wenn die Produktion eines Gutes Fixkosten von 500.000 € und variable Kosten von 10 € pro Stück verursacht. Das Gut könnte von einem Händler für 20 € pro Stück zugekauft werden.

⋆ 17. Ein Fotodrucker kostet 175 €. Eine Farbpatrone für 60 Bilder (10x15 cm) kostet 21 €, 60 Blatt Fotopapier 10 x 15 cm kosten 9 €. Ein Ausdruck beim Fotohändler kostet 0,55 €. Errechnen Sie den Break-Even-Punkt.

⋆ 18. Welche Annahmen über die Kapazitätsauslastung werden in der Break-Even-Analyse getroffen?

⋆ 19. Entwickeln Sie ein Make or Buy-Portfolio mithilfe der Dimensionen „strategische Bedeutung“ und „Verfügbarkeit am Markt“.

20. Die Unternehmensleitung hat Sie beauftragt, zu prüfen, ob Eigenfertigung oder Fremdbezug eines Werkzeuges günstiger wäre. Die vorhandene Kapazität reicht für die Fertigung dieses Werkzeuges aus, d.h. es liegt kein Engpass vor. Welche Kosten stellen Sie den Fremdbezugskosten gegenüber (mit Begründung)?

    a. Fixe und variable Kosten

    b. Nur variable Kosten

    c. Nur fixe Kosten

⋆⋆ 21. Die Eigenfertigung eines Werkzeuges würde 20.000 € an Materialkosten und 5.000 € an Personalkosten verursachen. Unternehmensintern kommen ein Materialgemeinkostensatz von 20% und ein Fertigungsgemeinkostensatz von 80% zur Anwendung. Ein Hersteller bietet Ihnen das Werkzeug für 28.000 € an. Ermitteln Sie mithilfe einer Kostenvergleichsrechnung die Vorteilhaftigkeit von Fremdbezug bzw. Eigenfertigung unter folgenden Bedingungen:

    a. Die vorhandene freie Kapazität reicht für die Fertigung dieses Werkzeuges aus, d.h. es liegt kein Engpass vor.

    b. Die vorhandene freie Kapazität reicht für die Fertigung dieses Werkzeuges nicht aus, d.h. es liegt ein Engpass vor, und die Eigenfertigung dieses Werkzeuges verdrängt Kundenaufträge.

⋆ 22. Vergleichen Sie die Aussagekraft von Nutzwertanalyse und Kostenvergleichsrechnung bei Make or Buy-Entscheidungen.

Lösungen

1. Der Hauptunterschied zwischen einem einfachen Auftrag an Lieferanten und dem Outsourcing ist der Zeitaspekt. Beim Outsourcing handelt es sich um die dauerhafte Verlagerung der Erstellung von Gütern und Dienstleistungen auf Lieferanten.
2. Zur Messung des Fremdbezugsanteils eignen sich sowohl Mengen- als auch Wertgrößen. So kann das Mengenvolumen des Fremdbezugs an der Zahl der fremdbezogenen Teile bzw. Baugruppen gemessen werden. Man kann auch die Fertigungsstufen als Maßstab des Fremdbezugs wählen (eine geringe Zahl an Fertigungsstufen bedeutet ein hohes Fremdbezugsvolumen). Häufiger ist die wertmäßige Feststellung des Fremdbezugsanteils, z.B. durch den Anteil der Wertschöpfung.
3. Adam Smith postulierte, dass nur die Größe eines Marktes der Spezialisierung Grenzen setzt. Die zunehmende globale Vernetzung und die damit entstehenden Weltmärkte erlauben eine immer weitergehende Spezialisierung, d.h. die Make or Buy-Entscheidung stellt sich für einen immer größer werdenden Anteil von Gütern und Dienstleistungen.
4. Häufig ausgelagert werden sog. Support-Aktivitäten wie Facility Management, Kantine und IT-Leistungen. Im Rahmen der Wertschöpfungskette im engeren Sinn werden vor- und nachgelagerte Aktivitäten ausgelagert. So beschränkt sich die Automobilindustrie zunehmend auf die Montage von Modulen (z.B. Türmodule). Ein Beispiel für das Outsourcing nachgelagerter Aktivitäten ist die Übertragung von Service- bzw. Reparaturarbeiten auf spezialisierte Dienstleister.
5. Unter dem Gesichtspunkt Orientierung an den Kernkompetenzen des Unternehmens sind folgende Töchterunternehmen des ADAC Outsourcing-Kandidaten: Reise GmbH, Verlag GmbH, Autovermietung GmbH, Gesellschaft für Kommunikationsservice GmbH, Aero-Dienst GmbH & Co KG, da deren Leistungen von spezialisierten Unternehmen zugekauft werden können. Service, Rechtschutz, Schutzbrief und Motorsport sowie die eigenen Telematik-Dienste gehören zur Kernkompetenz des ADAC. Ein Outsourcing ist erwägenswert, wenn diese Aktivitäten nicht in wirtschaftlich vertretbaren Volumina anfallen, andere Anbieter also Skalenvorteile haben.
6. Outsourcing stellt hohe Ansprüche an die Lieferanten, da enge Bindungen und Abhängigkeiten entstehen. Service Level Agreements kodifizieren die vereinbarte Lieferzuverlässigkeit, die mit Qualitätskontrollen überprüft wird. In der Automobilindustrie wird von den Schlüssel-Lieferanten erwartet, dass sie sich in der Nähe der Produktionsstandorte der Automobilhersteller (Outsourcing-Geber) ansiedeln.
7. Qualitätsprobleme sollten so früh wie möglich im Produktionsprozess erkannt und behoben werden. Outsourcing entzieht jedoch viele Aktivitäten dem Zugriff des Abnehmers. Schlimmstenfalls werden Qualitätsmängel erst beim Wareneingang (bei Gütern) erkannt. Dies kann zu gravierenden Verzögerungen wie im Fall Boeing führen, wo vom Lieferanten neu entwickelte Verbindungselemente nicht der geforderten Qualität entsprachen, wodurch sich das gesamte Dreamliner-Projekt verspätete.
8. Die Antwort b) ist richtig, weil die Betrachtung des Gesamtunternehmens oder eines Geschäftsbereichs zwangsläufig eine Mischform von Eigenfertigung und Fremdbezug ergibt, da auf dieser Ebene stets Fremdleistungen bezogen werden.

9. Die Aussage „Wir machen nur das, was wir besser können als andere" entspricht der Orientierung an der Kernkompetenz. Allerdings können viele Leistungen, die andere ebenso gut herstellen können, aus produktionstechnischen oder anderen Gründen nicht ausgelagert, sondern müssen vom Unternehmen selbst erstellt werden. So kann es im Zuge der Neuentwicklung/Verbesserung von Verfahren und Produkten sinnvoll sein, Leistungen trotz eines relativen Kompetenzdefizits selbst zu erstellen (Übung macht den Meister!).
10. Outsourcing führt zu einem Kontroll- und Steuerungsverlust und zu externen Abhängigkeiten (Autonomieverlust bis hin zum unbeabsichtigten Abfluss von Know how). Ein Abnehmer hat die Qualität seines Produktes gegenüber den Kunden voll zu verantworten, kann jedoch die seiner Lieferanten in der Regel nur stichprobenweise und erst beim Wareneingang überprüfen.
11. Für die Verstärkung der Eigenfertigung in der Lkw-Fertigung sprechen u.a. folgende Gründe: Im Rahmen von Wirtschaftskrisen haben Automobilhersteller teure, unausgelastete Kapazität, die durch Eigenfertigung genutzt werden soll. Outsourcing verursacht häufig Qualitätsprobleme, weil die Zulieferer entweder nicht in der Lage sind, die Qualitätsvorgaben zu erfüllen oder aus Kostengründen Minderqualität liefern. Transport- und Zollprobleme können ebenfalls zum Insourcing führen. Schließlich können politische Faktoren (Einflussnahme des Staates) ein Argument für verstärkte Eigenfertigung sein.
12. IBM hat in einer kurzfristigen Optimierung zwei Punkte nicht bedacht: Erstens stellte sich heraus, dass ein Großteil der Wertschöpfung auf die beiden Hauptkomponenten Prozessor und Betriebssystem entfiel und IBM somit einen Großteil des Wertschöpfungspotenzials auslagerte. Zweitens schufen diese Entscheidungen irreversible Abhängigkeiten (lock-in), da Systeme und Software auf diesen Komponenten aufbauten.
13. Ein Outsourcing der Kundenreklamationen führt zum Verlust eines direkten Kundenkontakts. Die Call-Center-Mitarbeiter sind an ihre Antwort-Scripts gebunden und können oft nicht mit der notwendigen Fachkenntnis und Flexibilität auf den Kunden eingehen. Zudem besteht die Gefahr, dass das aus den Reklamationen gewonnene Wissen nicht in den Produktionsprozess zurückfließt.
14. Diese Variante des Outsourcings ist nur in Fällen mit einem hohen Personalkostenanteil empfehlenswert. Oft sind die geringeren Personalkosten mit einer ebenfalls geringeren Produktivität verknüpft. In vielen Billiglohnländern fehlt es auch an der notwendigen Infrastruktur und an Wissen, so dass sehr viel Aufbauarbeit geleistet werden muss.
15. Die Herkunftsbezeichnung „Made in Germany/Austria" entspricht seit einiger Zeit nicht mehr den realen Bedingungen zunehmender Globalisierung, wo immer mehr Wertschöpfungsaktivitäten im Ausland zugekauft werden, was die Feststellung eines eindeutigen Local Content-Anteils erschwert: Korrekter wäre „Designed in Germany/Austria" und „Assembled in (z.B.) China".
16. Im Falle der Eigenfertigung fallen folgende fixen und variablen Kosten für x Stück an: 500.000 + 10x. Beim Fremdbezug belaufen sich die Kosten auf 20x. Der Break-Even-Punkt ist der Schnittpunkt der beiden Kostenkurven, d.h. es gilt: 500.000 + 10x = 20x. Die Eigenfertigung ist ab 50.000 Stück vorteilhafter.

17. Die fixen Kosten bei der Eigenfertigung betragen 175 €. Für 60 Bilder entstehen Kosten von 21 € für die Farbpatrone und 9 € für Fotopapier. Die variablen Kosten pro Ausdruck betragen somit 0,50 € (30÷60). Die Kostenfunktion für die Eigenfertigung von x Stück lautet 175+0,50x. Beim Fremdbezug belaufen sich die Kosten pro Stück auf 0,55x. Der Break-Even-Punkt für die Eigenfertigung befindet sich am Schnittpunkt der beiden Kostenkurven, d.h. es gilt: 175+0,50x = 0,55x. Die Eigenfertigung rechnet sich ab einer Menge von 3.500 Stück.
18. Die Break-Even-Analyse geht von der Annahme freier Kapazität aus. In der Realität sind die Kapazitätskosten meist sprungfix, d.h. für die Bereitstellung weiterer Kapazität fallen zusätzliche Fixkosten an. Im Übrigen wird unterstellt, dass die Qualitäten der fremdbezogenen bzw. selbst erstellten Produkte identisch sind.
19. Im Make or Buy-Portfolio mit den Dimensionen „strategische Bedeutung" und „Verfügbarkeit am Markt" werden neun Felder unterschieden, die zu den drei Normstrategien führen: Eigenfertigung, Fremdbezug oder selektive Entscheidung. Selektive Entscheidung bedeutet, die Entscheidung über Make or Buy von Fall zu Fall auf der Basis von Kostenvergleichsrechnungen und anderer Entscheidungshilfen zu treffen.

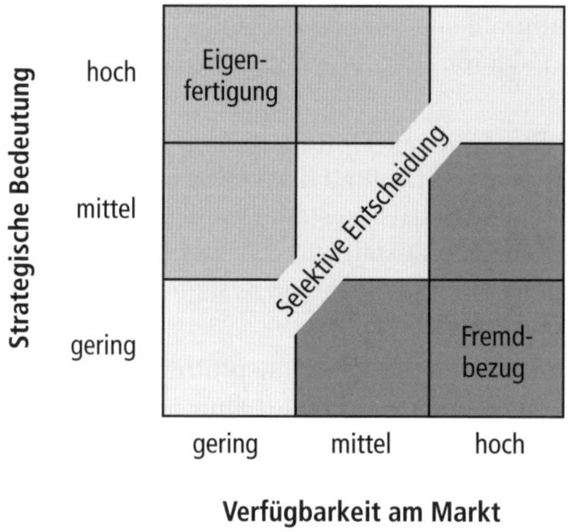

20. Antwort b) ist richtig. Beim Kostenvergleich des Werkzeugs sind nur die variablen Kosten zu berücksichtigen, da die fixen Kosten unabhängig vom Auftrag anfallen (kein Kapazitätsengpass!).
21. a. Da im Fall a) kein Engpass vorliegt, werden nur die Einzelkosten für Material und Personal in Höhe von 25.000 € angesetzt, d.h. die Eigenfertigung ist etwas günstiger als der Fremdbezug des Werkzeuges für 28.000 €.
    b. Bei einem Engpass sind auch die Gemeinkosten zu berücksichtigen: 20.000 € Materialeinzelkosten plus 4.000 € Materialgemeinkosten plus 5.000 € Personaleinzelkosten plus 4.000 € Personalgemeinkosten. Die Gesamtkosten der Eigenfertigung betragen 33.000 € und somit ist der Fremdbezug günstiger.
22. Die Nutzwertanalyse erlaubt es, auch qualitative Kriterien in die Bewertung einzubeziehen (z.B. das Kriterium Autonomie), während die Kostenvergleichsrechnung sich auf quantitative Aspekte (z.B. Materialverbrauch) beschränkt. Die Aussagekraft beider Methoden hängt sehr stark von den getroffenen Annahmen und der Qualität der Daten ab, die für die Entscheidungsfindung zur Verfügung stehen.

11 Die Bestellung

Die Bestellung ist eine verbindliche Aufforderung des Abnehmers an den Lieferanten, bestimmte Güter und Dienstleistungen zu den vereinbarten Bedingungen zu liefern.

Da es sich bei der Bestellung um einen Routineprozess handelt, bedient man sich sowohl bei der Ermittlung der optimalen Bestellmenge als auch bei der Erledigung der anderen Bestellprozesse moderner Datenverarbeitungs- sowie Informations- und Kommunikationstechniken, insbesondere EDV-gestützter Entscheidungshilfen und Softwaretools. Letztere unterstützen die administrativen Bestellprozesse, nämlich die Angebotsbearbeitung, die rechtsverbindliche Bestellung, die Terminüberwachung, den Wareneingang sowie die Prüfung und Zahlung der Rechnung.

Eine wichtige zusätzliche Entscheidungshilfe ist die Fixierung von Mindest-, Melde- und Höchstbeständen als Auslöser von Bestellprozessen bzw. als Richtwert für Bestellmengen.

Die **Bestellmengenentscheidung** zielt auf die Ermittlung der optimalen Bestellmenge.

Optimal ist jene Bestellmenge, bei der die Summe aus den fixen und den variablen Kosten (Gesamtkosten) im Planungszeitraum ein Minimum aufweist.

Sie hängt vom Periodenbedarf, von den Einstandspreisen, von den bestellfixen Kosten und von den Zinsen für Kapitalbindung und Lagerhaltung ab. Zusätzlich sind Restriktionen bei der Lager- und Transportkapazität und den finanziellen Ressourcen des Abnehmers zu beachten.

So genannte **Bestellpolitiken** erleichtern die Ermittlung der Bestellmenge. Die vier gängigsten Bestellpolitiken unterscheiden sich hinsichtlich der Bestellmenge (fix bzw. variabel) und der Bestellperiode (fix bzw. variabel). Bei den Bestellrhythmusverfahren sind die Bestellperioden fix und die Bestellmengen fix (t,q-Politik) bzw. variabel (t,S-Politik). Sie eignen sich insbesondere für Güter mit konstantem bzw. saisonal beeinflusstem Bedarf. Bei den Bestellpunktverfahren ist die Bestellperiode variabel und die Bestellung wird beim Erreichen des Meldebestandes ausgelöst. Die Bestellmengen sind fix (s,q-Politik) oder variabel (s,S-Politik). Diese Verfahren eignen sich für Güter mit schwankendem Bedarfsverlauf.

Wegen der Unterschiede im Bedarfsverlauf und der unterschiedlichen Bedeutung von Fehlmengenkosten werden für verschiedene Güter unterschiedliche Bestellpolitiken angewandt.

Folgende Tatbestände bedürfen im Zusammenhang mit der Bestellung der Klärung:

- Welche Prozesse sind im Rahmen der Bestellung zu absolvieren?
- Welche Größen beeinflussen die optimale Bestellmenge?
- Zu welchen Zeitpunkten sollen welche Mengen bestellt werden?
- Welche Bestellpolitiken eignen sich für welche Güter?

Fragen

11.1 Grundbegriffe

1. Welche Spezifikation muss eine vollständige Bestellung zwingend enthalten?
2. In einem Monat werden von einem Rohstoff durchschnittlich 23,5 *t* benötigt. Bestellt werden pro Monat 24 *t*, die Lieferungen zu 6 *t* erfolgen wöchentlich. Definieren und identifizieren Sie Bedarfsmenge, Bestellmenge und Liefermenge.
3. Welche Funktion hat der Meldebestand?
4. Wann ist die Festlegung eines
   a. Höchst- und
   b. Mindestbestands sinnvoll?

11.2 Prozesse

5. Welche Tätigkeiten müssen abgeschlossen sein, ehe eine Bestellung durchgeführt werden kann?
6. Aus welchen Teilprozessen besteht die Bestellung?
7. ⋆ Die Wirtschaftswoche berichtete in ihrer Ausgabe vom 28. März 2008: „Im 1.000-Mitarbeiter-Unternehmen Atlanta tobte der Papierkrieg unerbittlich: Um den Warenverkehr zu organisieren, quollen hier jährlich 30.000 Order aus dem Faxgerät, die emsig von den Mitarbeitern bearbeitet wurden, die alle Angaben ins Buchhaltungssystem tippten. Mittlerweile übernimmt diesen Job ein elektronisches Formular, das Aufträge erfasst, verarbeitet, verschlüsselt verschickt und abrechnet.“ Was sind die Voraussetzungen für elektronische Bestellungen?
8. Eine Großbäckerei vereinbart mit einer nahe gelegenen Mühle die jährliche Abnahme von 5.500 *t* Mehl. Die Lieferung soll wöchentlich erfolgen. Wie nennt man eine solche Abmachung?

11.3 Die Bestellmengenentscheidung

9. ⋆ Wie kann ein Abnehmer die Wiederbeschaffungszeit beeinflussen?
10. ⋆ Unterscheiden Sie verschiedene Arten von Fehlmengenkosten.
11. Wie beeinflusst ein hoher bzw. ein niedriger durchschnittlicher Lagerbestand die Fehlmengenkosten?
12. Unterscheiden Sie verschiedene Arten von Bestellkosten.
13. ⋆ Stellen Sie das Grundmodell zur Berechnung der optimalen Bestellmenge dar und geben Sie die Formel an.

★ 14. Ein Universitätsinstitut hat seinen Jahresbedarf an Kopierpapier mit 1.200 Packungen je 500 Blatt Papier ermittelt. Beim Großhändler kostet eine Packung Papier 3,50 €. Er liefert nur Paletten mit je 50 Packungen. Die bestellfixen Kosten belaufen sich auf 29 €, der Zinssatz für Kapitalbindung und Lagerhaltung beträgt 12%. Wie viele Packungen sollen jeweils bestellt werden?

★ 15. Ein Betrieb verbraucht pro Monat 1.500 *t* vom Rohstoff X. Der Einstandspreis beträgt 1.400 €/*t*. Je Bestellung ist mit Fixkosten von 5.400 € zu rechnen, der Zinssatz für Kapitalbindung und Lagerhaltung beträgt 10%. Die Lagerkapazität ist maximal 3.000 *t*. Ermitteln Sie die optimale Bestellmenge bezogen auf das Jahr.

★ 16. Ein Hersteller hat die folgenden Daten zur Ermittlung der optimalen Bestellhäufigkeit zusammengetragen: Jahresbedarf 4.000 Stück, Einstandspreis 10 €, bestellfixe Kosten 200 €, Zinssatz für Kapitalbindung und Lagerhaltung 14%. Ermitteln Sie die optimale Bestellhäufigkeit und das Bestellintervall in Wochen (52 Wochen im Jahr).

★★ 17. Nehmen Sie kritisch Stellung zum Aussagegehalt der Formel zur Ermittlung der optimalen Bestellmenge.

11.4 Bestellpolitiken

18. „Liefern Sie jede Woche vier Paletten vom Typ 22." Welche Bestellpolitik liegt vor und unter welchen Bedingungen ist sie vorteilhaft?

19. Wodurch unterscheiden sich Bestellpunkt- und Bestellrhythmuspolitiken?

20. Zeichnen Sie die typischen Lagerbestandsveränderungen bei einer s,S-Politik.

★★ 21. Die Leiterin einer Supermarktfiliale möchte die Bestellung von Flaschenbier vereinfachen. Folgende Rahmenbedingungen sind gegeben: Bestellungen beim Getränkegroßhandel erfolgen einmal wöchentlich. Da vom Getränkegroßhandel verschiedene Getränke bezogen werden, wird die Filiale einmal wöchentlich mit einem LKW des Getränkegroßhändlers beliefert. Welche Bestellpolitik empfehlen Sie der Filialleiterin? Begründen Sie Ihre Empfehlung.

Lösungen

1. Eine vollständige Bestellung muss das Bestellobjekt hinsichtlich Art, Qualität und Menge, Preis, Lieferzeit und Lieferort sowie Liefer- und Zahlungsbedingungen spezifizieren. In vielen Branchen bestehen Usancen (z.B. betreffend Liefermengen, Qualitäten), welche die Bestimmung vereinfachen. Die rechtlichen Bestimmungen finden sich hauptsächlich in den Allgemeinen Geschäftsbedingungen (AGB), wobei die Marktmacht entscheidet, ob die des Lieferanten oder die des Abnehmers gelten.
2. Definition/Identifikation:
   - Die Bedarfsmenge ist die Gesamtmenge, die von einem Gut in einer Periode benötigt wird, im Beispielfall durchschnittlich 23,5 *t*/Monat.
   - Die Bestellmenge ist die Menge, die bei Lieferanten bestellt wird (Auftragserteilung), im Beispielfall 24 *t*/Monat.
   - Die Liefermenge ist jene Menge, die der Abnehmer als eine Einheit zu einem bestimmten Zeitpunkt erhält, im Beispielfall 6 *t*/Woche.
3. Ein korrekt festgelegter Meldebestand verhindert, dass während der Wiederbeschaffungszeit, d.h. der Zeit von der Bestellauslösung bis zur Lieferung, Fehlmengen auftreten.
4. Bestandsfixierung:
   a. Die Fixierung des Höchstbestands ist ein einfaches Hilfsmittel, um eine Überversorgung mit Material zu verhindern bzw. den Lagerbestand zu limitieren.
   b. Die Fixierung des Mindestbestands garantiert, dass stets eine eiserne Reserve vorhanden ist, auf die im Falle eines unvorhergesehenen Mehrbedarfs bzw. eines Lieferengpasses zugegriffen werden kann.
5. Voraussetzungen für die Bestellung sind die Bedarfsermittlung mit ihren Merkmalen (Art, Qualität, Menge, Ort, Zeit) sowie die Entscheidung für den Fremdbezug.
6. Der Prozess der Bestellung beginnt mit der Angebotsbearbeitung. Das Angebot wird formal auf Korrektheit, Vollständigkeit sowie Eindeutigkeit und materiell hinsichtlich der Entscheidungskriterien (Preis, Qualität etc.) untersucht. Auf die Angebotsprüfung folgt die Bestellung i.e.S., die auch interne Vorgänge beim Abnehmer auslöst: Eintragungen in die Bestelldatei, Ermittlung des Bestell- und Vormerkbestandes, Vergleich von Auftragsbestätigung und Bestellung, Information der Bedarfsträger. Nach der Bestellung i.e.S. werden die Liefertermine überwacht, um frühzeitig auf evtl. Lieferengpässe reagieren zu können. Beim Wareneingang wird die Lieferung auf Korrektheit und Vollständigkeit untersucht. Im Anschluss an den Wareneingang wird die Rechnung geprüft und bezahlt (Rechnungserledigung).

7. Elektronische Bestellungen setzen die Vernetzung der Bestellsysteme der Abnehmer mit den Auftragsbearbeitungssystemen der Lieferanten voraus (elektronischer Datenaustausch, am besten mit Standardformaten wie EDIFACT, Electronic Data Interchange For Administration, Commerce and Transport). In vielen Branchen schreiben Abnehmer wie Automobilhersteller ihren Lieferanten die Verwendung bestimmter Datenformate vor.
8. Die Großbäckerei und die Mühle haben einen Rahmenvertrag vereinbart, der beiden Partnern mittel- bis langfristige Planungssicherheit und gleichzeitig Flexibilität durch Lieferabrufe bietet.
9. Ein Abnehmer kann die Wiederbeschaffungszeit wie folgt beeinflussen: Durch Verbesserung des Informationsflusses zwischen den Lieferanten und den Bedarfsträgern (beispielsweise durch elektronische Bestellung) oder durch Verbesserung der Transportlogistik (schnellere Transportmittel).
10. Die Fehlmengenkosten umfassen:
    - zusätzliche Fracht- oder Transportkosten sowie höhere Preise für Eilbestellungen, Konventionalstrafen für Nicht- bzw. verspätete Lieferungen, Stillstand der Produktion (Leerkosten für Arbeitskräfte und Betriebsmittel);
    - Opportunitätskosten als Folge von reduzierten Erlösen (z.B. den Kunden gewährte Preisnachlässe) bzw. entgangenen Erlösen (z.B. wegen Rücktritt vom Vertrag);
    - zukünftige Opportunitätskosten als Folge nicht realisierbarer Deckungsbeiträge wegen Verlust von Folgeaufträgen und verschlechtertem Image.
11. Ein hoher durchschnittlicher Lagerbestand reduziert das Risiko von Fehlmengen. Den niedrigeren Fehlmengenkosten stehen allerdings die höheren Lagerhaltungs- und Kapitalbindungskosten gegenüber.
12. Bestellkosten sind im Wesentlichen Personalkosten für die Disposition und Administration im Einkauf, für die Überwachung der Liefertermine, für den Wareneingang und die Rechnungserledigung.
13. Das Grundmodell der Berechnung der optimalen Bestellmenge zeigt den Trade-off zwischen den bestellfixen und den bestellvariablen Kosten. Die bestellfixen Kosten sind in der Lösung zu Frage 12 aufgelistet. Die bestellvariablen Kosten hängen von der Bestellmenge ab und ergeben sich aus den Zinskosten für das im Lager gebundene Kapital sowie den pro Mengeneinheit anfallenden Lagerhaltungskosten (Lagerhaltungskostensatz). Die Formel zur Berechnung der optimalen Bestellmenge lautet:

$$q_{opt} = \sqrt{\frac{200 \times J \times B_k}{E_p \times (Z_s + L_s)}}$$

14. Periodenbedarf J = 1.200, bestellfixe Kosten B_k = 29, Einstandspreis E_p = 3,50, Z_s und L_s in Summe 12 (der Prozentsatz ergibt sich durch die Konstante im Zähler). Eingesetzt in die Formel ergibt dies:

$$q_{\text{opt}} = \sqrt{((200 \times 1.200 \times 29) \div (3{,}50 \times 12))}$$

$$q_{\text{opt}} = 407{,}08$$

Da der Großhändler nur Paletten mit je 50 Packungen verkauft, wird auf 400 Packungen je Bestellung abgerundet.

15. Als erstes gilt es, aus dem Monats- den Jahresverbrauch abzuleiten (12×1.500 t = 18.000 t). Eingesetzt in die Formel ergibt dies:

$$q_{\text{opt}} = \sqrt{((200 \times 18.000 \times 5.400) \div (1.400 \times 10))}$$

$$q_{\text{opt}} = 1.178{,}38\ t$$

16. Die Formel für die optimale Bestellhäufigkeit h_0 ergibt sich durch die Division des Jahresbedarfs J durch die optimale Bestellmenge q_{opt}:

$$h_o = \frac{J}{q_{opt}} = \sqrt{\frac{E_p \times J \times (Z_s + L_s)}{200 \times B_k}}$$

$$h_o = \sqrt{((10 \times 4.000 \times 14) \div (200 \times 200))}$$

$$h_o = 3{,}74$$

Um das Ergebnis zu prüfen, wird der Jahresbedarf (4.000 Stück) durch die ermittelte optimale Bestellmenge (q_{opt} = 1.069 Stück) dividiert.

Bei 52 Wochen im Jahr wird bei einer Bestellhäufigkeit von h_0 = 3,74 alle 14 Wochen (Bestellintervall, aufgerundet) bestellt.

17. Das Grundmodell der optimalen Bestellmenge basiert auf Annahmen, die in der Praxis nur bedingt zutreffen: Der Periodenverbrauch ist zu Beginn der Periode oft nicht bekannt – er ist nicht kontinuierlich – die Wiederbeschaffungszeit ist nicht unendlich klein – der Einstandspreis ist nicht konstant, sondern meist mengenabhängig – die Lagerhaltungskosten sind nur teilweise variabel – Transport- und Lagerkapazitäten sind limitiert. Die Formel bietet somit nur eine Orientierung, insbesondere zum Trade-off zwischen bestellfixen und bestellvariablen Kosten. Durch entsprechende mathematisch-statistische Formulierung kann das Modell an die tatsächliche Beschaffungssituation angepasst werden.

18. Nachdem im Beispiel eine fixe Bestellmenge (vier Paletten) und ein fixer Bestellrhythmus (wöchentlich) vorliegen, handelt es sich um eine Bestellrhythmus- oder t,q-Politik. Die t,q-Politik eignet sich für gleichmäßige, also für leicht vorhersehbare Bedarfsverläufe.

19. Sie unterscheiden sich in der Bestellperiode. Bestellpunkt-Politiken (s,q- und s,S-Politik) haben variable, Bestellrhythmus-Politiken haben fixe Bestellperioden (t,q- und t,S-Politik).

20. Lagerbestandsveränderungen bei einer s,S-Politik. Zu den Zeitpunkten t_1, t_2 und t_3 (Erreichen des Meldebestandes s) werden die Mengen q_1, q_2 und q_3 bestellt (jeweils die Differenz zum Sollbestand S).

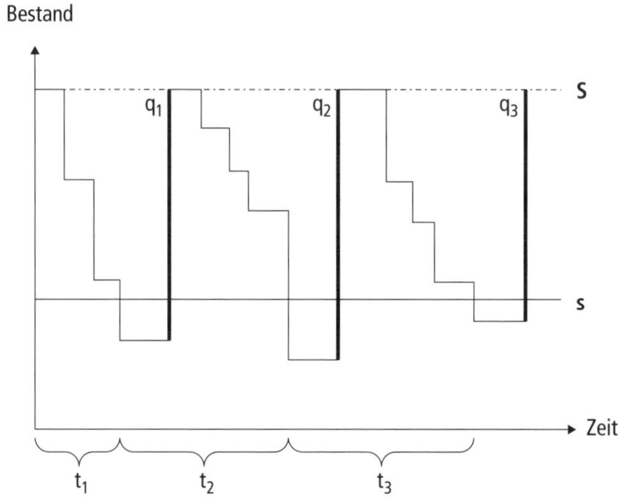

21. Empfehlenswert ist hier eine Bestellrhythmus-Politik (mit wöchentlichem Bestellintervall), und zwar die t,S-Politik. Sie ist einfach in der Handhabung, da die aktuellen Lagerbestände zum Zeitpunkt der Bestellung leicht eruierbar sind (in unserem Fall durch Zählen der Bierkisten). Der t,S-Politik (Auffüllen bis zum Sollbestand S) ist der Vorzug gegenüber der t,q-Politik zu geben, da sie Bedarfsschwankungen (z.B. Saisoneinflüsse) eher berücksichtigt. Die s,q-Politik und die s,S-Politik scheiden wegen der vorgegebenen wöchentlichen Bestellintervalle aus. Sie verursachen darüber hinaus wegen der laufenden Beobachtung der Meldebestände einen höheren Dispositionsaufwand (Ausnahme: entwickelte Warenwirtschaftssysteme mit Scanner-Kassen).

12 Lieferantenmanagement

Wegen des Trends zum Outsourcing bei der Erstellung von Gütern und Dienstleistungen hat die Bedeutung des Lieferantenmanagements stark zugenommen. Die Praktikeraussage „Lieferanten sind unsere wichtigsten Partner" unterstreicht diese Bedeutung.

Unter Lieferantenmanagement versteht man alle Maßnahmen zur Beeinflussung der Lieferanten im Sinne der Unternehmensziele. Im Einzelnen zählen dazu die Auswahl, die Entwicklung und Beurteilung der Lieferanten sowie die Formulierung der Lieferantenpolitik.

Bei der **Lieferantenauswahl** ist zwischen mehreren Alternativen abzuwägen. Hinsichtlich der Zahl der Lieferanten unterscheidet man Single Sourcing (Alleinlieferant), Dual Sourcing (zwei Lieferanten) und Multiple Sourcing (mehrere/viele Lieferanten). Beim Modular Sourcing werden Baugruppen (Systeme) von einem oder wenigen Lieferanten beschafft. Hinsichtlich des Beschaffungsweges ist zwischen Direktbezug vom Produzenten und der indirekten Beschaffung über den Handel zu unterscheiden. Unter dem Aspekt der Herkunft der Lieferanten ist eine Intensivierung des Global Sourcing (weltweite Beschaffung) festzustellen. Veränderungen haben sich auch hinsichtlich der Dauer und Intensität der Lieferantenbeziehung mit einem Trend zu längerfristigen, partnerschaftlichen Beziehungen ergeben.

Die **Lieferantenbeurteilung** zielt auf die Merkmale des Lieferanten ab. Wichtige Merkmale sind das Liefersortiment, die Liefermenge, Preise und Konditionen sowie die wirtschaftliche Lage, die Zuverlässigkeit und die Innovationsfähigkeit des Lieferanten. Die Lieferantenbeurteilung stützt sich auf eine Palette von Instrumenten, insbesondere die Lieferantendatei, die ABC-Analyse, die Punktbewertung sowie das Qualitätsaudit mit der Fokussierung auf Prozesse, Produkte und Systeme.

Die **Lieferantenpolitik** bestimmt die Grundsätze für die Gestaltung der Geschäftsbeziehungen zwischen Abnehmer und Lieferanten. Die **Lieferantenentwicklung** umfasst Maßnahmen zur Lieferantensicherung (z.B. durch langfristige Lieferverträge), zur Lieferantenförderung (z.B. durch die Gewährung von Investitionshilfen) und zur Lieferantenpflege (z.B. durch Lieferanten-Awards).

Folgende Tatbestände werden im Rahmen des Lieferantenmanagement behandelt:

- Welche Lieferanten sind unter Berücksichtigung der Kriterien Zahl, Beschaffungsweg, Herkunft und Dauer/Intensität der Lieferantenbeziehung auszuwählen?
- Welche Merkmale sind für die Lieferantenbeurteilung relevant?
- Welche Instrumente dienen der Lieferantenbeurteilung?
- Welche Alternativen der Lieferantenpolitik gibt es?

Fragen

12.1 Lieferantenauswahl

1. Woran kann die Bedeutung der Lieferanten für ein Unternehmen gemessen werden?
2. Erstellen Sie einen Entscheidungsbaum für die Alternativen der Lieferantenauswahl.
3. ★ Vergleichen Sie Single, Dual und Multiple Sourcing nach den Kriterien: Anteil am Bedarfsvolumen, Risiko, Einkaufspreise und Konditionen.
4. Was bedeutet die 60/30/10-Klausel?
5. Was versteht man unter Modular Sourcing und wie wirkt es sich auf die Zahl der Lieferanten aus?
6. ★ Vergleichen Sie direkte und indirekte Beschaffung nach den Kriterien: Beschaffungsmenge und Einkaufspreis.
7. ★ Welche Ansprüche stellt Global Sourcing an die Beschaffungsmarktforschung?
8. ★ Unter welchen Bedingungen ist ein häufiger/fallweiser Lieferantenwechsel vorteilhaft?
9. ★ Welche Chancen bzw. Restriktionen ergeben sich aus Gegengeschäften für die Lieferantenauswahl?
10. ★ Ford hat anlässlich der Krise auf dem Automobilmarkt seine Absicht bekundet, die Zahl seiner 2.500 Lieferanten zu halbieren, schwerpunktmäßig bei den zwanzig Komponenten und Rohstoffen, die ca. die Hälfte des gesamten Beschaffungsvolumens ausmachen. Welche Vorteile erhofft sich Ford von einer reduzierten Lieferantenanzahl?

12.2 Kriterien der Lieferantenbeurteilung

11. ★ Wie kann man den Erfolg der Lieferantenauswahl messen?
12. Was bedeutet Lieferantentreue und welche Probleme können sich daraus ergeben?
13. Welche Merkmale des Lieferanten sind für dessen Beurteilung relevant?

12.3 Instrumente der Lieferantenbeurteilung

14. Welche Inhalte sollte eine Lieferantendatei abdecken?
15. Zu welchem Zweck werden die Lieferanten ABC-analytisch unterschieden?
16. ★★ Führen Sie eine Punktbewertung (Scoringtabelle) zur Lieferantenbeurteilung anhand der folgenden Angaben zu drei Lieferanten durch: Der nur 20 km entfernte Lieferant A bietet gute Qualität zu einem mittleren Preis, ist jedoch nur mäßig termintreu. Der 200 km entfernte Lieferant B bietet akzeptable Qualität zu einem günstigen Preis und ist termintreu. Der 500 km entfernte Lieferant C bietet gute Qualität zu hohen Preisen und ist mäßig termintreu.

a. Leiten Sie aus den Angaben Kriterien zur Lieferantenbeurteilung ab, gewichten Sie diese Kriterien und begründen Sie deren Gewichtung.

b. Führen Sie eine Punktbewertung (Wertevorrat 1 bis 5 Punkte) durch und bestimmen Sie den Lieferanten, mit dem zuerst verhandelt werden soll.

c. Wo würden Sie bei den drei Lieferanten bei der Lieferantenentwicklung ansetzen?

17. Unterscheiden Sie Verfahrens-, Produkt- und Systemaudit.

12.4 Lieferantenpolitik und Lieferantenentwicklung

⋆ 18. Welche Konsequenzen ergeben sich für die Lieferantenpolitik aus der Feststellung „Lieferanten sind unsere wichtigsten Partner"?

⋆ 19. Was versteht man unter Abnehmerdominanz und wie wirkt sie sich auf die Intensität der Lieferantenbeziehung aus?

⋆ 20. Entwerfen Sie ein Lieferantenpolitik-Portfolio mit vier Feldern unter Verwendung der Kriterien Versorgungssicherheit und Versorgungswirtschaftlichkeit.

21. Nennen Sie je zwei Maßnahmen der Lieferantensicherung, der Lieferantenförderung und der Lieferantenpflege.

⋆ 22. Nachdem im Frühjahr 2013 in Großbritannien Pferde-DNA in Rindfleisch-Fertiggerichten entdeckt wurde, weitete sich der Skandal auf Europa aus. Lebensmittelprüfer fanden Produkte mit falsch deklariertem Fleisch bei verschiedenen Supermarktketten in Deutschland, in der Schweiz und in Österreich. Kennzeichnend für die vom Skandal betroffenen Unternehmen waren lange Lieferketten mit vielen Zwischenhändlern. Nicht betroffen war McDonald's, das sein Rindfleisch ausschließlich lokal mit kurzen und überschaubaren Lieferketten bezieht.

a. Worin liegt der Vorteil hoch fragmentierter Lieferketten?

b. Welche Nachteile können daraus entstehen?

c. Wie kann ein Unternehmen sich gegen Manipulationen der Vorlieferanten schützen?

Lösungen

1. Die Bedeutung der Lieferanten für ein Unternehmen zeigt sich absolut am Wertvolumen der Beschaffung und relativ am Fremdbezugsanteil, an der Zahl der Lieferanten sowie der Intensität der Lieferantenbeziehungen, insbesondere zu den Stammlieferanten und den Systemlieferanten (auch Tier 1-Lieferanten genannt).
2. Der Entscheidungsbaum für die Alternativen der Lieferantenauswahl hat folgende Äste: Zahl der Lieferanten (Single/Dual, mehrere/viele), Beschaffungsweg (direkt, indirekt), Herkunft (lokal, global) und Dauer/Intensität der Lieferantenbeziehung (Lieferantenstamm, Lieferantenwechsel).
3. Angesichts der folgenden Übersichtstabelle spricht vieles für das Multiple Sourcing. Wenn man weitere Kriterien hinzuzieht (insbesondere Entwicklungspartnerschaften und Qualitätsanforderungen), ergeben sich deutliche Vorteile für das Single und Dual Sourcing.

Kriterien Varianten	Anteil Bedarfsvolumen	Risiko	Einkaufspreise und Konditionen
Single Sourcing	gesamtes Volumen	hoch, da nur eine Bezugsquelle	niedrig, da Zugeständnisse beim Preis; Kostenersparnisse durch Partnerschaft
Dual Sourcing	groß	mittel, da Ausweichmöglichkeit bei Ausfall eines Lieferanten vorhanden	gut, da Wettbewerb zwischen den Lieferanten
Multiple Sourcing	gering	gering, da verschiedene Lieferquellen vorhanden	gut, da Auswahl unter einer Vielzahl von Lieferanten

4. Die 60/30/10-Klausel bedeutet, dass 60% des Bedarfsvolumens auf den 1. Hauptlieferanten, 30% auf den 2. Hauptlieferanten und 10% auf Restlieferanten verteilt werden. Diese Klausel streut das Risiko des Abnehmers. Sie bietet dem 2. Haupt- und den Restlieferanten einen deutlichen Anreiz, da ein Sprung von 30% auf 60% das Auftragsvolumen verdoppelt bzw. ein Sprung von <10% auf 30% vervielfacht. Umgekehrt führt eine Rückstufung zu einer deutlichen Einbuße.
5. Modular Sourcing bedeutet, Module anstelle von Einzelteilen einzukaufen. Dies reduziert die Komplexität und die Zahl der direkten Lieferanten, da nun der Systemlieferant des Moduls für das Vorlieferantenmanagement verantwortlich zeichnet. Eventuelle Probleme der Vorlieferanten (z.B. Lieferengpässe) können sich trotzdem massiv auf das eigene Unternehmen auswirken. Die Auslagerung entbindet nicht von der Verantwortung zur kritischen Beobachtung der Vorlieferanten.
6. Die direkte Beschaffung lohnt sich bei großen Einkaufsvolumina und bei teuren Gütern. Die indirekte Beschaffung ist für geringwertige Güter (z.B. Büromaterial) geeignet. Der Handel bündelt (Klein-)Aufträge und kann günstigere Konditionen beim Produzenten erzielen.

7. Global Sourcing stellt höchste Ansprüche an die Beschaffungsmarktforschung. Die Identifikation globaler Lieferquellen, die Kommunikation über Sprachgrenzen und die Feststellung der Geschäftsusancen sowie der rechtlichen Rahmenbedingungen erhöhen die Komplexität der Marktforschung beträchtlich.
8. Jeder Lieferantenwechsel ist mit Risiko verbunden. Ein häufiger Lieferantenwechsel ist bei standardisierten Gütern mit vielen Anbietern vorteilhaft und verhindert die Etablierung von „Hoflieferanten“. Ein fallweiser Lieferantenwechsel kann vorteilhaft sein bei einem neuen Modellzyklus oder technologischem Wandel bzw. beim Auftreten neuer Anbieter auf dem Beschaffungsmarkt.
9. Gegengeschäfte sind ein Zeichen einer schwachen Beschaffungsmarkt-Position des Abnehmers und limitieren die Lieferantenauswahl. Es werden Lieferanten bevorzugt, die Kunden des Abnehmers sind. Um diese Kundenbeziehung nicht zu gefährden, werden evtl. schlechtere Lieferbedingungen akzeptiert.
10. Ford verspricht sich von der Reduzierung der Zahl der Lieferanten niedrigere Kosten durch Volumenbündelung und Qualitätssteigerungen durch Spezialisierung und Entwicklungspartnerschaften. Es hängt von der Marktmacht der Lieferanten ab, ob diese Strategie von Ford für sie vorteilhaft ist.
11. Der Erfolg der Lieferantenauswahl zeigt sich im Zuge der Lieferantenbeurteilung. Erfolg bedeutet, dass die Beurteilung die Auswahl bestätigt, d.h. keinen Grund für einen Lieferantenwechsel liefert, weil die ausgewählten Lieferanten die bei der Auswahl maßgeblichen Beurteilungskriterien in zufriedenstellender Weise erfüllen, insbesondere was die Lieferpreise, die Qualität und die Lieferzuverlässigkeit betrifft. Soweit ein Beschaffungscontrolling etabliert wurde, kann es die relevanten Informationen in Form von Kennzahlen bereitstellen.
12. Lieferantentreue bedeutet die dauerhafte Beauftragung eines Lieferantenstamms im Sinne einer langfristigen Zusammenarbeit. Probleme können sich ergeben, wenn die Lieferanten nicht mit der technologischen und wirtschaftlichen Entwicklung mithalten können. Überhöhte Einkaufspreise und veraltete Technik schaden der Wettbewerbsposition des Abnehmers. Eine zu hohe Bedeutung der Lieferantentreue senkt die Aufmerksamkeit für neue Lieferquellen (z.B. aus Asien).
13. Für die Beurteilung des Lieferanten sind folgende Merkmale von Interesse: Liefersortiment (Art und Qualität der angebotenen Güter/Dienstleistungen), Liefermenge (in Relation zur Bedarfsmenge des Abnehmers), Lieferpreise/Lieferbedingungen (in Abhängigkeit von der Marktmacht der Abnehmer und Lieferanten fix bzw. Gegenstand von Verhandlungen), wirtschaftliche Lage (Umsatz bzw. Umsatzentwicklung), Zuverlässigkeit (hinsichtlich Liefermenge, Lieferzeit, Qualität), Innovationsfähigkeit (Forschungs- und Entwicklungskompetenz), Lieferstandort (Nähe zum Abnehmer, insbesondere bei fertigungssynchroner Anlieferung/Just-in-Time), Social Corporate Responsibility (Beachtung sozialer und ethischer Standards).
14. Eine Lieferantendatei sollte jedenfalls folgende Inhalte abdecken: Liefersortiment, Lieferbedingungen, spezifisches Know-how (Entwicklungskapazität, Just-in-Time-Fähigkeit), Zertifizierungen (Audits), Betriebsgröße, Marktposition, Standorte, Kontaktpersonen und Referenzen.

15. Nach dem ökonomischen Prinzip ist die Aufmerksamkeit auf jene Lieferanten zu lenken, die den größten Einfluss auf den Erfolg haben. Das sind die (in der Regel wenigen) Lieferanten, auf die der größte Anteil des Beschaffungsvolumens entfällt. Die ABC-Analyse ist also ein Hilfsmittel zur Priorisierung knapper Dispositions-Ressourcen auf die wichtigsten Lieferanten.

16. a. Die für die Beurteilung der Lieferanten relevanten Kriterien sind: Standortnähe, Preis, Qualität, Termintreue. Die Standortnähe wird mit 10%, Preis, Qualität und Termintreue werden mit jeweils 30% gewichtet, da die Standortnähe meist nur eine untergeordnete Bedeutung hat. Die Festlegung der Gewichtung liegt im Ermessen der Entscheider.

    b. Lieferant B ist nach Maßgabe obiger Kriterien-Gewichtung geringfügig vorteilhafter als Lieferant A, was die Berücksichtigung beider Lieferanten nahe legt.

Kriterium	Gewicht	Lieferant A	Lieferant B	Lieferant C
Standortnähe	10%	5	2	1
Preis	30%	3	5	1
Qualität	30%	5	2	5
Termintreue	30%	2	5	2
	100%	3,5	3,8	2,5

    c. Bei Lieferant A bietet sich die Verbesserung der Termintreue durch früheres Aviso der benötigten Liefermengen an; bei Lieferant B kann die Qualität durch Hilfestellung beim Aufbau eines Qualitätssicherungs-Systems gesteigert werden; bei Lieferant C empfiehlt sich eine Wertanalyse, um die Produktionskosten zu senken.

17. Die Unterscheidung richtet sich nach dem Objekt des Audits:
    - Das Verfahrens-Audit (auch Prozess-Audit) zur Analyse der Wirksamkeit der Qualitätssicherung bei Prozessen.
    - Das Produkt-Audit zur Analyse der Wirksamkeit der Qualitätssicherung im Hinblick auf die Produkte, Bauteile und Baugruppen.
    - Beim System-Audit zur Analyse der Wirksamkeit des Qualitätssicherungssystems anhand des Qualitätssicherungshandbuchs, der Qualitätsanweisungen, der Auftragsunterlagen sowie der Richtlinien, gesetzlichen Auflagen und Normen.

18. Wenn die Aussage „Lieferanten sind unsere wichtigsten Partner“ nicht zur Worthülse verkommen ist, weist sie auf eine enge, langfristige und intensive Kooperation zwischen Abnehmer und Lieferant hin. Der Abnehmer sichert und fördert die gedeihliche Entwicklung seiner Lieferanten und pflegt intensiven Kontakt, indem z.B. Mitarbeiter wechselseitig entsandt oder Verbindungsstellen eingerichtet werden. Lieferanten, welche derart starke Beziehungen zu ihren Abnehmern haben, werden umso stärker getroffen, wenn der Abnehmer diese Beziehung z.B. wegen einer Absatzkrise aufkündigt.

19. Die Abnehmerdominanz ist ein Größen- und Machtungleichgewicht zwischen Abnehmer und Lieferanten zu Gunsten des Abnehmers. Einerseits kann der Abnehmer als fokales Unternehmen im Sinne eines Paternalismus seine schützende Hand über den kleineren Lieferanten halten. Andererseits besteht die Gefahr, dass der dominante Abnehmer den kleineren Lieferanten wirtschaftlich auszehrt und dessen Existenz gefährdet.

20. Lieferantenpolitik-Portfolio

Versorgungssicherheit	**Versorgungswirtschaftlichkeit**	
	wichtig	**weniger wichtig**
wichtig	Abwägen	Diversifizieren
weniger wichtig	Abschöpfen	Abschöpfen

21. Maßnahmen der Lieferantensicherung sind der Abschluss längerfristiger Lieferverträge, die Partizipation der Lieferanten an den Rationalisierungsgewinnen, die kapitalmäßige Beteiligung an Zulieferunternehmen, die Vereinbarung von Gegengeschäften zu Gunsten des Lieferanten.

    Maßnahmen der Lieferantenförderung sind das Abstellen von Spezialisten auf Zeit und die Gewährung von Investitionshilfen.

    Maßnahmen der Lieferantenpflege sind Einhaltung der Verpflichtungen gegenüber den Lieferanten, Toleranz bei gelegentlichem Fehlverhalten des Lieferanten, Diskretion und Fairness in Verhandlungen, Veranstaltung von Lieferantentagen und Auslobung von Lieferanten-Awards.

22. a. Eine hohe Fragmentierung kann zu Spezialisierungsvorteilen führen, indem Unternehmen sich z.B. auf den Vertrieb, das Design, die Endproduktion, die Vorproduktion, die Schlachtung und die Tierhaltung konzentrieren.

    b. Mit zunehmender Spezialisierung verlieren Unternehmen den Einblick in lange Lieferketten und das Know-how, um die Prozesse überwachen zu können. Entscheidungen einzelner Unternehmen können sich nachteilig auf den Rest der Lieferkette auswirken. Wichtig ist daher ein entwickeltes Supply Chain Management, bei dem ein Unternehmen die Führung und damit die Qualitätsverantwortung für die gesamte Kette übernimmt.

    c. Durch interne und externe (z.B. beim Lieferanten) Qualitätskontrollen mittels Stichproben sowie durch eine Dokumentation, welche die lückenlose Rückverfolgbarkeit der Produkte und ihrer Bestandteile erlaubt. Außerdem ist bei der Lieferantenauswahl besonderes Augenmerk auf die Qualität zu legen.

13 Beschaffungspolitik und Beschaffungscontrolling

Beschaffungspolitik und Beschaffungscontrolling beziehen sich auf alle Beschaffungsprozesse und auf alle an der Beschaffung mitwirkenden Institutionen. Die Beschaffungspolitik ist dem Beschaffungscontrolling vorgeschaltet, weil sie die Objekte und Sollgrößen des Beschaffungscontrollings determiniert. Letzteres liefert Aussagen über den erreichten Grad der Umsetzung der beschaffungspolitischen Vorgaben.

Unter Beschaffungspolitik versteht man die Ziele, die Grundsätze und die Programme der Beschaffung.

Zielgruppen der Beschaffungspolitik sind die Beschaffungsspezialisten, die Bedarfsträger und die Lieferanten. Diese Zielgruppen können sowohl auf der monetären als auch auf der Güterebene beeinflusst werden. Je nachdem, wie viele Zielgruppen und Handlungsebenen angesprochen werden, unterscheidet man zwischen **gesamtheitlicher** und **selektiver Beschaffungspolitik**.

Unter Beschaffungscontrolling versteht man die Unterstützung des Managements durch Mitwirkung an der Formulierung der Beschaffungsziele und -strategien, Entwicklung von Instrumenten zur Steuerung der Beschaffungsprozesse, Überwachung der Zielerreichung und Einleitung von Korrekturmaßnahmen.

Zum **Aufgabenfeld** des Beschaffungscontrollings gehören die einzelnen Beschaffungsprozesse und die prozessübergreifenden Tatbestände (Querschnittsfunktion!), sowohl auf strategischer als auch auf operativer Ebene. Die **Bedeutung** des Beschaffungscontrollings hat nicht nur wegen der Erhöhung des Fremdbezugsanteils, sondern auch wegen der Rolle der Beschaffung als Grenzsystem zum Beschaffungsmarkt zugenommen.

Die Schwerpunkte des Beschaffungscontrollings betreffen die Performance der Versorgungswirtschaftlichkeit und der Versorgungssicherheit. Für die **Versorgungswirtschaftlichkeit** sind die Materialintensität, die Erreichung der Zielkosten und die Funktionsoptimierung relevant. Ihre Performance wird mit Kennzahlen, mit Budgets, mit retrograder Preisfeststellung und Wertanalyse festgelegt und gesteigert. Die Performance der **Versorgungssicherheit** wird ebenfalls mit Kennzahlen ermittelt bzw. vorgegeben, insbesondere mit dem Servicegrad und der Servicezeit.

Folgende Tatbestände werden in der Beschaffungspolitik beziehungsweise im Beschaffungscontrolling behandelt:

- Welche Ziele, Grundsätze und Programme sind für die Beschaffungspolitik relevant?
- Welche Zielgruppen adressiert die Beschaffungspolitik?
- Welche Handlungsebenen sind bei der Beschaffungspolitik zu unterscheiden?
- Welche Bedeutung hat das Beschaffungscontrolling?
- Wie misst man die Versorgungssicherheit?
- Wie misst man die Versorgungswirtschaftlichkeit?

Fragen

13.1 Beschaffungspolitik

1. Nennen Sie jeweils ein Beispiel für Ziele, Grundsätze und Programme der Beschaffungspolitik.
2. Welche Funktionen hat die Beschaffungspolitik?
3. Unterscheiden Sie zwischen selektiver und gesamtheitlicher Beschaffungspolitik im Hinblick auf das jeweils erforderliche Aktionspotenzial.

13.2 Beschaffungscontrolling

4. Beschreiben Sie das Aufgabenfeld des Beschaffungscontrollings.
5. Das Beschaffungscontrolling ist eine Querschnittsfunktion. Zählen Sie die Institutionen auf, mit denen ein Beschaffungscontroller in Kontakt tritt.
6. ★ Weshalb steigt die Bedeutung des Beschaffungscontrollings?
7. ★ Inwiefern erleichtern die folgenden Verfahren die Arbeit des Beschaffungscontrollings?
   a. ABC-Analyse
   b. Risiko-Ergebnis-Portfolio (vgl. *Abbildung 8.3* im Lehrbuch)
   c. Das Buyclass-Framework (vgl. *Tabelle 9.2* im Lehrbuch)
8. Identifizieren Sie beschaffungsorientierte Kennzahlen im ROI-Schema.
9. Die folgende Tabelle zeigt einen Auszug aus der Konzern-Gewinn- und Verlustrechnung 2012 der Telekom Austria Group.

in Tausend Euro	2012	2011
Umsatzerlöse	4.329.703	4.454.626
Sonstige betriebliche Erträge	82.086	100.379
Betrieblicher Aufwand (Gesamtaufwand)	-3.955.007	-4.562.646
Materialaufwand	-474.677	-442.044
Personalaufwand, inkl. Sozialleistungen & Abgaben	-833.578	-805.042
Abschreibungen	-963.972	-1.052.376
Wertminderung und Restrukturierung	-34.685	-482.609
Sonstiger betrieblicher Aufwand	-1.648.095	-1.780.575
Betriebsergebnis	456.783	-7.641

   a. Errechnen Sie die Materialintensität in den beiden Jahren.
   b. Errechnen Sie die Steigerungsraten der Umsatzerlöse, des Materialaufwands und des Personalaufwands und analysieren Sie deren Entwicklung bei der Telekom Austria Group.
   c. Welche Maßnahmen sind geeignet, den Materialaufwand zu senken?

★★ 10. Eine Benchmark-Analyse des Beschaffungscontrollings eines Kfz-Herstellers ergibt, dass die Vorratsintensität, gemessen am Verhältnis von Vorräten zu Umsatz, für das eigene Unternehmen ca. 50% höher ist als bei einem Mitbewerber. Mit welchen Unternehmensbereichen sollte das Beschaffungscontrolling wegen dieses Befundes Kontakt aufnehmen und welche Handlungsoptionen haben die betroffenen Unternehmensbereiche?

★ 11. Der Vorstand eines Spielzeugherstellers beschließt eine deutliche Ausweitung seines Produktsortiments. Das Beschaffungscontrolling soll dafür Sorge tragen, dass die Ausweitung des Produktsortiments zu keiner wesentlichen Ausweitung des Bedarfssortiments führt. Welche Maßnahmen scheinen Ihnen geeignet, eine wesentliche Ausweitung des Bedarfssortiments zu verhindern?

★ 12. Welche Aussagekraft hat die Bevorratungsquote (Verhältnis der Zahl der bevorrateten zu den insgesamt beschafften Artikeln) und wovon hängt sie ab? Spielt dabei die Branche eine Rolle?

★★ 13. Die Grundfrage der Wertanalyse lautet: Ist eine bestimmte Funktion notwendig bzw. erwünscht, und kann sie eventuell billiger bzw. besser erfüllt werden?

a. Erläutern Sie die Grundschritte der Wertanalyse.

b. Zeigen Sie das Wertanalyse-Denken am Beispiel eines Vergleichs von dezentraler Direktbeschaffung (Desktop Purchasing) mit einer zentralen Beschaffung mittels Formular.

★ 14. Die Balanced Score-Card verknüpft Kennzahlen aus unterschiedlichen Perspektiven.

Perspektive	Ziele	Kennzahlen	Risikoindikatoren
Interne Kunden	Gewährleistung der Versorgungssicherheit der Produktion	Lieferbereitschaftsgrad der Beschaffung	Anzahl Fehlmengensituationen
	Hohe Zufriedenheit der internen Kunden	Kundenzufriedenheitsindex	Anteil unbeantworteter Anfragen der internen Kunden
Lieferanten	Reduzierung der Lieferantenvielfalt	Anteil A-Lieferanten	
		Anteil C-Lieferanten	
	Stärkung der Marktmacht	Anzahl potenzieller Lieferanten pro Materialgruppe	
		Anzahl der Substitute pro Materialgruppe	
	Optimierung der Lieferantenbindung	Anzahl strategischer Partnerschaften	Ergebnisse der Lieferantenbewertung
		Anzahl gemeinsamer Entwicklungsprojekte	
Prozesse	Effiziente Beschaffungsprozesse	Prozesskosten eines Beschaffungsvorgangs	Anteil der Einkaufsvorgänge ohne Einschaltung der Beschaffungsspezialisten
		Anteil des elektronisch abgewickelten am gesamten Beschaffungsvolumen	
	Kurze Wiederbeschaffungszeiten	Durchlaufzeit eines Beschaffungsvorgangs	Anteil an Falschbestellungen
Entwicklungspotenziale	Weiterentwicklung der Beschaffungsspezialisten	Schulungstage pro Mitarbeiter	Anzahl Schlüsselmitarbeiter, Fluktuationsrate
		Anzahl umgesetzter Verbesserungsvorschläge	
	Qualität des Beschaffungsinformationssystems	Anzahl Zugriffe auf das Beschaffungsinformationssystem	Anzahl Systemausfälle
Finanzen	Erhöhung des Wertbeitrages der Beschaffung	Erzielte Einsparungen pro Jahr	Realisierte Materialpreisreduktionen im Vergleich zum Marktpreisindex
	Wettbewerbsfähige Materialkosten	Anteil Materialkosten am Umsatz	Entwicklung der Einstandspreise im Vergleich zur Umsatzentwicklung
	Niedrige Lagerbestandskosten	Wert des durchschnittlich im Lager gebundenen Kapitals	Durchschnittliche Lagerreichweite
		Anteil der Lagerbestandskosten an den Gesamtkosten	Bestände ohne Umschlag (Ladenhüter)

Ermitteln Sie aus der abgebildeten Balanced Score-Card je ein Beispiel für indifferente, komplementäre und konfliktäre Zielsetzungen.

15. Ein Lieferant prahlt: „Unser Servicegrad von 99% ist beispiellos in der Branche. Schnelle und fehlerfreie Kommissionierung direkt in den Karton. Bestellungen, die uns bis 15 Uhr erreichen, sind in der Regel am nächsten Tag beim Kunden in Deutschland.“ Wenn der Lieferant 800 Aufträge pro Tag abwickelt, wie viele Fehler darf er sich maximal erlauben, um sein Versprechen eines Servicegrades von 99% nicht zu gefährden?

⋆ 16. Die Financial Times Deutschland berichtet über Verbesserungsmaßnahmen bei ZF Friedrichshafen: „Lange Zeit blieb das Chaos unbemerkt. Denn es wurde nur geprüft, ob und nicht wann die Kunden ihre Ersatzteile bekamen. Eine neue Software brachte die Wahrheit ans Licht: 37,2 Prozent Servicegrad bei den Ersatzteilen. Ein Desaster. Zwei Drittel der Kunden mussten auf ihre Ersatzteile warten – und das in einer Branche, wo Verfügbarkeit alles ist. Mittlerweile werden am Tag mehr als 19 von 20 Ersatzteilbestellungen pünktlich ausgeliefert. Ein guter Servicegrad.“ Welche Maßnahmen sind notwendig, um eine drastische Erhöhung des Servicegrades zu erreichen?

Lösungen

1. Beispiele für Ziele, Grundsätze und Programme der Beschaffungspolitik sind:
   - Ziel Versorgungssicherheit: Der Mindestbestand soll den Bedarf von x Produktionsperioden abdecken.
   - Ziel Versorgungssicherheit: Erreichung eines Servicegrades von 95%.
   - Ziel Versorgungswirtschaftlichkeit: Materialaufwand < 25% Umsatz.
   - Grundsatz: „Wir binden unsere Lieferpartner aktiv ein und streben nach kontinuierlicher Optimierung der gemeinsamen Beschaffungsprozesse." (Schweizer Telekommunikationsanbieter Swisscom).
   - Grundsatz: „Von ihren Geschäftspartnern erwartet die Migros, dass sie ebenso strenge soziale und ökologische Maßstäbe anlegen wie sie." (Schweizer Detailhandelsunternehmen Migros).
   - Programm: Reduktion der Zahl der Lieferanten von 4.000 auf 3.000.
   - Programm: Reduktion der Teilevielfalt von 30.000 auf 25.000 Materialpositionen.
2. Funktionen der Beschaffungspolitik sind:
   - Interessensausgleich zwischen den Akteuren (z.B. Forschung & Entwicklung und den Beschaffungsspezialisten)
   - Verpflichtung der Akteure zu einem bestimmten Verhalten
   - Leitlinie für die Kontrolle der Akteure
   - Informationsfunktion intern (z.B. der Beschaffungsspezialisten) und extern (z.B. der Lieferanten)
3. Eine selektive Beschaffungspolitik spricht nicht alle Zielgruppen und nicht alle Handlungsebenen an, z.B. nur die Lieferanten auf der Finanzebene im Rahmen eines Kostensenkungsprogramms (Senkung der Materialkosten). Dies erfordert ein geringeres Aktionspotenzial als eine ganzheitliche Beschaffungspolitik, welche alle Zielgruppen auf allen Ebenen anspricht, z.B. der Aufbau einer Supply Chain.
4. Das Aufgabenfeld des Beschaffungscontrollings betrifft alle Beschaffungsprozesse inklusive der darin involvierten Institutionen (von der Bedarfsermittlung bis zum Lieferantenmanagement bzw. von den Kunden bis zu den Lieferanten). Das Beschaffungscontrolling überwacht und steuert diese Prozesse. Als Querschnittsfunktion koordiniert es zudem die prozessübergreifenden, insbesondere die strategischen Tatbestände der Beschaffung wie Art und Intensität der Einbindung von Lieferanten, Grundsatzüberlegungen zu Make or Buy sowie den Aufbau von Supply Chains. Zur Querschnittsfunktion zählt auch der Aufbau eines einheitlichen Berichtswesens.
5. Ein Beschaffungscontroller arbeitet in erster Linie mit den Beschaffungsspezialisten und dem Linienmanagement bei den Bedarfsträgern zusammen, insbesondere mit jenen in der Produktion zusammen. Weitere Kontakte ergeben sich mit anderen Bereichscontrollern. Im Zuge von Kostensenkungsprojekten ergibt sich auch eine Zusammenarbeit mit den Lieferanten.

6. Die Bedeutung des Beschaffungscontrollings steigt, weil das Beschaffungsvolumen als Folge des Outsourcings deutlich gewachsen und damit der Einfluss auf das Betriebsergebnis größer geworden ist. Dementsprechend steigen auch die Ansprüche an steuernde Eingriffe. Die Stellung der Beschaffung als Grenzsystem zum Beschaffungsmarkt hat auch ihre Bedeutung als Informationsknotenpunkt erhöht. Die laufend verbesserte IKT-Ausstattung verstärkt die genannten Effekte.
7. Alle drei genannten Entscheidungshilfen tragen dazu bei, die begrenzte Dispositionskapazität des Beschaffungscontrollings schwerpunktmäßig einzusetzen:
   a. Die ABC-Analyse konzentriert die Aufmerksamkeit auf die erfolgskritischen Materialien (A-Güter), auf die Bedarfsträger mit dem höchsten Materialaufwand sowie auf die Lieferanten mit dem höchsten Beschaffungsvolumen.
   b. Das Risiko-Ergebnis-Portfolio berücksichtigt bei den Materialien neben ihrem Wert auch das Beschaffungsrisiko, d.h. es liefert mehr Informationen als die ABC-Analyse.
   c. Das Buyclass-Framework lenkt die Aufmerksamkeit des Beschaffungscontrollings auf Situationen mit besonders großem Informationsbedarf, wenn sich (wie im Falle der New Task) sowohl das Beschaffungsobjekt als auch der Beschaffungsmarkt verändert haben.
8. Die beschaffungsorientierten Kennzahlen im ROI-Schema betreffen vor allem die variablen Kosten (Materialverbrauch) sowie das in den Vorräten gebundene Kapital (Umlaufvermögen). Der Servicegrad und die Materialqualität beeinflussen den Umsatz.

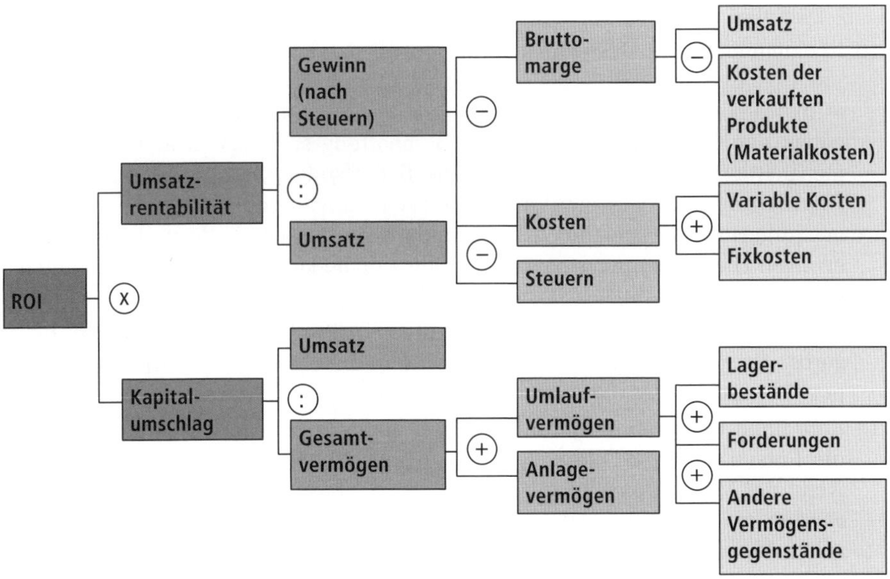

9. a. Materialintensität im Jahr 2011 und 2012.

in Tausend Euro	2012	2011
Materialaufwand	-474.677	-442.044
Betrieblicher Aufwand (Gesamtaufwand)	-3.955.007	-4.562.646
Materialintensität	**12,0%**	**9,7%**

b. Die Telekom Austria Group hat ihre Umsatzerlöse im Vergleich zum Vorjahr um 2,8% reduziert. Ein gegenläufiger Trend zeigt sich beim Materialaufwand mit einer Steigerung von 7,4% und beim Personalaufwand (3,5%). Die Reduktion des Gesamtaufwands ist im Wesentlichen durch den Wegfall des Restrukturierungsaufwandes aus dem Vorjahr bedingt. Angesichts des gestiegenen Material- und Personalaufwands sind weitere Reformen anzudenken.

in Tausend Euro	2012	2011	Steigerung
Umsatzerlöse	4.329.703	4.454.626	-2,8%
Materialaufwand	-474.677	-442.044	7,4%
Personalaufwand, inkl. Sozialleistungen & Abgaben	-833.578	-805.042	3,5%

c. Der Materialaufwand kann durch eine Optimierung des Produktsortiments (Reduktion der Variantenvielfalt) und des Lieferantenmanagements (Modular Sourcing, Global Sourcing) und Kostensenkungstechniken wie der Wertanalyse gesenkt werden.

10. In einem ersten Analyseschritt sollte geprüft werden, bei welchen Vorräten (Stoffe, unfertige Erzeugnisse, Fertigerzeugnisse) die hohen Abweichungen gegenüber dem Mitbewerber auftreten. Für den Fall, dass vor allem die Stoffe betroffen sind, muss neben den Bedarfsträgern und den Beschaffungsspezialisten auch die Unternehmensleitung eingeschaltet werden. Die Bedarfsträger sind gehalten, ihre Bedarfsanforderungen kritisch zu hinterfragen (evtl. zu frühe/hohe Anforderungen!). Darüber hinaus sind Maßnahmen zur Standardisierung der Teile und Baugruppen zu erwägen (Baukastenprinzip). Gemeinsam mit Bedarfsträgern und Lieferanten sind die Möglichkeiten einer Just-in-Time-Belieferung zu prüfen.

11. Die Entkoppelung des Bedarfssortiments vom Produktsortiment erfordert eine rigorose Handhabung der Standardisierung und Normung von Teilen und Baugruppen. Vorbild ist hier die Automobilindustrie.

12. Eine hohe Bevorratungsquote garantiert einen hohen Servicegrad und vermeidet die Entstehung von Fehlmengen. Eine hohe Bevorratungsquote ist unschädlich, wenn der Materialumschlag hoch ist, d.h. die beschafften Güter nur kurz gelagert werden bzw. wenn der Materialwert gering ist. Bei Gütern mit kurzen Beschaffungszeiten kann die Bevorratungsquote ohne schädliche Folgen für den Servicegrad gesenkt werden. Es gibt einen Einfluss der Branche. Zum Beispiel ist im Handel wegen seiner Sortimentsfunktion eine hohe Bevorratungsquote unvermeidlich.

13. a. Die Grundschritte der Wertanalyse führen von der Vorbereitung (Schritt 1) zur Ist-Aufnahme (Schritt 2) und deren Prüfung (Schritt 3). Darauf aufbauend werden Lösungen erarbeitet (Schritt 4) und geprüft (Schritt 5), um schließlich die beste Lösung auszuwählen und umzusetzen (Schritt 6).

    b. – Schritt 1 (Vorbereitende Maßnahmen): Ziel ist, die Bestellung möglichst schnell und unter Vermeidung unnötiger Prozess-Schritte zu erreichen. In der Arbeitsgruppe sollte je ein Vertreter der Bedarfsträger, der Beschaffungsspezialisten und des IT-Services mitwirken.
    - Schritt 2 (Ermitteln des Ist-Zustands): Der Ist-Zustand wird durch eine stichprobenartige Untersuchung der Bedarfsanforderungen des letzten abgeschlossenen Quartals inklusive der Kosten ermittelt.
    - Schritt 3 (Prüfen des Ist-Zustands): Die Prüfung der Funktionserfüllung und der Kosten ergibt Verzögerungen durch unvollständige Bedarfsmeldungen und Überlastung der Beschaffungsspezialisten.
    - Schritt 4 (Ermitteln von Lösungen): Im konkreten Fall werden die bestehende formulargetriebene und die IKT-gestützte Beschaffung verglichen.
    - Schritt 5 (Prüfen der Lösungen): Die sachliche Durchführbarkeit ist aufgrund leistungsfähiger Werkzeuge und ausreichender Qualifikation der Bedarfsträger für die Büromittelbeschaffung (Desktop Purchasing) gegeben. Die Prüfung der Wirtschaftlichkeit ergibt, dass die beiden Lösungen etwa kostenneutral sind.
    - Schritt 6 (Vorschlag und Verwirklichung einer Lösung): Wegen der erheblichen Beschleunigung des Vorgangs und der hohen Akzeptanz durch die Bedarfsträger wird dem Desktop Purchasing der Vorzug gegeben.

14. Indifferente Zielsetzungen: Reduzierung der Lieferantenvielfalt vs. Weiterentwicklung der Beschaffungsspezialisten.
    - Komplementär: Hohe Zufriedenheit der internen Kunden (Bedarfsträger) vs. effiziente Beschaffungsprozesse.
    - Konfliktär: Erzielte Einsparungen pro Jahr (Versorgungswirtschaftlichkeit) vs. Lieferbereitschaftsgrad der Beschaffung (Versorgungssicherheit).

15. 1% von 800 sind höchstens acht Aufträge, damit der Servicegrad von 99% erreicht wird.

16. Für diese drastische Erhöhung des Servicegrades bedarf es einer Reihe von Maßnahmen:
    - Einrichtung einer Hotline für Ersatzteilaufträge der Kunden
    - Priorisierung der Abwicklung von Ersatzteilaufträgen
    - Erhöhung des Lagerbestandes für häufig nachgefragte Ersatzteile
    - Unterstützung der Kunden bei Maßnahmen der vorbeugenden Instandhaltung
    - Einsatz mathematisch-statistischer Verfahren zur Ableitung von Bedarfsprognosen aus den Ersatzteil-Aufträgen der Vergangenheit

TEIL III

Produktion

Werner Jammernegg
Martin Poiger

14 Produktion

Ziel eines Unternehmens ist es, Produkte für den Absatzmarkt zu produzieren. Produkte können sowohl Sachgüter als auch Dienstleistungen sein. Die Produktion von Gütern bzw. die Erbringung von Dienstleistungen ist ein Wertsteigerungsprozess, in dem aus Inputs mittels Ressourcen und Stammdaten wertgesteigerte Outputs erzeugt werden.

Inputs eines Produktionsprozesses sind jene Einheiten, die den Produktionsprozess „durchlaufen“ und das können je nach Betriebstyp entweder Material, Personen, Geld oder Daten sein. Ressourcen sind die für den Produktionsprozess benötigten Betriebsmittel und Mitarbeiter (technische und personelle Ressourcen). Stammdaten umfassen die Informationen, die für den Ablauf des Produktionsprozesses benötigt werden. Dazu zählen Stücklisten oder Rezepturen, Arbeitspläne und Kapazitätsdaten. **Stücklisten** bzw. **Rezepturen** sind mengenmäßige Verzeichnisse der in ein Produkt eingehenden Materialien. **Arbeitspläne** geben Auskunft darüber, welche Arbeitsgänge zur Herstellung eines bestimmten Gutes oder für die Erbringung einer Dienstleistung notwendig sind. **Kapazitätsdaten** sind Stammdaten über Betriebsmittel (technische Ressourcen) und Mitarbeiter (personelle Ressourcen). **Output-Einheiten** eines Produktionsprozesses können entweder Güter oder Dienstleistungen sein.

Um Produkte zu produzieren, die dann auch den entsprechenden Absatz finden, muss der Produktionsprozess die Kriterien Zeit, Flexibilität, Qualität und Wirtschaftlichkeit erfüllen. Wie schnell die einzelnen Arbeitsschritte ausgeführt werden (Zeit), die Fähigkeit des Produktionsprozesses, sich an veränderte Bedingungen anzupassen (Flexibilität), die Gesamtheit von Eigenschaften und Merkmalen eines Produktes sowie die daraus resultierende Kundenzufriedenheit (Qualität) und die Kosten der Produktion (Wirtschaftlichkeit) sind für den Unternehmenserfolg von zentraler Bedeutung.

Für die Darstellung und Beurteilung von Produktionsprozessen werden Prozesskennzahlen verwendet. Wichtige Prozesskennzahlen sind die Durchlaufzeit, die Output-Rate, der Bestand eines Prozesses und die Umschlagshäufigkeit. Als Durchlaufzeit wird jene Zeit bezeichnet, die der Input benötigt, um einen Prozess zu durchlaufen und diesen als Output zu verlassen. Als Output-Rate wird jene Menge an Gütern oder Dienstleistungen bezeichnet, die den Prozess pro Zeiteinheit verlassen. Als Bestand (Work in process – WIP) wird jene Menge an Einheiten bezeichnet, die sich zu einem bestimmten Zeitpunkt in einem Prozess befinden. Das Gesetz von Little zeigt den Zusammenhang zwischen Durchlaufzeit, Output-Rate und Bestand:

$$\textit{Bestand} = \textit{Output-Rate} \times \textit{Durchlaufzeit} \qquad I = R \times T$$

Die Umschlagshäufigkeit gibt an, wie oft sich ein Bestand an Material (Menge, Wert) oder Kunden während eines betrachteten Zeitraumes erneuert.

$$\textit{Umschlagshäufigkeit} = 1/\textit{Durchlaufzeit} \qquad U = 1/T$$

Folgende grundsätzliche Fragen/Entscheidungstatbestände werden im Rahmen dieses Kapitels behandelt:

- Was ist ein Prozess?
- Welche Anforderungen werden an einen Prozess gestellt?
- Wie kann die Leistungsfähigkeit eines Prozesses gemessen werden?

Fragen

14.1 Definitionen

1. Die Produktion ist ein Wertschöpfungsprozess. Was verstehen Sie darunter?
2. Was kann alles Input-Einheit eines Produktionsprozesses sein, um wertgesteigerte Output-Einheiten zu erzeugen?
3. Unter welchem Sammelbegriff werden die benötigten Betriebsmittel und Mitarbeiter zusammengefasst?
4. Vervollständigen Sie folgenden Satz:

   Stammdaten umfassen die ____________, die für den Produktionsprozess benötigt werden. Dazu zählen ____________ bzw. ____________, ____________ und ____________.
5. Nachfolgende Tabelle zeigt einen Arbeitsplan. Vervollständigen Sie diesen mit den fehlenden Spaltenüberschriften.

Produkt P1

Arbeitsgang	?	Rüstzeit	?	?
A 1	10 min	1 min	Sägen	Sägemaschine Rs
A 2	20 min	3 min	Fräsen	Facharbeiter Gruber

14.2 Der Produktionsprozess anhand von Beispielen

6. Stellen Sie einen Produktionsprozess (allgemein) grafisch dar und erklären Sie dessen Hauptkomponenten.
7. ★ Geben Sie ein Beispiel für einen Produktionsprozess in der Güterproduktion und führen Sie die Hauptkomponenten an.
8. ★ Geben Sie ein Beispiel für einen Produktionsprozess in der Dienstleistungsproduktion und führen Sie die Hauptkomponenten an.
9. ★ Warum können auch Daten Input-Einheiten eines Produktionsprozesses sein? Worin erfolgt die Wertsteigerung bzw. der Transformationsprozess von Daten? Erklären Sie den Wertsteigerungsprozess anhand eines Beispiels.

14.3 Anforderungen an den Produktionsprozess

10. Nach welchen Kriterien kann ein Produktionsprozess beurteilt werden?
11. Was umfasst die Flexibilität eines Produktionsprozesses?
12. ★ Erklären Sie die zwei Prinzipien der Wirtschaftlichkeit mithilfe eines Beispiels.

14.4 Prozesskennzahlen

13. Wie lautet das Gesetz, welches den Zusammenhang zwischen den Prozesskennzahlen Durchlaufzeit, Bestand und Output-Rate zeigt?

★★ 14. Erklären Sie mithilfe des Gesetzes von Little, warum ein Unternehmen versuchen sollte, die Durchlaufzeit kurz zu halten.

★ 15. Durchschnittlich verlässt alle 12 Minuten ein fertig repariertes Fahrzeug eine Kfz-Werkstatt. In dieser Werkstatt werden sechs Fahrzeuge gleichzeitig bearbeitet. Wie lange dauert durchschnittlich eine Fahrzeugreparatur?

★ 16. Eine Confiserie in Paris verarbeitet täglich durchschnittlich 20 kg Kakaobohnen zu Schokolade. Im Durchschnitt beträgt der Bestand an Kakaobohnen 10 kg.
   a. Ermitteln Sie die Durchlaufzeit eines Kilogramms Kakaobohnen in Stunden, wenn das Geschäft 8 Stunden geöffnet hat?
   b. Wie oft erneuert sich der Bestand an Kakaobohnen der Confiserie pro Tag? Wie heißt die Kennzahl, die diese Frage beantwortet?

★★ 17. Eine bestimmte Sorte Käse hat eine Haltbarkeit von 24 Tagen. Die tägliche Nachfrage beträgt durchschnittlich 80 Einheiten. Welche Höhe sollte der Bestand dieser Käsesorte nicht übersteigen?

★ 18. Ein Computergroßhändler verkauft durchschnittlich alle 10 Minuten einen PC. Bei der letzten Inventur hat er festgestellt, dass er durchschnittlich 288 PCs auf Lager hält. Wie viele Tage lagert ein PC im Durchschnitt, wenn Sie von einem 8-Stunden Tag ausgehen?

★ 19. Einem großen Sportverband treten jährlich durchschnittlich 2.850 Mitglieder bei. Genauso viele Mitglieder treten pro Jahr aus dem Verband wieder aus. Der Mitgliederstand beträgt 16.300 Mitglieder.
   a. Wie lange bleibt ein Mitglied durchschnittlich bei dem Sportverband?
   b. Wie lange müssten die Mitglieder durchschnittlich beim Verband bleiben, wenn bei gleichbleibender An-/Abmelderate der Mitgliederstand auf 19.000 erhöht werden soll?

★★ 20. Im Wall Street Journal war zu lesen: „... obwohl General Motors und Toyota dieselbe Lagerumschlagshäufigkeit aufweisen, ist der Output von Toyota doppelt so hoch wie jener von GM“. Der Journalist begründete das so: „Die Diskrepanz ist wahrscheinlich auf kürzere Durchlaufzeiten und niedrigere Bestände wegen des Toyota Produktionssystems (Lean Management) zurückzuführen.“ Sind die beiden Aussagen konsistent[1]?

★★ 21. Computerhändler sollten eine hohe Umschlagshäufigkeit aufweisen. Macht diese Aussage Sinn?

★ 22. Durchschnittlich verlässt alle 20 Minuten ein Kunde ein Frisörgeschäft. Der Kundenstock erneuert sich im Schnitt 8-mal pro Tag. Der Frisör hat täglich von 10 bis 20 Uhr ohne Pause geöffnet. Es ist keine Terminvereinbarung für die Kunden möglich, daher werden sie in der Reihenfolge des Eintreffens bedient.
   a. Wie lange ist ein Kunde durchschnittlich beim Frisör?
   b. Wie viele Kunden sind durchschnittlich im Geschäft?

---

1 Anupindi, Chopra, Deshmukh, Van Mieghem, Zemel (2012), Managing Business Process Flows, Prentice Hall, Upper Saddle River.

14.5 Bedeutung von Güter- und Dienstleistungsproduktion

23. Welchen Sektoren werden die Güter- und die Dienstleistungsproduktion zugeordnet?
24. Wie viel Prozent der unselbstständig Beschäftigten waren im Jahr 2010 in der Güter- bzw. in der Dienstleistungsproduktion in Österreich beschäftigt?

Lösungen

1. Im Produktionsprozess werden aus Input-Einheiten mittels Ressourcen und Stammdaten wertgesteigerte Output-Einheiten erzeugt.
2. Material, Kunden, Geld, Daten.
3. Ressourcen; technische Ressourcen = Betriebsmittel, personelle Ressourcen = Mitarbeiter.
4. Stammdaten umfassen die **Informationen**, die für den Produktionsprozess benötigt werden. Dazu zählen **Stücklisten** bzw. **Rezepturen**, **Arbeitspläne** und **Kapazitätsdaten**.
5. Produkt A 1

Arbeitsgang	**Stückbearbeitungszeit**	Rüstzeit	**Bezeichnung**	**Ressourcen**
A 1	10 min	1 min	Sägen	Sägemaschine Rs
A 2	20 min	3 min	Fräsen	Facharbeiter Gruber

6.

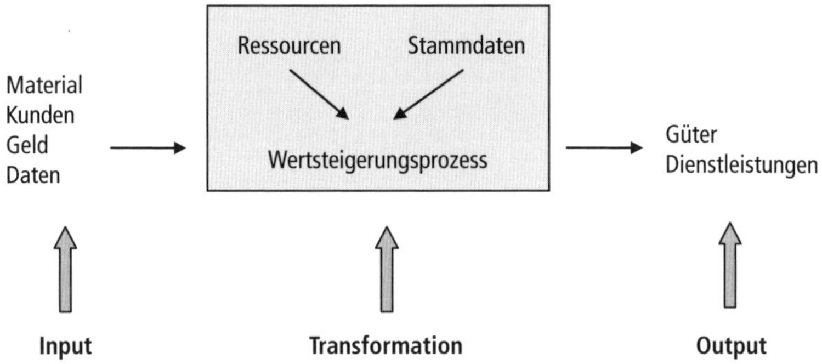

Komponenten	**Erklärung**
Input-Einheiten	Material, Kunden, Geld oder Daten
Ressourcen	Für den Produktionsprozess benötigte Betriebsmittel und Mitarbeiter
Stammdaten	Informationen, die für den Produktionsprozess benötigt werden (Stücklisten, Arbeitspläne, Kapazitätsdaten)
Output-Einheiten	Güter oder Dienstleistungen, Ergebnis des Produktionsprozesses

7. Beispiel für den Produktionsprozess in der Güterproduktion: Herstellung von Milchschokolade

Komponente	Erklärung
Input-Einheiten	Kakaomasse, Kakaobutter, Zucker, Milchpulver, ... (Material)
Ressourcen	Mitarbeiter, Rührgerät, Walze, ...
Stammdaten	Arbeitspläne, Rezepte, ...
Output-Einheiten	Milchschokolade

8. Beispiel für den Produktionsprozess in der Dienstleistungsproduktion: Bewilligung eines Gewerbebetriebs

Komponente	Erklärung
Input-Einheiten	Ansuchen um Bewilligung
Ressourcen	Beamte, Sachverständige
Stammdaten	Arbeitspläne, Gesetze und Verordnungen
Output-Einheiten	Bescheid

9. Input bei einer Steuerberatung sind die einzelnen Belege, also die Daten, die der Kunde einer Steuerberatung mit sich bringt. Der Wertsteigerungsprozess umfasst die Aufbereitung der Daten mit dem Ziel, eine Steuererklärung als Basis für die Berechnung der Einkommenssteuer zu erstellen.
10. Zeit, Flexibilität, Qualität und Wirtschaftlichkeit.
11. Die Flexibilität eines Produktionsprozesses umfasst den Anpassungsumfang, der durch die vorhandenen Ressourcen und Stammdaten möglich ist, die wirtschaftlichen Auswirkungen einer Umstellung und die Zeit, die für die erforderlichen Anpassungen nötig ist.
12. – **Maximumprinzip:** Ein Stahl-Produzent möchte für 220.000 € eine neue Walzmaschine anschaffen. Er analysiert den Markt und kauft die leistungsstärkste Produktionsmaschine.
    – **Minimumprinzip:** Ein Stahl-Produzent möchte eine neue Walzmaschine in einer bestimmten Qualitätsstufe möglichst preisgünstig kaufen.
13. Gesetz von Little $I = R \times T$
14. Der Bestand ist direkt proportional zur Durchlaufzeit, d.h. eine lange Durchlaufzeit bedingt einen hohen Bestand. Ein hoher Bestand wirkt sich als Teil des Umlaufvermögens negativ auf den ROI aus. Für eine Verbesserung des ROI bzw. für die Reduktion von gebundenem Kapital sollte der Bestand reduziert werden, was durch die Verkürzung der Durchlaufzeit erreicht werden kann.

15. Zuerst muss die Output-Rate R berechnet werden:

$$R = \frac{60 \text{ Minuten/Stunde}}{12 \text{ Minuten/Auto}} = 5 \text{ Autos/Stunde}$$

Es werden also 5 Autos pro Stunde fertig. Der Bestand I beträgt 6 Autos. Mittels des Gesetzes von Little kann jetzt die durchschnittlich Aufenthaltszeit eines Autos in der Werkstatt ermittelt werden:

$$I = R \times T \rightarrow T = \frac{I}{R}$$

$$T = \frac{6 \text{ Autos}}{5 \text{ Autos/Stunde}} = 1{,}2 \text{ Stunden} = 72 \text{ Minuten}$$

16. Die Output-Rate und der Bestand der Confiserie betragen:

$$R = 20\text{kg/Tag} = \frac{20\text{kg/Tag}}{8\text{Std./Tag}} = 2{,}5\text{kg/Stunde}$$

$$I = 10\text{kg}$$

a. $I = R \times T \rightarrow T = \frac{I}{R} = \frac{10\text{kg}}{2{,}5\text{kg/Std.}} = 4 \text{ Std.} = 0{,}5 \text{ Tage}$

Die durchschnittliche Durchlaufzeit eines Kilogramms Kakaobohnen beträgt 4 Stunden (0,5 Tage).

b. $U = \frac{1}{T} = \frac{1}{0{,}5 \text{ Tage}} = 2$

Der Bestand an Kakaobohnen in der Confiserie erneuert sich zweimal pro Tag. Diese Kennzahl heißt Umschlagshäufigkeit.

17. R = 80 Einheiten/Tag. Die Lagerzeit (Durchlaufzeit im Regal) darf 24 Tage nicht übersteigen (sollte idealer Weise sogar weit kürzer sein) → T = 24 Tage. Aus diesen Informationen lässt sich der Bestand mittels Gesetz von Little berechnen: $I = R \times T = 80 E./Tag \times 24\ Tage = 1.920\ Einheiten$. Daraus folgt, dass der Supermarkt keinesfalls mehr als 1.920 Einheiten im Regal haben sollte.

18. $R = \frac{60 \text{ Min./Std.}}{10 \text{ Min./Std.}} = 6 \text{ Stk./Std.} \times 8 \text{ Std./Tag} = 48 \text{ Stk./Tag}$

$$I = 288 \text{ Stk.}$$

$$I = R \times T \rightarrow T = \frac{I}{R} = \frac{288 \text{ Stk.}}{48 \text{ Stk./Tag}} = 6 \text{ Tage}$$

Die durchschnittliche Lagerzeit (Durchlaufzeit) beträgt 6 Tage.

19. a. R = 2.850 Mitgl./Jahr

I = 16.300 Mitgl.

$$I = R \times T \rightarrow T = \frac{I}{R} = \frac{16.300 \text{ Mitgl.}}{2.850 \text{ Mitgl./Jahr}} = 5{,}72 \text{ Jahre}$$

Durchschnittlich bleibt ein Mitglied 5,72 Jahre bei dem Sportverband.

b. $I = R \times T \rightarrow T = \frac{I}{R} = \frac{19.000 \text{ Mitgl.}}{2.850 \text{ Mitgl./Jahr}} = 6{,}67 \text{ Jahre}$

Damit bei gleichbleibender An-/Abmelderate der Mitgliederstand auf 19.000 steigt, müssten die Mitglieder im Schnitt 6,67 Jahre beim Verband bleiben.

20. Wenn GM und Toyota dieselbe Umschlagshäufigkeit haben, folgt aus dem Zusammenhang U=1/T, dass auch die Durchlaufzeiten beider Unternehmen gleich lang sind. Die Output-Rate von Toyota ist jedoch doppelt so hoch wie jene von GM. Das heißt, dass gemäß Gesetz von Little (I=R×T) der Bestand von Toyota doppelt so hoch sein muss, wie jener von GM. Nachfolgendes Gleichungssystem zeigt nochmals den Zusammenhang:

$$U_{GM} = U_t \qquad U = \frac{R}{T}$$

$$\frac{R_{GM}}{I_{GM}} = \frac{R_T}{I_T} \qquad R_T = 2R_{GM}$$

$$\frac{R_{GM}}{I_{GM}} = \frac{2R_{GM}}{I_T}$$

$$R_{GM} \times I_T = 2R_{GM} \times I_{GM}$$

$$I_T = 2I_{GM}$$

Die Aussagen sind also nicht konsistent – beide Unternehmen haben die gleiche Durchlaufzeit, jedoch ist der Bestand bei Toyota doppelt so hoch wie jener bei GM.

21. Da die Preise von Computern sehr schnell fallen, sollte ein Händler versuchen, die Computer schnell an den Mann zu bringen, also die Verweildauer (Durchlaufzeit) der Computer im Shop möglichst kurz zu halten. Da eine kurze Durchlaufzeit eine hohe Umschlagshäufigkeit bedeutet, macht diese Aussage Sinn.

22. a. $U = 8\frac{1}{\text{Tag}}$

$T = \frac{1}{U} = \frac{1}{8} = 0{,}125 \text{ Tage} \times 10 \text{ Std./Tag} = 1{,}25 \text{ Std.}$

Ein Kunde hält sich durchschnittlich 1,25 Stunden im Geschäft auf.

b. $R = \frac{60 \text{ Min./Std.}}{20 \text{ Min./Kunde}} = 3\frac{\text{Kunden}}{\text{Std.}}$

$I = R \times T = 3\frac{\text{Kunden}}{\text{Std.}} \times 1{,}25 \text{ Std.} = 3{,}75 \text{ Kunden}$

Im Schnitt halten sich 3,75 Kunden im Geschäft auf.

23. Die Güterproduktion wird dem sekundären Sektor, die Dienstleistungsproduktion dem tertiären Sektor zugeordnet.

24. Im Jahr 2010 waren in Österreich 73% der unselbständig Beschäftigten im tertiären Sektor und 26% der unselbständig Beschäftigten im sekundären Sektor tätig.

15 Klassifikation von Produktionsprozessen

Zur Herstellung von Gütern und zur Erbringung von Dienstleistungen haben sich verschiedene Produktionsprozesse etabliert, welche anhand unterschiedlicher Kriterien klassifiziert werden können. Die Klassifikation soll bei der Auswahl eines geeigneten Produktionsprozesses für ein bestimmtes Produkt helfen. Da Güter und Dienstleistungen unterschiedliche Charakteristika aufweisen, werden die Arten der Produktionsprozesse jeweils gesondert vorgestellt.

Produktionstypen der Güterproduktion können anhand von output-, transformationssowie input- und ressourcenbezogenen Kriterien klassifiziert werden. Outputbezogene Kriterien sind die Erzeugnisstruktur, die Gestalt der Güter, die Anzahl der Erzeugnisse, die Auflagengröße und die Beziehung der Produktion zum Absatzmarkt. Exemplarisch seien hier die Beziehungen der Produktion zum Absatzmarkt genannt, anhand derer man zwischen Kundenauftragsproduktion (Make to Order), Lagerproduktion (Make to Stock) und auftragsbezogener Montage (Assemble to Order) unterscheiden kann.

Transformationsbezogene Produktionstypen beziehen sich auf die Organisationstypen der Produktion und auf die Struktur des Produktionsprozesses. Bei den Organisationstypen unterscheidet man die Produktion nach dem Funktionsprinzip (Werkstattfertigung), und nach dem Objektprinzip (Reihenproduktion, Fließproduktionslinie, Transferstraße, Flexibles Fertigungssystem und Produktionsinsel). Hinsichtlich der Struktur können Produktionsprozesse anhand der Kontinuität und der Form des Materialflusses, der Ortsbindung der Produkte, der Anzahl der Arbeitsgänge und der Veränderbarkeit der Arbeitsgangfolge eingeteilt werden.

Input- und ressourcenbezogene Kriterien sind der Anteil des Inputs oder der Ressourcen an den Herstellkosten sowie die Qualität des Inputs. Nach dem relativen Anteil des Inputs oder der Ressourcen an den gesamten Herstellkosten kann zwischen materialintensiver, anlagenintensiver und arbeitsintensiver Produktion unterschieden werden. Hinsichtlich der Qualität des Inputs unterscheidet man zwischen werkstoffbedingt wiederholbarer Produktion (gleichbleibende Qualität des Inputs) und Partieproduktion (schwankende Qualität des Inputs – z.B. Wein).

Produktionstypen der Dienstleistungsproduktion unterscheidet man anhand der Intensität des Kundenkontakts, anhand des Organisationstyps (Funktions- und Objektprinzip), anhand der Ortsbindung und anhand der Beziehung der Produktion zum Absatzmarkt.

Nach der Intensität des Kundenkontaktes kann zwischen individueller Bedienung, standardisierter Bedienung und Selbstbedienung unterschieden werden. Bei der Erbringung von Dienstleistungen nach dem Funktionsprinzip werden gleichartige Arbeitsgänge (Operationen) räumlich, z.B. in einem Büro, zusammengefasst. Nach dem Objektprinzip werden sämtliche Arbeitsgänge, die zur Transformation eines Inputs nötig sind, organisatorisch in einem Büro zusammengefasst. Bei der Ortsbindung kann zwischen gebundener Dienstleistungsproduktion (Kunde kommt zum Dienstleister) und ungebundener Dienstleistungsproduktion (Dienstleister kommt zum Kunden) unterschieden werden. Anhand der Beziehung der Produktion zum Absatzmarkt kann analog zur Güterproduktion zwischen Kundenauftragsproduktion, Lagerproduktion und auftragsbezogener Fertigstellung unterschieden werden.

Folgende grundsätzliche Fragen/Entscheidungstatbestände werden im Rahmen dieses Kapitels behandelt:

- Welche Typen von Produktionsprozessen gibt es sowohl für die Güter- als auch für die Dienstleistungsproduktion?
- Welche Produktionsprozesse eignen sich für bestimmte Güter oder Dienstleistungen?

Fragen

15.1 Güterproduktion

1. Warum ist die Klassifizierung von Produktionsprozessen wichtig?
2. Outputbezogene Produktionstypen beziehen sich auf die Eigenschaften des Produktionsprogramms und können nach Erzeugnisstruktur, Gestalt der Güter, Anzahl der Erzeugnisse, Auflagengröße und Beziehung der Produktion zum Absatzmarkt unterschieden werden.
   a. Welche vier Produktionstypen lassen sich nach der Erzeugnisstruktur unterscheiden (Programmbezogene Vergenztypen)?
   b. Welche drei Produktionstypen lassen sich nach der Gestalt der Güter unterscheiden?
   c. Welche zwei Produktionstypen lassen sich nach der Anzahl der Erzeugnisse unterscheiden?
   d. Welche vier Produktionstypen lassen sich nach der Auflagengröße unterscheiden?
   e. Welche drei grundsätzlichen Produktionstypen lassen sich nach der Beziehung der Produktion zum Absatzmarkt unterscheiden?

* 3. Um welche Art von Gütern handelt es sich? Ordnen Sie die Güter in der nachfolgenden Tabelle korrekt zu.

Erdöl, Kies, Zement	Geformte Fließgüter
Stahlträger, Stahlblech, Rohre	Stückgüter
Kugelschreiber, Fernseher	Ungeformte Fließgüter

** 4. Assemble to Order ist die Kombination aus Lagerproduktion und Kundenauftragsproduktion. Welche Vorteile hat dieser Prozesstyp gegenüber reiner Lagerproduktion und reiner Kundenauftragsproduktion?

5. Den idealtypischen Zusammenhang zwischen Auflagengröße und der Beziehung der Produktion zum Absatzmarkt zeigt folgende Abbildung. Tragen Sie die verschiedenen Auflagengrößen in das Schaubild ein.

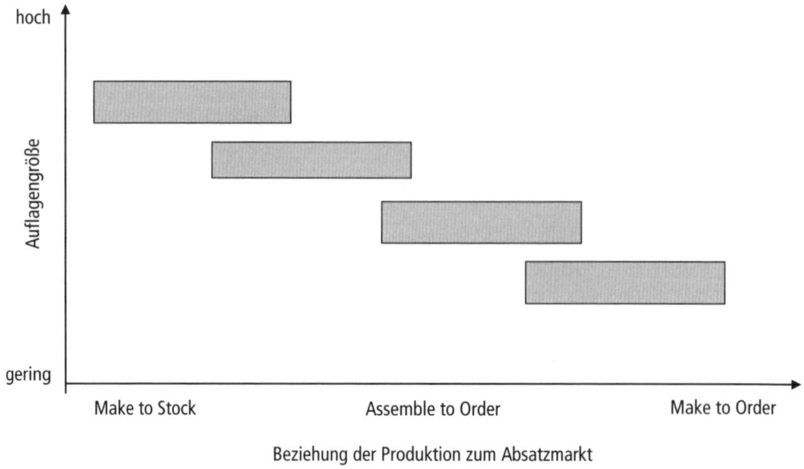

6. Die Organisationstypen der Güterproduktion resultieren aus der unterschiedlichen organisatorischen Anordnung von Arbeitssystemen, welche nach dem Funktionsprinzip oder dem Objektprinzip erfolgen kann. Stellen Sie die beiden Prinzipien grafisch dar.
7. Tragen Sie in die nachfolgende Abbildung die Organisationstypen der Produktion ein.

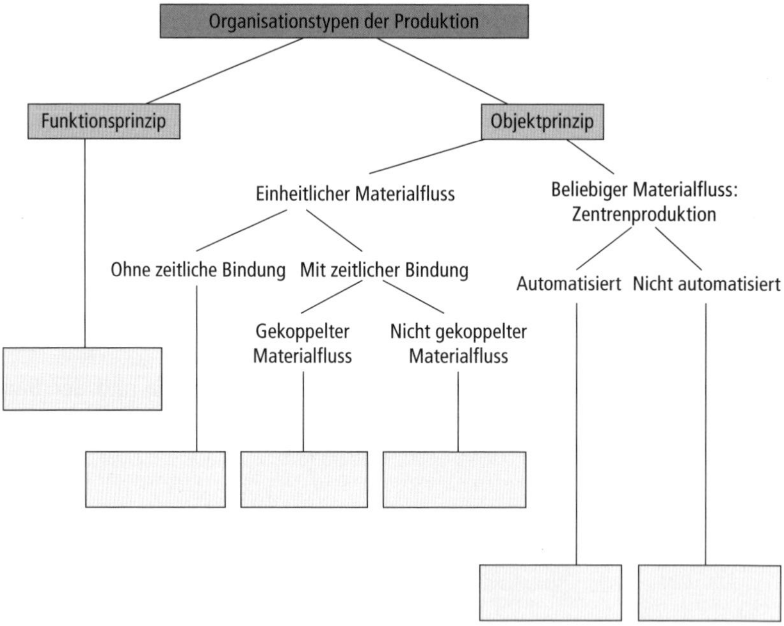

* 8. Was versteht man unter einem gekoppelten Materialfluss? Bei welchen Organisationstypen der Produktion kommt dieser vor?

* 9. Wodurch unterscheidet sich die Produktionsinsel vom Flexiblen Fertigungssystem?

10. Welche Abbildung stellt welchen Organisationstyp der Produktion dar? Ordnen Sie die verschiedenen Organisationstypen den einzelnen Abbildungen zu.

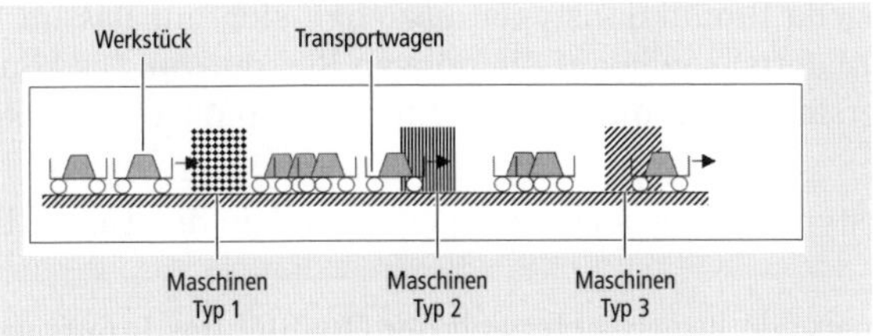

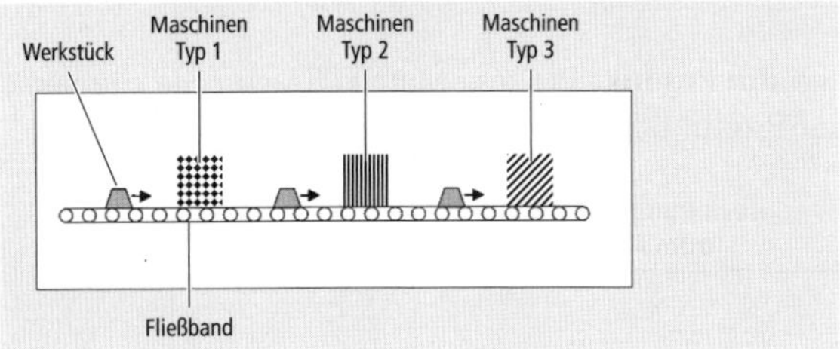

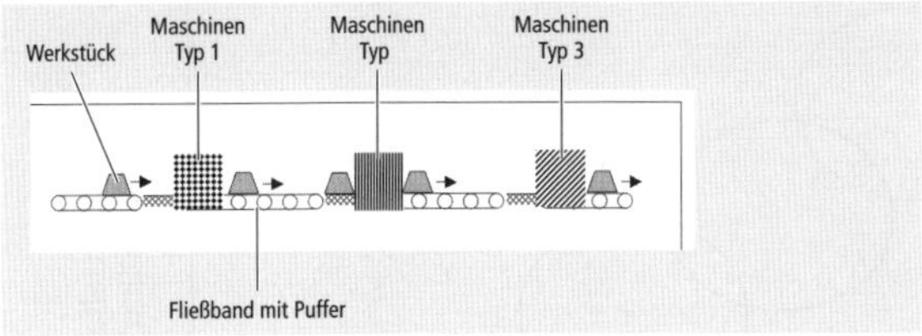

Fließproduktionslinie

Reihenproduktion

Transferstraße

11. Die Struktur der Produktionsprozesse resultiert aus der Kontinuität des Materialflusses, der Form des Materialflusses (prozessbezogene Vergenztypen), der Ortsbindung der Produkte, der Anzahl der Arbeitsgänge und der Veränderbarkeit der Arbeitsgangfolge.
    a. Welche zwei Produktionstypen lassen sich nach der Kontinuität des Materialflusses unterscheiden?
    b. Welche vier Produktionstypen lassen sich nach der Form des Materialflusses unterscheiden (prozessbezogene Vergenztypen)?
    c. Welche zwei Produktionstypen lassen sich nach der Ortsbindung der Produkte unterscheiden?
    d. Welche zwei Produktionstypen lassen sich nach der Anzahl der Arbeitsgänge unterscheiden?
    e. Welche zwei Produktionstypen lassen sich nach der Veränderbarkeit der Arbeitsgangfolge unterscheiden?

* 12. Um welche Art von Produktion handelt es sich? Ordnen Sie die Beispiele in der nachfolgenden Tabelle korrekt zu.

Mobiltelefon, LCD-Fernseher	Konvergierende Produktion
Spinnerei, Walzwerk	Divergierende Produktion
Chemische Industrie	Glatte Produktion
Holz-Verarbeitung, Raffinerie	Umgruppierende Produktion

13. Input- und ressourcenbezogene Produktionstypen beziehen sich auf das im Produktionsprozess benötigte Material sowie auf die nötigen Ressourcen. Sie können nach dem Anteil an den Herstellkosten und der Qualität des Inputs unterschieden werden.
    a. Welche drei Produktionstypen lassen sich nach dem Anteil an den Herstellkosten unterscheiden?
    b. Welche zwei Produktionstypen lassen sich nach der Qualität des Inputs unterscheiden?
14. Nachfolgende Abbildung zeigt die Produkt-Prozess-Matrix. Tragen Sie die verschiedenen Organisationstypen der Produktion ein.

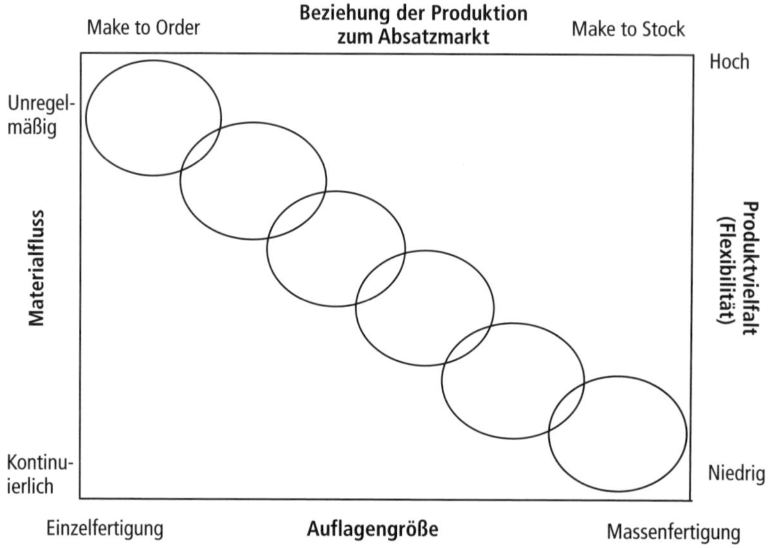

15.2 Dienstleistungsproduktion

15. Produktionstypen der Dienstleistungsproduktion können nach der Intensität des Kundenkontakts, nach dem Organisationstyp, nach der Ortsbindung und nach der Beziehung der Produktion zum Absatzmarkt unterschieden werden.
    a. Welche drei Produktionstypen lassen sich nach der Intensität des Kundenkontakts unterscheiden?
    b. Welche zwei Produktionstypen lassen sich nach der organisatorischen Anordnung von Arbeitssystemen (Organisationstypen) unterscheiden?
    c. Welche zwei Produktionstypen lassen sich nach der Ortsbindung unterscheiden?
    d. Welche drei Produktionstypen lassen sich nach der Beziehung der Produktion zum Absatzmarkt unterscheiden?

⋆ 16. Um welche Art von Dienstleistungsproduktion handelt es sich? Ordnen Sie die verschiedenen Dienstleistungen in der nachfolgenden Tabelle korrekt zu.

Privatkundenkredit	Standardisierte Bedienung
Geldbehebung vom Sparbuch	Selbstbedienung
Geldbehebung beim Bankomat	Individuelle Bedienung

★★ 17. Dienstleistungsprozesse können sowohl nach dem Funktionsprinzip als auch nach dem Objektprinzip organisiert sein. Wie könnten beide Varianten für eine Bankfiliale aussehen?

★ 18. Um welche Art von Dienstleistungsproduktion handelt es sich? Ordnen Sie die verschiedenen Dienstleistungen in der nachfolgenden Tabelle korrekt zu.

Zahnbehandlung	Ungebundene Produktion
Hauskrankenpflege	Gebundene Produktion

★ 19. Um welche Art von Dienstleistungsproduktion handelt es sich? Ordnen Sie die unterschiedlichen Arten der Bereitstellung von Wurstsemmeln in der Feinkostabteilung eines Supermarktes in der nachfolgenden Tabelle korrekt zu.

Der Kunde nimmt sich die fertig verpackte Wurstsemmel aus dem Regal.	Auftragsbezogene Fertigstellung
Die Wurstsemmel wird aus vorab geschnittenen Semmeln und geschnittener Wurst auf Kundenwunsch zusammengestellt.	Lagerproduktion
Die gewünschte Semmel und auch die gewünschte Wurst werden auf Kundenwunsch geschnitten und zusammengestellt.	Kundenauftragsproduktion

20. Nachfolgende Abbildung zeigt die Service-Prozess-Matrix. Tragen Sie die unterschiedlichen Formen der Dienstleistungsproduktion hinsichtlich der Intensität des Kundenkontaktes ein.

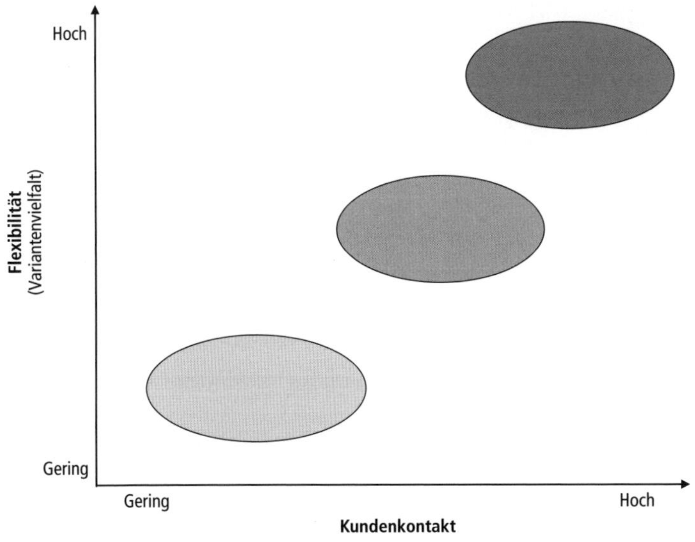

Lösungen

1. Die Klassifizierung soll bei der Auswahl eines geeigneten Produktionsprozesses für ein bestimmtes Produkt helfen.
2. a.

Produktionstyp – Programm-bezogene Vergenztypen	Erklärung
Lineare Erzeugnisstruktur	Produkt hat maximal einen direkten Vorgänger.
Konvergierende Erzeugnisstruktur	In ein Produkt fließen mehrere Einzelteile ein.
Divergierende Erzeugnisstruktur	Ein Einzelteil hat mehrere Nachfolger.
Generelle Erzeugnisstruktur	Kombination der oben genannten Erzeugnisstrukturen.

b.

Produktionstyp	Erklärung
Ungeformte Fließgüter	Weder in Breite, Höhe noch in Länge determiniert.
Geformte Fließgüter	Breite und Höhe, nicht aber die Länge festgelegt.
Stückgüter	Breite, Höhe und Länge bestimmt.

c.

Produktionstyp	Erklärung
Einprodukt-Produktion	Produktion eines Erzeugnisses.
Mehrprodukt-Produktion	Produktion mehrerer Erzeugnisse.

d.

Produktionstyp	Erklärung
Massenproduktion	Zeitlich nicht begrenzte Produktion eines Gutes in großen Mengen.
Sortenproduktion	Ist ein Spezialfall der Massenproduktion. Mehrere Varianten eines Grundproduktes werden hintereinander auf einer Anlage hergestellt, die nur geringe Unterschiede hinsichtlich Größe, Gestalt, Qualität oder Format aufweisen.
Serienproduktion	Herstellung einer begrenzten Zahl identischer Erzeugnisse (=Serie), danach wird umgerüstet.
Einzelproduktion	Fertigung von individuellen Produkten.

e.

Produktionstyp	Erklärung
Kundenauftragsproduktion Make to Order	Die Produktion erfolgt erst nach Eingang des Kundenauftrags bzw. der Bestellung. Der Produktionsprozess läuft gleichzeitig mit dem Auftragsabwicklungsprozess.
Lagerproduktion Make to Stock	Die Produktion erfolgt auf Basis von Prognosen. Bei Eingang des Auftrages ist der Produktionsprozess bereits abgeschlossen, die Ware liegt fertig im Lager.
Auftragsbezogene Montage Assemble/Build to Order	Nach Eingang des Kundenauftrags wird das Produkt fertiggestellt, Einzelteile werden auf Lager vorproduziert, wodurch Verringerung der Lieferzeit möglich ist.

3.

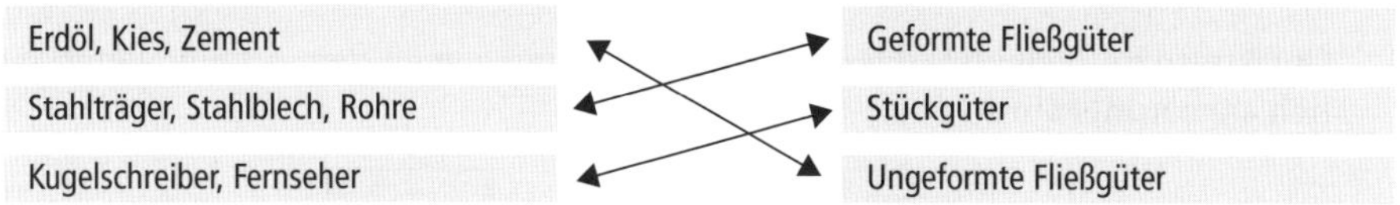

4. Bei Assemble to Order werden Komponenten auf Basis von Prognosen vorgefertigt. Aus diesen Komponenten werden dann bei Eintreffen eines Kundenauftrages individuelle Endprodukte erstellt. Der Vorteil gegenüber Make to Order ist die kürzere Lieferzeit, die aufgrund der bereits vorgefertigten Komponenten möglich ist. Gegenüber Make to Stock sind die Lagerkosten geringer, weil nicht jede Endproduktvariante auf Lager liegt, sondern nur Standardkomponenten.

5.

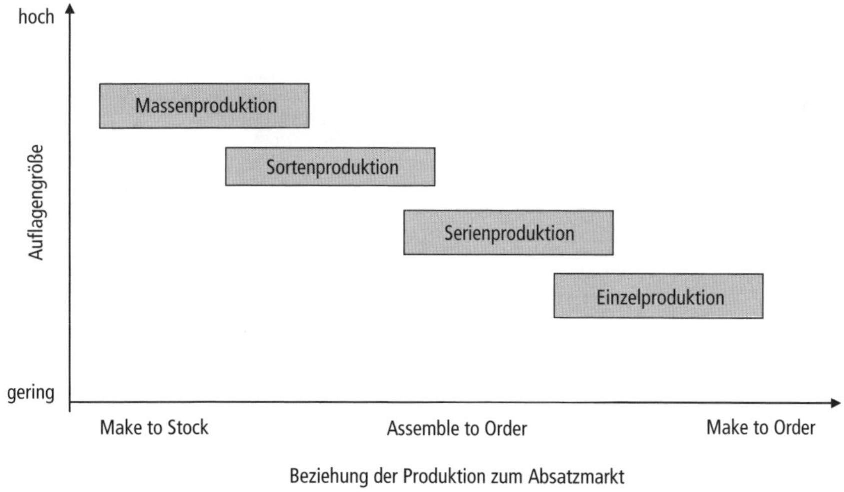

6. Funktionsprinzip bedeutet, dass Arbeitssysteme, die gleichartige Funktionen (Operationen, Arbeitsgänge) durchführen, räumlich in einer Werkstatt zusammengefasst werden. Die Inputs durchlaufen entsprechend der in ihrem Arbeitsplan definierten Reihenfolge die einzelnen Werkstätten, wobei es durchaus vorkommen kann, dass ein Input mehrmals zu derselben Werkstatt transportiert wird.

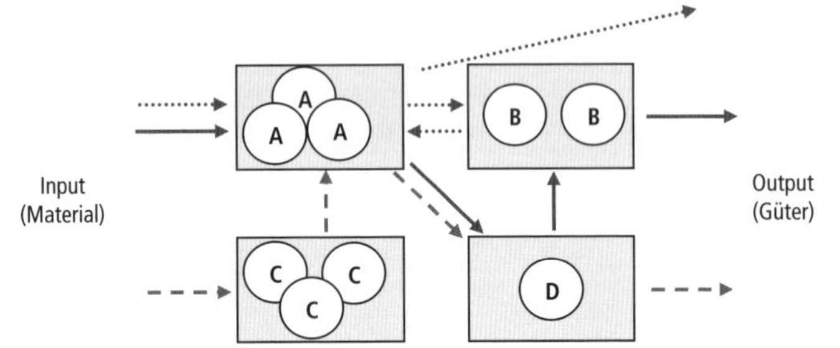

Objektprinzip bedeutet, dass die Arbeitssysteme gemäß den Arbeitsplänen räumlich angeordnet sind.

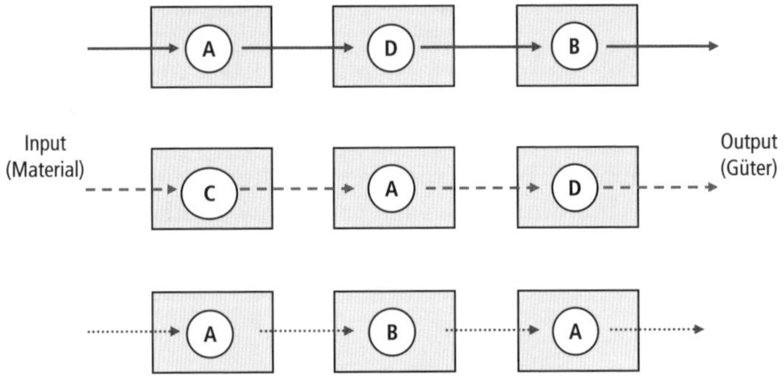

7.

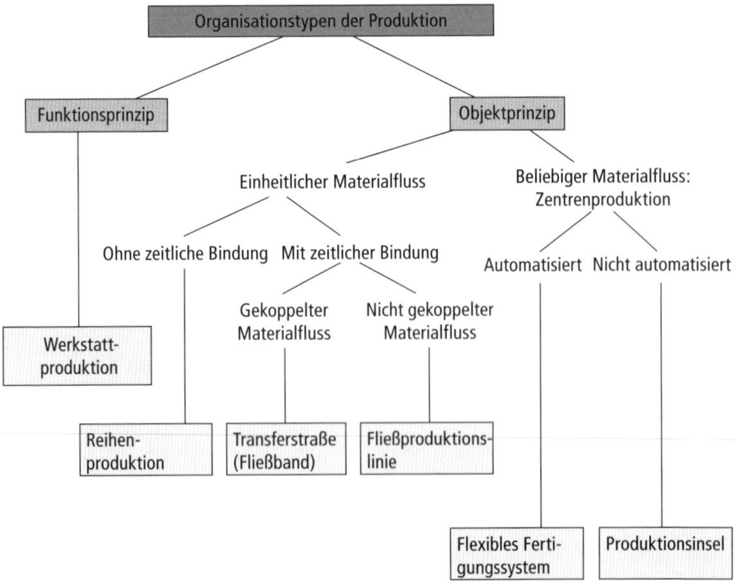

8. Ein gekoppelter Materialfluss wird auch als synchroner Materialfluss bezeichnet und bedeutet, dass die Werkstücke mit dem Transportsystem verbunden sind und nur gleichzeitig fortbewegt werden können. Ein gekoppelter Materialfluss kommt nur bei einer Transferstraße (Fließband) vor.
9. Die Produktionsinsel ist im Gegensatz zum flexiblen Fertigungssystem nicht automatisiert.
10.

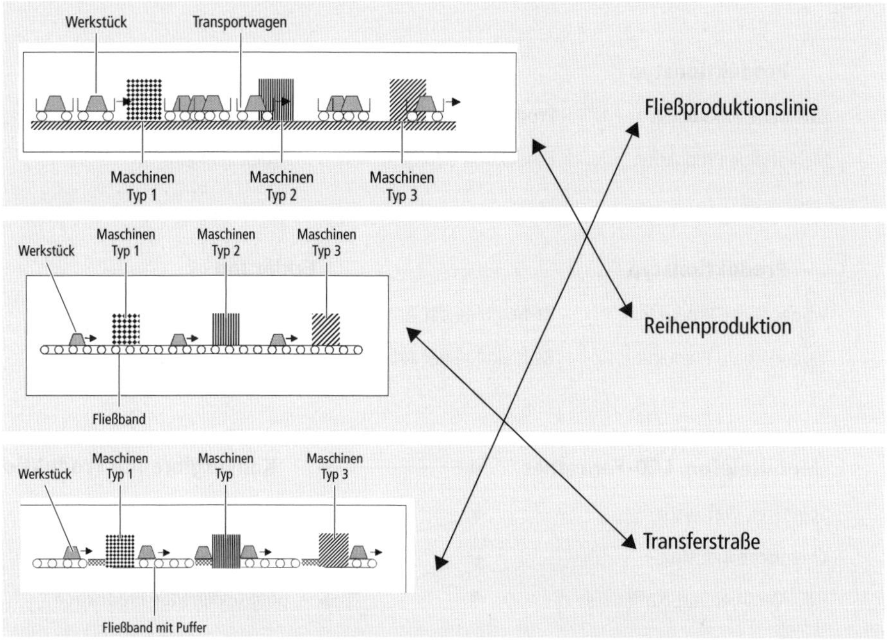

11. a.

Produktionstyp	Erklärung
Kontinuierliche Produktion	Objekte durchlaufen ohne Unterbrechungen den Produktionsprozess.
Diskontinuierliche Produktion	Objekte durchlaufen mit Unterbrechungen den Produktionsprozess.

b.

Prozessbezogene Vergenztypen	Erklärung
Glatte Produktion (Materialfluss)	Aus einer Werkstoffart wird in einem Produktionsprozess eine Produktart erzeugt.
Konvergierende Produktion (Materialfluss)	Aus mehreren Werkstoffarten wird in einem Produktionsprozess eine Produktart erzeugt.
Divergierende Produktion (Materialfluss)	Aus einer Werkstoffart werden in einem Produktionsprozess mehrere Produktarten erzeugt.
Umgruppierende Produktion (Materialfluss)	Aus mehreren Werkstoffarten werden in einem Produktionsprozess mehrere Produktarten erzeugt.

c.

Produktionstyp	Erklärung
Gebundene Produktion	Der gesamte Produktionsprozess wird an einem fixierten Ort durchgeführt (Baustellenproduktion).
Ungebundene Produktion	Der Produktionsprozess kann an einem beliebigen Ort erfolgen.

d.

Produktionstyp	Erklärung
Einstufige Produktion	Produktion erfolgt in einem Arbeitsgang.
Mehrstufige Produktion	Produktion erfolgt in mehreren Arbeitsgängen.

e.

Produktionstyp	Erklärung
Vorgegebene Produktion	Reihenfolge der Arbeitsgänge ist fix.
Veränderbare Produktion	Reihenfolge der Arbeitsgänge ist flexibel gestaltbar.

12.

Mobiltelefon, LCD-Fernseher		**Konvergierende Produktion**
Spinnerei, Walzwerk		Divergierende Produktion
Chemische Industrie		Glatte Produktion
Holz-Verarbeitung, Raffinerie		Umgruppierende Produktion

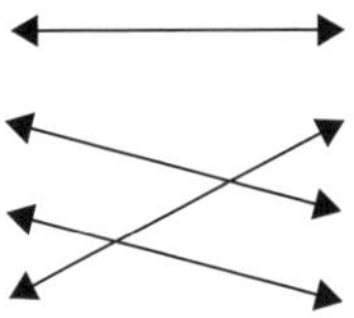

13. a.

Produktionstyp	Erklärung
Materialintensive Produktion	Relativer Anteil der Materialkosten dominiert.
Anlagenintensive Produktion	Relativer Anteil des Wertes der Anlagen dominiert.
Arbeitsintensive Produktion	Relativer Anteil der Personalkosten dominiert.

b.

Produktionstyp	Erklärung
Werkstoffbedingt wiederholbare Produktion	Gleich bleibende Qualität des Inputs führt zu gleich bleibenden Erzeugnissen.
Partieproduktion	Schwankende Qualität des Inputs führt zu unterschiedlichen Erzeugnissen.

14.

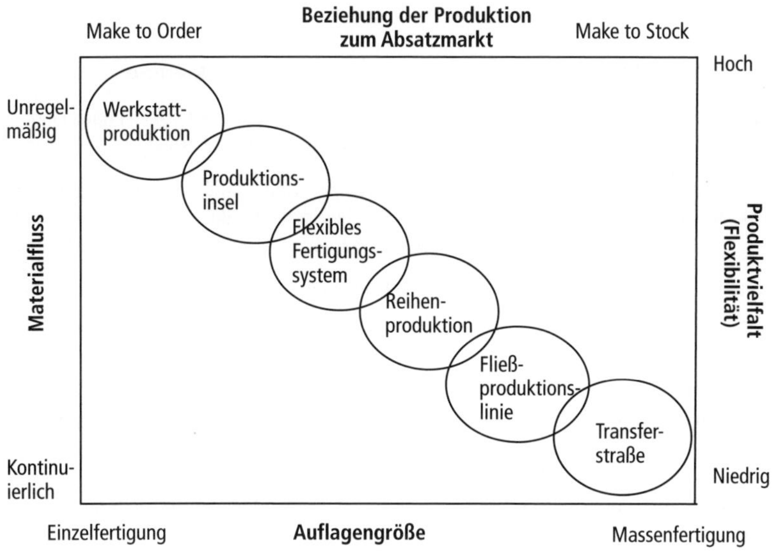

15. a.

Produktionstyp	Erklärung
Individuelle Bedienung	Hohe Intensität des Kundenkontakts
Standardisierte Bedienung	Mittlere Intensität des Kundenkontakts
Selbstbedienung	Niedrige Intensität des Kundenkontakts

b.

Produktionstypen nach dem	Erklärung
Funktionsprinzip	Gleichartige Arbeitsgänge sind räumlich in einem Büro zusammengefasst.
Objektprinzip	Sämtliche Arbeitsgänge für eine Dienstleistung sind organisatorisch in einem Raum zusammengefasst.

c.

Produktionstyp	Erklärung
Gebundene Produktion	Die Erbringung der Dienstleistung erfolgt beim Unternehmer.
Ungebundene Produktion	Die Erbringung der Dienstleistung erfolgt beim Kunden.

d.

Produktionstyp	Erklärung
Kundenauftragsproduktion Make to Order	Die Produktion/Erbringung erfolgt erst nach Eingang des Kundenauftrags bzw. der Bestellung.
Lagerproduktion Make to Stock	Die Produktion erfolgt auf Basis von Prognosen. Bei Eingang des Auftrages ist der Produktionsprozess bereits abgeschlossen, die Ware liegt fertig im Lager (Beispiel Fast Food).
Auftragsbezogene Fertigstellung Assemble to Order	Nach Eingang des Kundenauftrags wird das Produkt fertig gestellt.

16.

Privatkundenkredit	Standardisierte Bedienung
Geldbehebung vom Sparbuch	Selbstbedienung
Geldbehebung beim Bankomat	Individuelle Bedienung

17. Nach dem Funktionsprinzip wären die Wertpapierberatung, die Kreditberatung und die Kontoführung nur an eigenen Schaltern bzw. in eigenen Büros möglich. Nach dem Objektprinzip macht jeder Mitarbeiter alle Bereiche.

18.

Zahnbehandlung	Ungebundene Produktion
Hauskrankenpflege	Gebundene Produktion

19.

Der Kunde nimmt sich die fertig verpackte Wurstsemmel aus dem Regal.	Auftragsbezogene Fertigstellung
Die Wurstsemmel wird aus vorab geschnittenen Semmeln und geschnittener Wurst auf Kundenwunsch zusammengestellt.	Lagerproduktion
Die gewünschte Semmel und auch die gewünschte Wurst werden auf Kundenwunsch geschnitten und zusammengestellt.	Kundenauftragsproduktion

20.

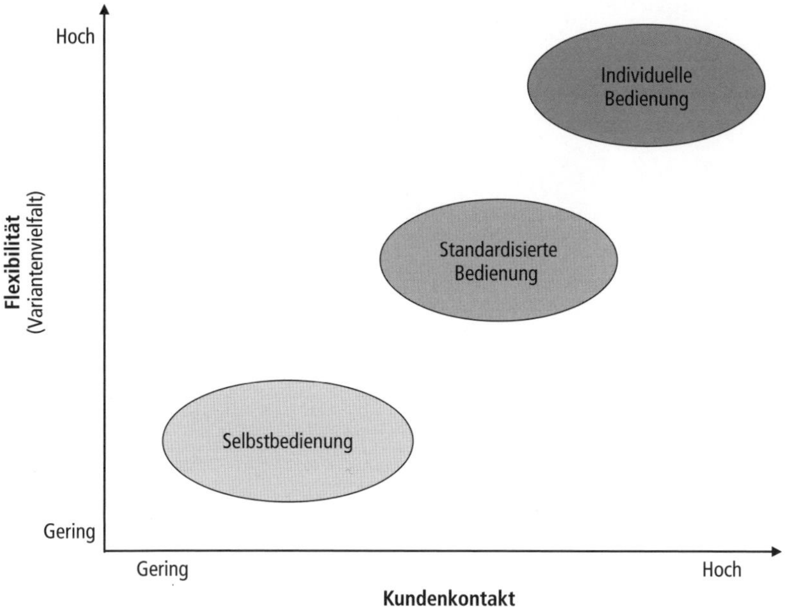
Hoch
Flexibilität
(Variantenvielfalt)
Gering
Individuelle Bedienung
Standardisierte Bedienung
Selbstbedienung
Gering
Hoch
Kundenkontakt

16 Produktionsmanagement

Im Rahmen des Produktionsmanagements werden die Entscheidungsebenen strategisches, taktisches und operatives Produktionsmanagement unterschieden. Das **strategische Produktionsmanagement** ist ein wichtiger Teil der strategischen Unternehmensführung und hat die Aufgabe, die langfristigen Rahmenbedingungen für eine effiziente Leistungserstellung zu schaffen. Wichtige Teilbereiche sind die Fixierung der Anteile der Eigenfertigung und des Fremdbezugs (Leistungstiefe – *siehe Kapitel 10*), die Festlegung der Produktionstechnologie (z.B. Produktionsinsel vs. Flexibles Fertigungssystem – *siehe Kapitel 15*) und die Auswahl der geeigneten Standorte. Im **taktischen Produktionsmanagement** werden die Ziele der strategischen Ebene schrittweise umgesetzt. Teilbereiche sind die Prozessanalyse, die Layoutplanung (z.B. die Anordnung der Ressourcen, Fließbandtaktung), das Kapazitätsmanagement (Dimensionierung der Kapazitäten) und das Qualitätsmanagement. Aufgabe des **operativen Produktionsmanagements** ist die kurzfristige Ausschöpfung der im strategischen und taktischen Produktionsmanagement geschaffenen Leistungspotenziale. Teilbereiche sind beispielsweise die aggregierte Produktionsplanung, die Materialbedarfsplanung (Stücklisten – siehe *Kapitel 8*), die Reihenfolgeplanung und die Personaleinsatzplanung.

In weiterer Folge wird in diesem Kapitel auf die Bereiche „Prozessanalyse“, „Layoutplanung – Fließbandtaktung“, „Kapazitätsmanagement“ und „Qualitätsmanagement“ näher eingegangen. Weiters werden aus dem operativen Produktionsmanagement die Planungsverfahren „Aggregierte Produktionsplanung“, „Reihenfolgeplanung“ und „Personaleinsatzplanung“ besprochen.

Die **Prozessanalyse** untersucht den Ablauf von Produktionsprozessen. Dafür werden die Aktivitäten des Prozesses als Flussdiagramm grafisch dargestellt. Ausgehend von den Bearbeitungszeiten (Güterproduktion) oder Servicezeiten (Dienstleistungen) der Aktivitäten werden verschiedene Kennzahlen zur Bewertung der Leistungsfähigkeit des Prozesses berechnet. Die Mindestdurchlaufzeit eines Prozesses ist die minimal erforderliche Zeit, um eine Auftragseinheit in ein Produkt zu transformieren. Diese beinhaltet nur die wertschöpfenden Zeiten und ignoriert die Wartezeiten. Der Weg der Aktivitäten, der die Mindestdurchlaufzeit des Produktionsprozesses bestimmt, wird als kritischer Weg bezeichnet. Die Durchlaufzeit eines Prozesses setzt sich zusammen aus der Mindestdurchlaufzeit und den Wartezeiten. Die Durchlaufzeit-Effizienz ist ein Indikator für den Anteil der wertschöpfenden Zeiten an der Durchlaufzeit eines Prozesses und ergibt sich aus dem Verhältnis zwischen Mindestdurchlaufzeit und Durchlaufzeit. Die maximal mögliche Output-Rate eines Ressourcenpools wird als maximale Kapazität bezeichnet. Die maximale Kapazität des Prozesses wird bestimmt durch den Ressourcenpool mit der geringsten Kapazität. In einem Prozess kann nicht mehr produziert werden, als es für den Ressourcenpool mit der geringsten Kapazität möglich ist. Dieser Ressourcenpool wird als Engpass bezeichnet. Die Auslastung eines Ressourcenpools ergibt sich aus dem Quotienten der aktuellen Outputrate und der maximalen Kapazität des Ressourcenpools. Die Auslastung ist also die Relation zwischen der

Menge, die tatsächlich produziert wird, und der Menge, die maximal produziert werden könnte. Sie gibt also an, wie viel der vorhandenen Kapazität genutzt wird.

Bei der **Layoutplanung** wird gezeigt, wie ein Fließband oder eine Fließproduktionslinie gestaltet werden kann. Dafür werden die Arbeitsgänge unter Beachtung ihrer Reihenfolge zu Arbeitsstationen zusammengefasst, sodass eine gegebene Anzahl an Einheiten des Produkts pro Zeitperiode zusammengebaut oder verpackt werden kann. Der zeitliche Abstand der Fertigstellung von zwei Einheiten des Produkts ist die Taktzeit.

Kapazitätsmanagement ist ebenfalls ein wichtiger Teil des taktischen Produktionsmanagements. Im Gegensatz zur Prozessanalyse werden hier variable Bearbeitungs- oder Servicezeiten sowie unsichere Nachfragen berücksichtigt, indem in die Berechnung der Prozesskennzahlen neben den Mittelwerten auch die Streuung mithilfe des Variationskoeffizienten einbezogen wird. Man unterscheidet zum einen die Service-Rate, die ausdrückt, wie viele Aufträge durchschnittlich pro Zeiteinheit bearbeitet werden können (Kapazität), und zum anderen die Ankunftsrate, die die durchschnittliche Nachfrage nach einem Produkt oder einer Dienstleistung ausdrückt. Der Quotient aus Ankunftsrate und Service-Rate ergibt die durchschnittliche Auslastung. Mithilfe der mittleren Servicezeit (T_s), der mittleren Auslastung (ρ) und der Variationskoeffizienten der Ankunfts-Rate (c_a) und der Servicezeit (c_s) kann die mittlere Wartezeit (T_w) berechnet werden.

$$T_w = T_s \times \frac{\rho}{1-\rho} \times \frac{c_a^2 + c_s^2}{2}$$

Möglichkeiten, um die Wartezeit zu verringern, sind die Verringerung der mittleren Servicezeit, die Verringerung der mittleren Auslastung und die Reduktion der Variabilität.

Ein wichtiger Teil des Produktionsmanagements ist das **Qualitätsmanagement**. Unter Qualität versteht man die Gesamtheit von Eigenschaften und Merkmalen eines Produkts oder eines Prozesses, bezogen auf deren Eignung zur Erfüllung vorgegebener Erfordernisse, und zwar aus der Sicht des Kunden, und im Vergleich zur Qualität der Mitbewerber. Qualitätsmanagementsysteme sind Modelle zur Unternehmensführung, die nicht auf die Festlegung und Messung von Produktqualität beschränkt sind, sondern alle Leistungserstellungssysteme und -prozesse einer Organisation erfassen. Ein wichtiges Beispiel dafür ist Total Quality Management (TQM). Im Qualitätsmanagement gibt es zahlreiche Konzepte und Methoden, die den Bereichen Qualitätsplanung und -design, Qualitätskontrolle und Qualitätsverbesserung zugeordnet werden können. Ein wichtiges Verfahren im Rahmen der Qualitätsplanung ist Quality Function Deployment (QFD). Dabei leiten abteilungsübergreifende Teams aus den Kundenanforderungen konkrete Produkteigenschaften, die Eigenschaften der Komponenten, die Prozesseigenschaften sowie die Produktions- und Prozessplanung ab. Bei der Qualitätskontrolle unterscheidet man zwischen Annahme-/Abnahmekontrolle und der Prozesskontrolle. Bei der Annahme-/Abnahmekontrolle werden der Prüfumfang und die Entscheidung über Annahme bzw. Ablehnung gelieferter oder produzierter Teile festgelegt. Die Prozesskontrolle dient der laufenden Überwachung des Fertigungsprozesses, und wird meist mithilfe von Qualitätsregelkarten bewerkstelligt. Qualitätsregelkarten zeichnen den zeitlichen Verlauf des Mittelwertes und der Streuung von Kenngrößen auf. Qualitätsverbesserung hat das Ziel, einen Produktionsprozess durch die Reduktion der Fehlerquote kontinuierlich zu verbessern. Die Kennzahl Prozessfähigkeit zeigt, wie gut ein Prozess in der Lage ist, den Kundenanforderungen zu entsprechen. Die Prozessfähigkeit kann durch Annäherung des Prozessmittelwerts an den im Qualitätsdesign festgelegten Sollwert und durch die Reduktion der Streuung des Prozesses verbessert werden. Zwei weitere wichtige Werkzeuge zur Qualitätsverbesserung sind das Pareto-Diagramm und das Ursache-Wirkungsdiagramm. Ein wichtiges und aktuelles TQM-Modell ist Six Sigma.

Im Teilbereich des **operativen Produktionsmanagements** werden verschiedene Möglichkeiten der Produktionsplanung diskutiert. Bei der **aggregierten Produktionsplanung** werden mittelfristige (ein bis zwei Jahre) Pläne für Produktgruppen erstellt. Dabei wird zwischen zwei Basis-Strategien unterschieden: Bei der absatzsynchronen Produktion (Chase Strategy) wird in jeder Periode genau so viel produziert, wie prognostiziert worden ist, wobei der Personalstand sofort an Nachfrageschwankungen angepasst wird. Bei der emanzipierten Produktion (Level Strategy) wird in allen Perioden die gleiche Menge produziert. Nachfrageschwankungen werden über ein Lager ausgeglichen. In der Unternehmenspraxis kommen meist Mischformen der beiden Basis-Strategien zur Anwendung.

Als Beispiel für die kurzfristige Produktionsplanung wird die **Reihenfolgeplanung** von Produktionsaufträgen erläutert. Bei der Werkstattfertigung liegen meist unterschiedlichste Aufträge vor, welche aufgrund von Komplexität und Auftragsgröße unterschiedlich lange Produktionszeiten aufweisen. Bei dieser Organisationsform ist eine wichtige kurzfristige Planungsaufgabe, alle zur Produktion freigegebenen Aufträge in einer sinnvollen Reihenfolge abzuarbeiten. Dabei stehen die verschiedenen Prioritätsregeln im Zentrum, anhand derer die Reihenfolge der für die Produktion freigegebenen Aufträge so festgelegt wird, dass beispielsweise möglichst wenige Aufträge zu spät fertig werden oder dass möglichst wenige Aufträge im System sind (WIP minimieren). Diese Regeln führen zu Zielkonflikten, die unter dem Dilemma der Ablaufplanung zusammengefasst werden.

Abschließend werden in diesem Kapitel einfache Verfahren für die **Personaleinsatzplanung** präsentiert, deren Ziel der optimale Einsatz der Mitarbeiter ist. Diese ebenfalls kurzfristige Planungsaufgabe ist vor allem im Dienstleistungsbereich wichtig, wie z.B. im Einzelhandel, bei Banken oder bei öffentlichen Einrichtungen wie Krankenhäusern und Polizeistationen. Eine bedeutende Rolle bei der Personaleinsatzplanung spielt der Zielkonflikt zwischen gutem Kundenservice und einer hohen Auslastung des Personals (=geringe Mitarbeiterzahl). Im Dienstleisungsbereich ist ein wesentlicher Teil des Kundenservices eine möglichst kurze Wartezeit, die dann erreicht wird, wenn eine ausreichend hohe Kapazität (=Anzahl Mitarbeiter) vorhanden ist (siehe Kapazitätsmanagement). Andererseits erhöhen sich bei steigender Anzahl der Mitarbeiter auch die Kosten. Die Personaleinsatzplanung soll daher die Anzahl der Mitarbeiter so festlegen, dass das Kundenservice hinreichend sichergestellt ist. Erreicht wird dies durch die Anpassung der genauen Mitarbeiterzahl an die im Tages- oder Wochenverlauf schwankende Kundennachfrage. Beispielsweise wird im Einzelhandel an einem Samstag aufgrund des höheren Kundenaufkommens üblicherweise ein höherer Personalbedarf bestehen als an einem regulären Tag unter der Woche.

Folgende grundsätzliche Fragen/Entscheidungstatbestände werden im Rahmen dieses Kapitels behandelt:

- Was sind die Aufgaben des strategischen, des taktischen und des operativen Produktionsmanagements?
- Wozu dient die Prozessanalyse und wie wird sie durchgeführt?
- Wie wird eine Fließproduktionslinie im Rahmen der Layoutplanung getaktet?
- Wann ist es wichtig, Unsicherheit im Rahmen des Kapazitätsmanagements zu berücksichtigen?
- Was versteht man unter Qualitätsmanagement und welche Methoden und Verfahren können dabei eingesetzt werden?
- Wie wird aus einer Absatzprognose ein Produktionsprogramm?
- Wie werden Reihenfolgepläne und Personaleinsatzpläne erstellt?

Fragen

16.1 Prozessanalyse

1. Welche Symbole werden bei der Erstellung eines Prozessflussdiagramms verwendet?
2. ** Warum sollte ein Unternehmen versuchen, die Durchlaufzeit zu verkürzen? (Hinweis: siehe Gesetz von Little)
3. ** Welchen Einfluss hat die Durchlaufzeit eines mehrstufigen Prozesses auf dessen Kapazität?
4. * Warum ist die Identifizierung des Engpasses eines Prozesses so wichtig?
5. * Was besagt die Kennzahl Auslastung?
6. ** Die Tischlerei „Proholz" stellt unter anderem auch Tische her. Die Daten der einzelnen Produktionsschritte entnehmen Sie bitte folgender Tabelle:

Arbeitsplan			
Nr.	**Aktivitäten**	**Station**	**Bearbeitungszeit in Min.**
1	Zuschnitt	Zuschnitt	15
2	Drechseln von Tischbeinen	Drechslerei	20
3	Ausstatten der Tischbeine mit Montageschrauben	Montage	5
4	Verzierung der Tischplatte	Fräserei	35
5	Zusammenbau der Einzelteile	Endmontage	20
6	Beizen	Lackiererei 1	10
7	Versiegeln des Tisches	Lackiererei 2	30
8	Vorbereitung Verpackung	Verpackung 1	5
9	Verpacken der Tische	Verpackung 2	12

Folgendes Flussdiagramm zeigt den Produktionsprozess der Tische:

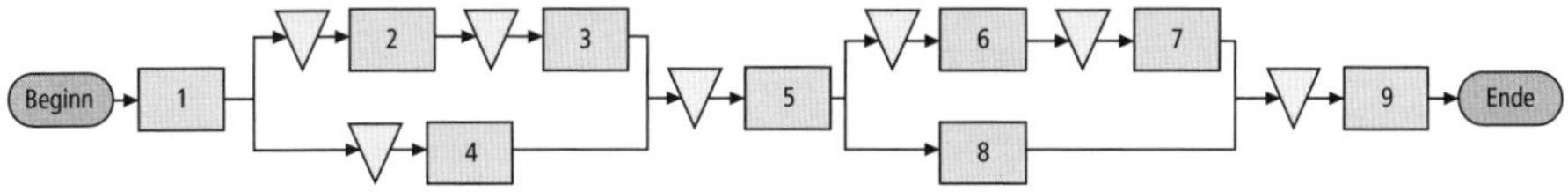

Die Messung der durchschnittlichen Durchlaufzeit eines Tisches ergab eine Dauer von 412 Minuten.

a. Ermitteln Sie den kritischen Weg.

b. Wie lange ist die Mindestdurchlaufzeit eines Tisches?

c. Wie lange ist die durchschnittliche Wartezeit?

d. Berechnen Sie die Durchlaufzeit-Effizienz und interpretieren Sie das Ergebnis.

e. Wie hoch ist der Bestand im gesamten Prozess, wenn die aktuelle Output-Rate 1,5 Tische pro Stunde beträgt? Hinweis: Gesetz von Little

★★ 7. Nachfolgendes Schaubild zeigt das Flussdiagramm eines Produktionsprozesses.

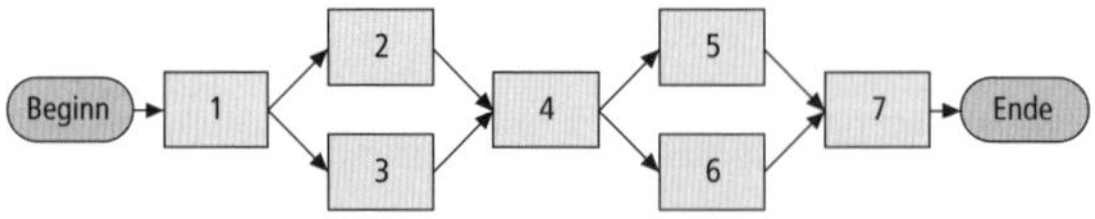

Sämtliche Ressourcen (Aktivitäten) sind durch Puffer getrennt und weisen folgende Bearbeitungszeiten pro Stück auf:

Aktivität	Bearbeitungszeit
1	5 Minuten
2	7 Minuten
3	12 Minuten
4	8 Minuten
5	11 Minuten
6	9 Minuten
7	4 Minuten

a. Wie hoch ist die maximale Kapazität des Prozesses?

b. Wie hoch ist die Auslastung des Prozesses, wenn 4 Stück pro Stunde produziert werden?

c. In welche Ressource würden Sie investieren, um die Prozesskapazität zu erhöhen? Begründen Sie diese Entscheidung.

★★ 8. Bei der Produktion eines Kuchens fallen folgende Tätigkeiten an:

Aktivität	Tätigkeit	Bearbeitungszeit in Minuten
1	Zutaten bereitstellen	5
2	Zutaten zu Teig vermischen	15
3	Backform einfetten	3
4	Backform mit Mehl ausstauben	2
5	Teig in Backform füllen	2
6	Backen	40
7	Kuchen aus Backrohr nehmen und verzieren	10

Sämtliche Zutaten werden in Aktivität 1 vorbereitet und in einem Zwischenlager bereitgestellt. Anschließend werden die Zutaten zu einem Teig vermischt (Akt. 2). Gleichzeitig wird die Backform eingefettet (Akt. 3) und anschließend mit Mehl ausgestaubt (Akt. 4). Nach Abschluss dieser Aktivitäten wird der Teig in die Backform gefüllt (Akt. 5) und gebacken (Akt. 6). In Aktivität 7 wird der Kuchen aus dem Backrohr genommen und verziert. Messungen ergaben, dass die Produktion eines Kuchens durchschnittlich 1,5 Stunden beträgt.

a. Stellen Sie den Prozess in Form eines Prozessflussdiagramms grafisch dar.
b. Identifizieren Sie den kritischen Weg.
c. Wie lange sind die Mindestdurchlaufzeit und die Wartezeit?
d. Berechnen Sie die Durchlaufzeit-Effizienz und interpretieren Sie das Ergebnis.
e. Wie hoch ist die maximale Kapazität dieses Prozesses?

16.2 Layoutplanung – Fließbandtaktung

9. Nennen Sie die Vorteile des U-förmigen Fließbandlayouts und des S-förmigen Fließbandlayouts.

* 10. In unterstehender Tabelle und Abbildung ist die Produktion eines Produkts mit den einzelnen Arbeitsschritten und ihrer Reihenfolge dargestellt. Während eines Tages, an dem 8 Stunden gearbeitet wird, sollen 720 Einheiten des Produkts produziert werden.
   a. Berechnen Sie die maximale Taktzeit und geben Sie die Mindestanzahl an Stationen an.
   b. Ordnen Sie die einzelnen Arbeitsschritte den Stationen nach der Methode der höchsten Anzahl der Nachfolger zu. Berechnen Sie die Durchlaufzeit und Effizienz und bestimmen Sie die minimale Taktzeit.
   c. Ordnen Sie die einzelnen Arbeitsschritte den Stationen nach der Methode der längsten Bearbeitungszeit zu. Berechnen Sie die Durchlaufzeit und Effizienz und bestimmen Sie die minimale Taktzeit.
   d. Welches der beiden Verfahren führt aus Sicht der Flexibilität zu einem besseren Ergebnis und warum?

Arbeitsgang	Bearbeitungszeit (in Sek)
A	16
B	10
C	14
D	12
E	19
F	13
G	22
H	18

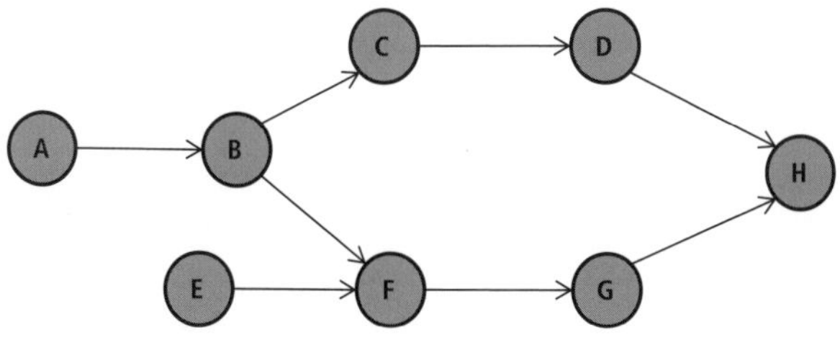

★★ 11. In unterstehender Tabelle und Abbildung ist die Produktion eines Produkts mit den einzelnen Arbeitsschritten und ihrer Reihenfolge dargestellt. Während eines Tages, an dem 11 Stunden gearbeitet wird, sollen 360 Einheiten des Produkts produziert werden.

a. Berechnen Sie die maximale Taktzeit und geben Sie die Mindestanzahl an Stationen an.

b. Ordnen Sie die einzelnen Arbeitsschritte den Stationen nach der Methode der höchsten Anzahl der Nachfolger zu. Berechnen Sie die Durchlaufzeit und Effizienz und bestimmen Sie die minimale Taktzeit.

c. Ordnen Sie die einzelnen Arbeitsschritte den Stationen nach der Methode der längsten Bearbeitungszeit zu. Berechnen Sie die Durchlaufzeit und Effizienz und bestimmen Sie die minimale Taktzeit.

d. Welches der beiden Verfahren führt zu einem besseren Ergebnis und warum?

Arbeitsgang	Bearbeitungszeit (in Sek)
A	72
B	37
C	40
D	35
E	20
F	38
G	36
H	42
I	41
J	25
K	40
L	73

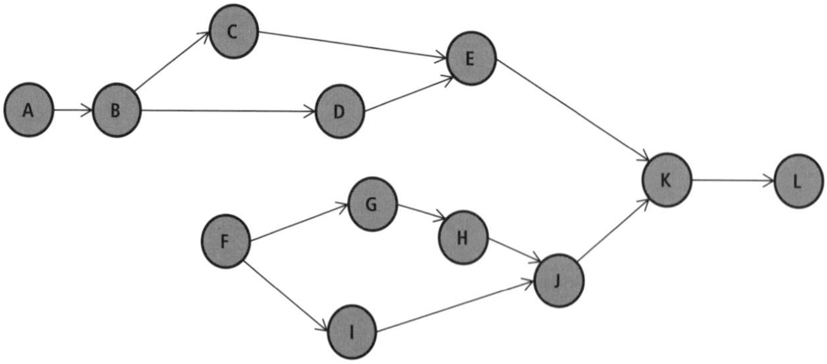

16.3 Kapazitätsmanagement

⋆⋆ 12. In zahlreichen Produktionsprozessen und vor allem im Dienstleistungsbereich spielen Wartezeiten eine wichtige Rolle. Wie können sich Wartezeiten negativ auf den Unternehmenserfolg auswirken?

⋆ 13. Mittels welcher Kennzahl können Schwankungen der Servicezeit und der Kundenankünfte im Warteschlangenmodell berücksichtigt werden? Was ist der große Vorteil dieser Kennzahl gegenüber der Standardabweichung?

14. Welche drei grundsätzlichen Möglichkeiten gibt es, die Wartezeit zu verkürzen?

⋆ 15. Die Kundenhotline eines kleinen EDV-Unternehmens ist täglich 8 Stunden besetzt. Durchschnittlich dauern telefonische Kundenanfragen 6 Minuten (σ_s = 2 min). Durchschnittlich ruft alle 9 Minuten ein Kunde an (σ_a = 6 min).

   a. Wie lange muss ein Kunde durchschnittlich in der Warteschleife der Telefonanlage warten, bis er mit dem Kundendienstmitarbeiter sprechen kann?

   b. Wie lange ist ein Kunde durchschnittlich insgesamt am Telefon?

⋆⋆ 16. Ein Schlittschuhverleih bei einem Eislaufplatz hat täglich (Montag – Sonntag) 6 Stunden geöffnet. Innerhalb einer Woche kommen durchschnittlich 400 Kunden. Es dauert durchschnittlich 4 Minuten, die gewünschten Schlittschuhe an den Kunden auszugeben. Die Standardabweichung der Ausgabezeit ist 3 Minuten, der Variationskoeffizient der Kundenankünfte ist 1.

   a. Wie viele Kunden hat der Schlittschuhverleih durchschnittlich pro Stunde?

   b. Wie hoch ist die durchschnittliche Servicerate?

   c. Wie hoch ist die durchschnittliche Auslastung des Schlittschuhverleihs?

   d. Wie lange wartet ein Kunde durchschnittlich am Schlittschuhverleih bis er bedient wird?

   e. Wie lange braucht ein Kunde insgesamt, um sich Schlittschuhe auszuborgen?

⋆ 17. Am Flughafen dauert die Abfertigung (Check-In, Gepäckaufgabe etc.) eines Passagiers durchschnittlich 6 Minuten mit einer Standardabweichung von 1,5 Minuten. Es kommen durchschnittlich 8 Kunden pro Stunde (c_a = 0,85) zum Schalter. Wie lange muss ein Kunde durchschnittlich bei der Abfertigung am Flughafen warten, bis er an die Reihe kommt?

⋆ 18. Wie wirkt sich eine steigende durchschnittliche Auslastung auf die durchschnittliche Durchlaufzeit aus? Stellen Sie den Zusammenhang auch grafisch dar.

16.4 Qualitätsmanagement

19. Was versteht man unter Qualität?

20. Nennen und erklären Sie die Grundprinzipien von TQM.

21. Was versteht man unter Quality Function Deployment?

★★ 22. Mittels Qualitätsregelkarten versucht man bei einem laufenden Prozess festzustellen, ob es sich bei einer beobachteten Abweichung um eine gewöhnliche Schwankung oder um eine zuordenbare Schwankung handelt.

a. Warum ist diese Unterscheidung wichtig?

b. Beurteilen Sie die nachfolgenden Verläufe von Regelkarten.

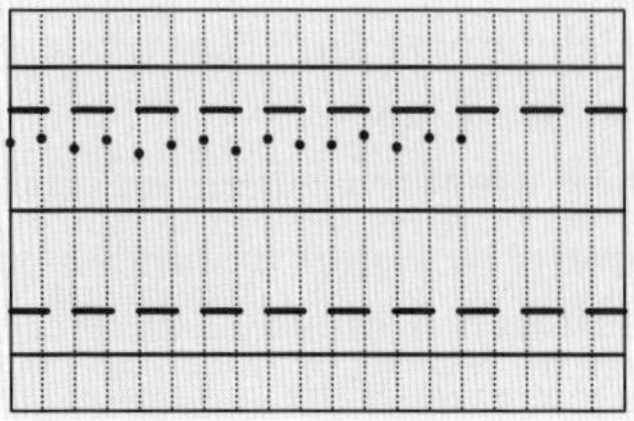

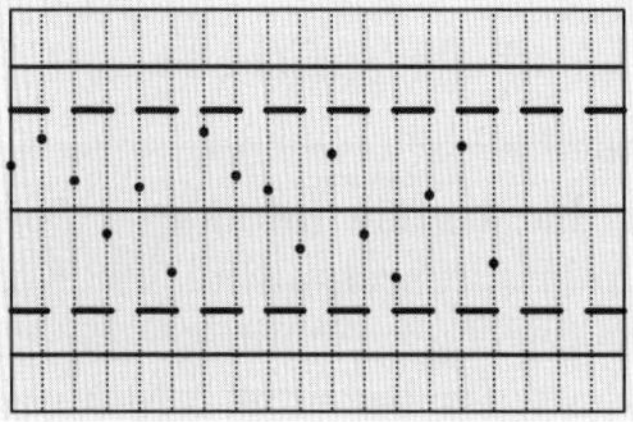

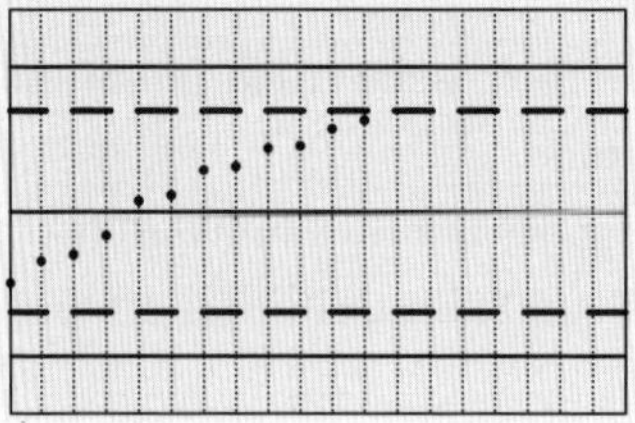

★ 23. In welcher Form werden Spezifikations- oder Toleranzgrenzen bei Qualitätsregelkarten berücksichtigt?

★★ 24. Im Qualitätsdesign wurde für den Durchmesser einer Stahlwelle ein Sollwert von 31 mm bei einer Fertigungstoleranz von ±0,2 mm spezifiziert. Die Stabilität des Prozesses wird durch eine Mittelwertkarte auf der Basis von fünf Beobachtungen kontrolliert. Aus den Aufzeichnungen der letzten Wochen ergibt sich ein Prozessmittelwert von 31,05 mm. Die dazugehörige Standardabweichung beträgt 0,142 mm.

a. Berechnen Sie die Kontrollgrenzen für diesen Prozess.

b. Zwei Tage nach Festlegung der Kontrollgrenzen weist eine Stichprobe den Mittelwert von 31,21 mm auf. Was ist zu tun?

c. Eine Woche später weist eine Stichprobe den Mittelwert von 30,75 mm auf. Was ist zu tun?

d. Berechnen Sie die Prozessfähigkeit dieses Prozesses und interpretieren Sie das Ergebnis.

25. Was besagt der Prozessfähigkeitsindex?

26. Wie kann die Prozessfähigkeit verbessert werden?

★★ 27. Einem Produktionsprozess werden stündlich vier Teile entnommen um ein Qualitätsmerkmal zu messen. Von 30 Stichproben war der durchschnittliche Mittelwert des Merkmals 24,1 mm. Die Fertigungstoleranz wurde im Design mit ± 0,25 mm spezifiziert, bei einem Sollwert von 24 mm. Die Prozessstandardabweichung beträgt 0,194.

   a. Ist der Prozess fähig?
   b. Durch eine Änderung der Maschineneinstellung kann der Prozessmittelwert auf 24,0 mm gesenkt werden. Ist der Prozess nun fähig?
   c. Welche Prozessstandardabweichung müsste erreicht werden, damit der Prozess fähig ist, wenn der Prozessmittelwert weiterhin 24,0 mm beträgt?

★ 28. Meist sind wenige Fehler dafür verantwortlich, dass ein Produkt als Ausschuss (defekt) klassifiziert wird. Mittels welcher Analyse können die wichtigsten Fehler identifiziert werden?

29. Eine vielfach verwendete Methode zur Ermittlung von Fehlerursachen ist das Ishikawa-Diagramm. Erklären Sie diese Methode.

16.5 Produktionsplanung

30. Bei der aggregierten Produktionsplanung stehen zwei Basisstrategien zur Verfügung. Welche?

★ 31. Bei der aggregierten Produktionsplanung wird auf Basis einer Absatzprognose das Produktionsprogramm erstellt. Nachfolgende Tabelle zeigt die Absatzprognose von Produktgruppe X für die nächsten 6 Monate:

Monat	1	2	3	4	5	6
Anzahl X	250	300	340	280	250	200

   a. Erstellen Sie einen Produktionsplan gemäß der Strategie der absatzsynchronen Produktion.
   b. Erstellen Sie einen Produktionsplan gemäß der Strategie der emanzipierten Produktion.
   c. Vergleichen und interpretieren Sie die Ergebnisse aus a) und b) und geben Sie eine Empfehlung ab.

32. Beschreiben Sie die einzelnen Regeln, die bei der Reihenfolgeplanung angewendet werden können.

33. Bei der Gerecht KG werden die einzelnen Aufträge nach dem FCFS-Prinzip bearbeitet. Da sich aber die Kunden über hohe Verspätungen beschweren, überlegt das Unternehmen, andere Regeln zur Reihenfolgeplanung heranzuziehen, um die Situation zu verbessern. Momentan sollten die folgenden 4 Aufträge bearbeitet werden, die zum Zeitpunkt t=0 für die Produktion freigegeben wurden:

Auftrag	Produktionszeit in Tagen	Fälligkeitstermin
A	8	14
B	6	7
C	5	16
D	3	15

a. Berechnen Sie die durchschnittliche Durchlaufzeit und die durchschnittliche Verspätung, wenn die Aufträge nach dem derzeitig angewendeten Prinzip gereiht sind.

b. Reihen Sie die Aufträge nach der SPT-, EDD- und Schlupfzeit-Regel und berechnen Sie jeweils die durchschnittliche Durchlaufzeit und durchschnittliche Verspätung.

c. Für welche Regel soll sich die Gerecht KG entscheiden, wenn die durchschnittliche Verspätung der Aufträge minimiert werden soll?

★ 34. Vor dem Beginn der Saison ist die Produktion der Effizienz AG hoch ausgelastet und es kommt zu regelmäßigen Verspätungen. Deswegen wird überlegt, wie die nächsten 6 Aufträge (siehe Tabelle), die bearbeitet werden müssen, am effizientesten zu reihen sind.

Auftrag	Produktionszeit in Tagen	Fälligkeitstermin
A	11	13
B	2	23
C	5	59
D	20	26
E	10	21
F	15	43

Erstellen Sie die Reihenfolge der Aufträge, die durch die Anwendung folgender Regeln entsteht:

a. FCFS-Regel

b. SPT-Regel

c. EDD-Regel

d. Schlupfzeit-Regel

Welche Regel soll das Unternehmen verwenden, um folgende Ziele zu erreichen:

e. Minimierung der durchschnittlichen Durchlaufzeit

f. Minimierung der durchschnittlichen Verspätung

g. Minimierung der Anzahl der Verspätungen

35. Welche Rolle spielt die Personaleinsatzplanung im Produktionsmanagement und im welchen Bereich wird sie meistens verwendet?

36. Eine Fluggesellschaft betreibt mehrere regelmäßige Fluglinien, die verschiedene Frequenzen und Abflugzeiten unter der Woche haben. Deswegen ist der Bedarf an Flugpersonal für jeden Tag unterschiedlich. Planen Sie die Zuteilung der einzelnen Mitarbeiter ein, wenn Sie wissen, dass jeder Mitarbeitet zumindest 2 Tage am Stück frei haben muss. Der Bedarf an Mitarbeitern ist in der untenstehenden Tabelle dargestellt.

Tag	Montag	Dienstag	Mittwoch	Donnerstag	Freitag	Samstag	Sonntag
Personalbedarf	3	4	5	3	3	2	1

* 37. Die Anzahl der Gäste in einem Restaurant variiert stark an den einzelnen Tagen der Woche. Entsprechend dazu muss der Personaleinsatz angepasst werden. Erstellen Sie einen Personaleinsatzplan, wenn Sie wissen, dass jeder Mitarbeiter zumindest 3 Tage am Stück frei haben soll. Der Personalbedarf ist in der untenstehenden Tabelle dargestellt.

Tag	Montag	Dienstag	Mittwoch	Donnerstag	Freitag	Samstag	Sonntag
Personalbedarf	4	6	3	4	9	6	4

38. Die Pizzakapperl KG hat in den letzten Wochen den Besucherandrang analysiert und möchte nun ihre Personaleinsatzplanung verbessern. Dabei sollen zu jeder vollen Stunde nach Bedarf neue Mitarbeiter eingesetzt werden. Jeder Mitarbeiter sollte dabei mindestens 6 Stunden arbeiten. Sollte es am Ende des Tages zu kürzeren Einsätzen kommen, ist das in Kauf zu nehmen. Erstellen Sie nun einen geeigneten Einsatzplan für die Pizzakapperl KG. Die Anzahl der benötigten Mitarbeiter für jede Stunde befindet sich in der Tabelle unten.

Uhr	10	11	12	13	14	15	16	17	18	19	20	21	22	23
Personalbedarf	3	4	5	5	3	4	1	2	6	5	5	3	3	2

* 39. In einer kleinen Stadt wird eine Buslinie zwischen 4 und 24 Uhr betrieben. Da die Intervalle während des Tages unterschiedlich sind, muss für jede Stunde die Anzahl der Fahrer geplant werden. Dabei sollen zu jeder vollen Stunde neue Fahrer nach Bedarf eingesetzt werden und ein Fahrer darf 4 Stunden arbeiten. Die Anzahl der benötigten Fahrer befindet sich in der Tabelle unten. Erstellen Sie den Einsatzplan für die Buslinie.

Uhr	04	05	06	07	08	09	10	11	12	13	14	15	16	17	18	19	20	21	22	23
Personalbedarf	3	8	12	17	15	11	8	8	8	10	13	15	16	16	15	12	8	9	5	2

Lösungen

1. – Wertschöpfende Aktivitäten: ▭
   – Wartezeiten (Pufferlager): ▽
   – Richtung und Reihenfolge: ⟶
2. Das Gesetz von Little besagt, dass bei konstanter Output-Rate der Bestand mit der Durchlaufzeit steigt. Je höher also die Durchlaufzeit, desto höher der Bestand. Ein steigender Bestand wirkt sich als Teil des Umlaufvermögens negativ auf den ROI aus. Deshalb sollten Unternehmen versuchen, die Durchlaufzeit zu verkürzen. Weiters kann mit einer kurzen Durchlaufzeit eine kurze Lieferzeit für Kunden gewährleistet werden.
3. Die Durchlaufzeit eines mehrstufigen Prozesses hat keinen Einfluss auf die Kapazität des Prozesses. Die Kapazität des Prozesses (maximale Prozesskapazität) ergibt sich aus dem Ressourcenpool mit der geringsten Kapazität, dem so genannten Engpass. Der Engpass gibt somit den Takt vor, mit dem Teile produziert werden können, unabhängig von der Länge des Prozesses.
4. Die Identifizierung des Engpasses ist deshalb wichtig, weil der Engpass die Prozesskapazität determiniert. Wenn man die Prozesskapazität erhöhen möchte, muss die Kapazität des Engpasses erhöht werden.
5. Die Kennzahl Auslastung ergibt sich aus dem Quotienten von tatsächlicher Output-Rate und maximaler Kapazität, und besagt somit, wie viel der vorhandenen Kapazität tatsächlich genutzt wird.
6. a. Der kritische Weg ist jener Weg des Prozesses mit der längsten Gesamtbearbeitungszeit und besteht in diesem Fall aus den Aktivitäten 1 - 4 - 5 - 6 - 7 - 9.

   b. Die Mindestdurchlaufzeit ist die Summe der Bearbeitungszeiten am kritischen Weg, hier also 15 + 35 + 20 + 10 + 30 + 12 = 122 Minuten

   c. Durchschnittliche Wartezeit: $T_w = T - T_{mind.} = 412 - 122 = 290$ Minuten

   d. DLZ-Effizienz:

$$DLZ\text{-}Effizienz = \frac{Mindestdurchlaufzeit}{Durchlaufzeit} = \frac{122}{412} = 0{,}296 = 29{,}6\%$$

   Die DLZ-Effizienz ist ein Indikator für den Anteil der Bearbeitungszeit an der Durchlaufzeit eines Prozesses. Hier machen die Bearbeitungszeiten nur 29,6% der Durchlaufzeit aus, der Rest ist Wartezeit.

   e. Bestand:

$$I = R \times T = 1{,}5 \text{ Stk./h} \times \frac{412 \text{ Min.}}{60 \text{ Min./h}} = 10{,}3 \text{ Stk.}$$

   Der durchschnittliche Auftragsbestand (WIP) des Prozesses beträgt somit 10,3 Stück.

7. a. Die Prozesskapazität wird determiniert durch die Kapazität der Engpass-Station. Ressource 3 hat mit 12 Minuten die längste Bearbeitungszeit und somit die geringste Kapazität. Die maximale Prozesskapazität ist somit 5 Stück pro Stunde (60/12).

   b. $Auslastung = \dfrac{Output\text{-}Rate}{Maximale\ \ Kapazität} = \dfrac{4\ \text{Stk./h}}{5\ \text{Stk./h}} = 0{,}8 = 80\%$

   c. Wenn man die Prozesskapazität erhöhen möchte, muss man in Ressource 3 investieren, weil dort der Engpass ist, welcher die Prozesskapazität determiniert.

8. a.

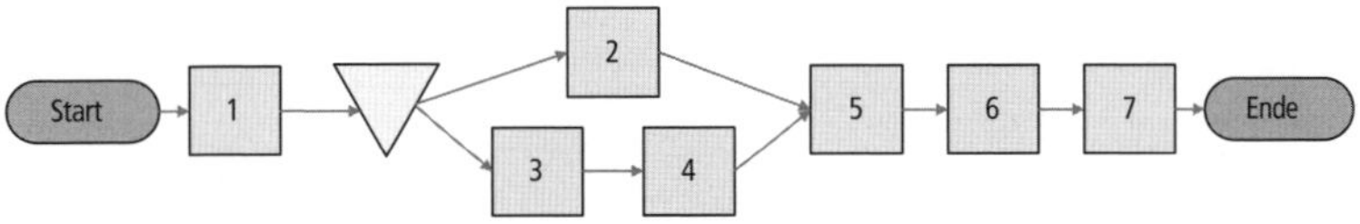

   b. Aktivitäten des kritischen Weges: 1-2-5-6-7

   c. Mindestdurchlaufzeit = 5 + 15 + 2 + 40 + 10 = 72 Minuten
   Wartezeit = 90 – 72 = 18 Minuten

   d. $DLZ\text{-}Effizienz = \dfrac{Mindestdurchlaufzeit}{Durchlaufzeit} = \dfrac{72}{90} = 0{,}8 = 80\%$

   Die DLZ-Effizienz ist ein Indikator für den Anteil der Bearbeitungszeit an der Durchlaufzeit eines Prozesses. Hier machen die Bearbeitungszeiten 80% der Durchlaufzeit aus, die Wartezeiten 20%.

   e. Die maximale Prozesskapazität wird bestimmt durch die Kapazität des Engpasses. Der Engpass in diesem Prozess ist Aktivität 6 (Backen). Prozesskapazität = 60/40 = 1,5 Kuchen pro Stunde.

9. **Vorteile des U-förmigen Fließbandlayouts:**

   - kürzere Wege zwischen den Arbeitsstationen
   - bessere Sichtbarkeit und einfachere Kontrolle, da der Ein- und Austritt der Produkte von einem Mitarbeiter überwacht werden kann
   - Beitrag zur Qualitätskontrolle und Optimierung der Produktionsprozesse
   - Steigerung der Mitarbeitereffizienz

   Vorteile des S-förmigen Fließbandlayouts:

   zusätzlich zu oben genannten Vorteilen des U-förmigen Layouts:

   - Ein Mitarbeiter kann zugleich auf mehreren Produktionslinien eingesetzt werden.

10. a. $\text{Maximale Taktzeit} = \dfrac{8\ \text{Stunden} \times 3.600\ \text{Sekunden}}{720\ \text{Produkte}} = 40\ \text{Sekunden}$

   Gesamtbearbeitungszeit = 16+10+14+12+19+13+22+18 = 124 Sekunden

   Mindestanzahl an Stationen = 124/40 = 3,1 → 4 Stationen

b.

Station	Einplanbare Arbeitsgänge	Zugeordneter Arbeitsgang	Stations-bearbeitungszeit	Restzeit
1	A,E	A	16	24
	B,E	B	10	14
	C	C	14	0
2	D,E	E	19	21
	D,F	F	13	8
3	D,G	G	22	18
	D	D	12	6
4	H	H	18	22

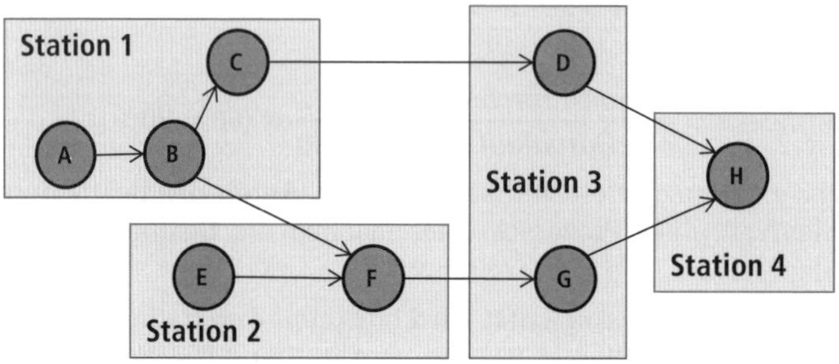

Durchlaufzeit = 40×4 = 160

Effizienz = 124/160 = 0,775 = 77,5%

Minimale Taktzeit = 40 Sekunden, da die Restzeit bei Station 1 0 Sekunden beträgt.

c.

Station	Einplanbare Arbeitsgänge	Zugeordneter Arbeitsgang	Stations-bearbeitungszeit	Restzeit
1	A,E	E	19	21
	A	A	16	5
2	B	B	10	30
	C,F	C	14	16
	D,F	F	13	3
3	D,G	G	22	18
	D	D	12	6
4	H	H	18	22

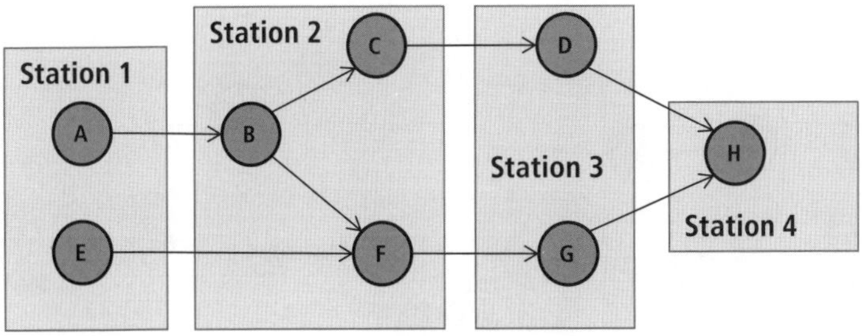

Durchlaufzeit = 4×40 = 160 Sekunden

Effizienz = 124/160 = 0,775 = 77,5%

Minimale Taktzeit = 37 Sekunden, da die Restzeit bei Station 2 3 Sekunden beträgt.

d. Beide Methoden führen zwar zu derselben Anzahl an Stationen, aus Sicht der Flexibilität ist jedoch das Ergebnis der Methode der längsten Bearbeitungszeiten besser, da bei diesem die Taktzeit auf 37 Sekunden verkürzt werden kann, was zu einem höheren Produktionsoutput führt.

11. a. $\text{Maximale Taktzeit} = \dfrac{11 \text{ Stunden} \times 3.600 \text{ Sekunden}}{360 \text{ Produkte}} = 110 \text{ Sekunden}$

Gesamtbearbeitungszeit = 72+37+40+35+20+38+36+42+41+25+40+73 = 499 Sekunden

Mindestanzahl an Stationen = 499/110 = 4,5 → 5 Stationen

b.

Station	Einplanbare Arbeitsgänge	Zugeordneter Arbeitsgang	Stationsbearbeitungszeit	Restzeit
1	A,F	A	72	38
	B,F	F	38	0
2	B,G,I	B	37	73
	C,D,G,I	G	36	37
	D	D	35	2
3	C,H,I	H	42	68
	C,I	I	41	27
	J	J	25	2
4	C	C	40	70
	E	E	20	50
	K	K	40	10
5	L	L	73	37

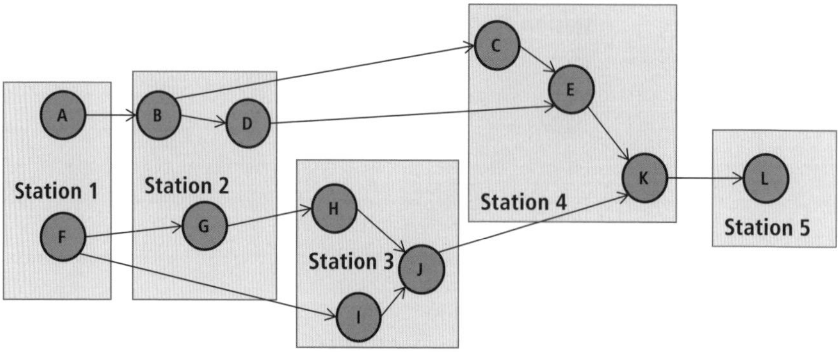

Durchlaufzeit = 5×110 =550 Sekunden

Effizienz = 499/550 = 0,9073 = 90,73%

Minimale Taktzeit = 110 Sekunden, da die Restzeit bei Station 1 0 Sekunden beträgt.

c.

Station	Einplanbare Arbeitsgänge	Zugeordneter Arbeitsgang	Stationsbearbeitungszeit	Restzeit
1	A,F	A	72	38
	B,F	F	38	0
2	B,G,I	I	41	69
	B,G	B	37	32
3	C,D,G	C	40	70
	D,G	G	36	34
4	D,H	H	42	68
	D,J	D	35	33
	E,J	J	25	8
5	E	E	20	90
	K	K	40	50
6	L	L	73	37

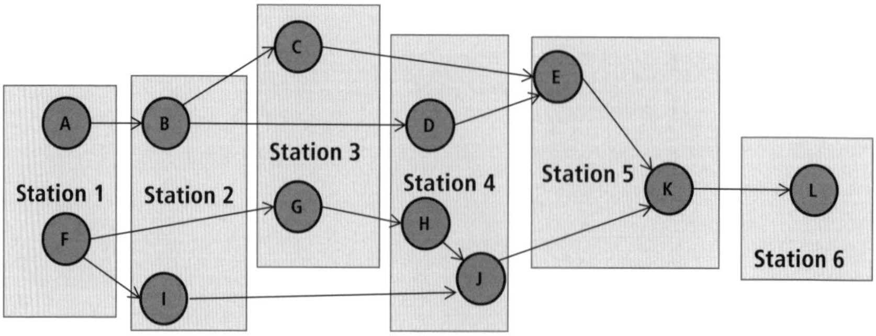

Durchlaufzeit = 6×110 = 660 Sekunden

Effizienz = 499/660 = 0,7561 = 75,61%

Minimale Taktzeit = 110 Sekunden, da die Restzeit bei Station 1 0 Sekunden beträgt.

d. Ein besseres Ergebnis kann mit der Methode der höchsten Anzahl der Nachfolger erreicht werden, da diese weniger Stationen zur Erreichung der vorgegebenen maximalen Taktzeit braucht. Aus Sicht der Flexibilität sind die beiden Ergebnisse gleich, da bei beiden Methoden Station 1 voll ausgelastet ist, deswegen kann die Taktzeit nicht verringert werden.

12. Generell führen Wartezeiten zu längeren Durchlaufzeiten und somit gemäß Gesetz von Little auch zu höheren Beständen. Des Weiteren können Wartezeiten die Kundenzufriedenheit reduzieren und somit mittel- und langfristig zu Umsatzrückgängen führen. Kurzfristig können Wartezeiten zu unmittelbaren Umsatzverlusten führen, wenn zum Beispiel ein Kunde zu lange in einem Geschäft warten muss, und dann das Geschäft wieder verlässt, ohne etwas gekauft zu haben, oder wenn aufgrund verspäteter Lieferungen Konventionalstrafen fällig werden.

13. Im Warteschlangenmodell werden die Schwankungen mittels Variationskoeffizienten berücksichtigt. Der Variationskoeffizient ist der Quotient aus Standardabweichung und Mittelwert, und hat den Vorteil gegenüber der Standardabweichung, dass er dimensionslos ist.

14. Die Wartezeit kann verkürzt werden durch
   - eine Verkürzung der mittleren Servicezeit,
   - eine Reduzierung der durchschnittlichen Auslastung oder
   - eine Reduzierung der Variabilität.

15. a. $T_s = 6$ Min. $\quad T_a = 9$ Min.

$$R_s = \frac{1}{T_s} = \frac{1}{6} \times 60 = 10 \text{ Kunden/Stunde}$$

$$R_a = \frac{1}{T_a} = \frac{1}{9} \times 60 = 6{,}67 \text{ Kunden/Stunde}$$

$$c = \frac{\sigma}{\mu} \rightarrow c_s = \frac{2}{6} = 0{,}333$$

$$\rightarrow c_s = \frac{6}{9} = 0{,}667$$

$$Auslastung: \rho = \frac{R_a}{R_s} = \frac{6{,}67}{10} = 0{,}667$$

$$T_w = T_s \times \frac{\rho}{1-\rho} \times \frac{c_s^2 + c_a^2}{2} = 6 \times \frac{0{,}667}{1-0{,}667} \times \frac{0{,}333^2 + 0{,}667^2}{2} = 6 \times 2 \times 0{,}28$$

$$= 3{,}33 \text{ Min.}$$

Ein Kunde wartet durchschnittlich 3,33 Minuten.

b. $T = T_s + T_w = 6 + 3{,}33 = 9{,}33$ Min.

Insgesamt ist ein Kunde durchschnittlich 9,33 Minuten am Telefon.

16. a. Anzahl der Kunden pro Stunde:

$$R_a = \frac{400}{7 \times 6} = 9{,}52 \text{ Kunden/Stunde}$$

b. Servicerate:

$$R_s = \frac{1}{T_s} = \frac{1}{4} = 0{,}25 \text{ Kunden/Minute} = 15 \text{ Kunden/Stunde}$$

Pro Stunde können durchschnittlich an 15 Kunden Schlittschuhe ausgegeben werden.

c. Durchschnittliche Auslastung:

$$\rho = \frac{R_a}{R_s} = \frac{9{,}52}{15} = 0{,}635 = 63{,}5\%$$

d. $c_s = \frac{\sigma}{\mu} = \frac{3}{4} = 0{,}75$

$c_a = 1$

$$T_w = T_s \times \frac{\rho}{1-\rho} \times \frac{c_a^2 + c_s^2}{2} = 4 \times \frac{0{,}635}{0{,}365} \times \frac{1^2 + 0{,}75^2}{2} =$$

$$= 4 \times 1{,}7397 \times 0{,}7813 = 5{,}437 \text{ Minuten}$$

Kunden warten durchschnittlich 5,437 Minuten.

e. $T = T_w + T_s = 5{,}437 + 4 = 9{,}437$ Minuten

Insgesamt dauert es im Mittel 9,437 Minuten um ein Paar Schlittschuhe auszuborgen.

17. $c_s = \frac{\sigma}{\mu} = \frac{1{,}5}{6} = 0{,}25$

$$R_s = \frac{60}{T_s} = \frac{60}{6} = 10 \text{ Passagiere/Stunde}$$

$$\rho = \frac{R_a}{R_s} = \frac{8}{10} = 0{,}8$$

$$T_w = T_s \times \frac{\rho}{1-\rho} \times \frac{c_a^2 + c_s^2}{2} = 6 \times \frac{0{,}8}{0{,}2} \times \frac{0{,}85^2 + 0{,}25^2}{2}$$

$$= 6 \times 4 \times 0{,}3925 = 9{,}42 \text{ Minuten}$$

Durchschnittlich wartet ein Passagier 9,42 Minuten, bis er sein Gepäck aufgeben kann und die Bordkarte erhält.

18. Eine steigende Auslastung führt zu einer exponentiell steigenden Durchlaufzeit.

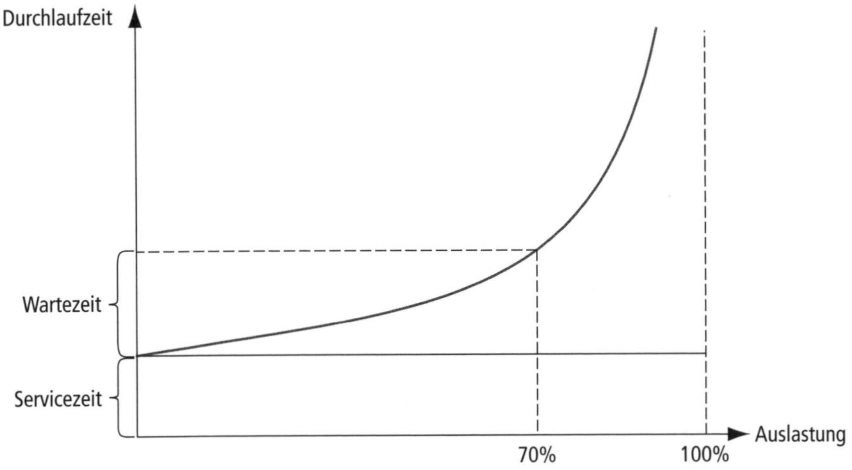

19. Unter Qualität versteht man die Gesamtheit von Eigenschaften und Merkmalen eines Produkts oder eines Prozesses, bezogen auf deren Eignung zur Erfüllung vorgegebener Erfordernisse, und zwar aus der Sicht des Kunden und im Vergleich zur Qualität der Mitbewerber.

20. – **Prozessorientierte Organisation**

    Um den Kundenanforderungen bestmöglich gerecht zu werden, wird die Leistungserstellung in Form von kundenorientierten Prozessen gestaltet.

    – **Integrierte Qualitätskontrolle**

    Die Mitarbeiter sind nicht nur für die Aufgabendurchführung verantwortlich, sondern auch für die Ergebniskontrolle. Durch abwechslungsreichere Tätigkeiten (Job Enlargement) und höhere Verantwortung (Job Enrichment) kann die Mitarbeitermotivation gesteigert werden, was Fehlerraten senken kann.

    – **Präventives Qualitätsmanagement**

    Im Zentrum steht die aktive Gestaltung von Qualität bei der Entwicklung von Produkten und Prozessen, und nicht die Reaktion auf fehlerhafte Produkte im Rahmen der Qualitätskontrolle.

    – **Prinzip des internen Kunden**

    Jeder Mitarbeiter betrachtet den Nachfolger im Leistungserstellungsprozess wie einen „wirklichen" Kunden.

21. Im Rahmen von QFD werden Teams aus Personen der Marketing-, Produktions-, Einkaufs- und Entwicklungsabteilung gebildet. Diese Teams leiten aus den Kundenanforderungen in einem vierstufigen Verfahren (1) konkrete Produkteigenschaften, (2) die Eigenschaften der Komponenten, (3) die Prozesseigenschaften sowie (4) die Produktions- und Prozessplanung ab. Insgesamt soll durch diese Vorgehensweise sichergestellt werden, dass sich sowohl die Produkteigenschaften als auch die Prozesse an den relevanten Kundenanforderungen orientieren.

22. a. Gewöhnliche, zufällige Schwankungen sind Abweichungen, die durch nicht beeinflussbare externe Störungen entstehen (z.B. Schwankungen beim Vormaterial). Diese Schwankungen sind eher unauffällig. Zuordenbare Schwankungen können einer bestimmten Ursache zugeordnet werden und haben ein größeres Ausmaß als die gewöhnliche Schwankung. Bei Vorliegen einer größeren Abweichung kann davon ausgegangen werden, dass eine zuordenbare Ursache für die Abweichung vorliegt. Der Prozess wird umgehend gestoppt, um die Ursache zu finden und zu beseitigen, noch bevor eine große Anzahl fehlerhafter Produkte produziert wird.

b.

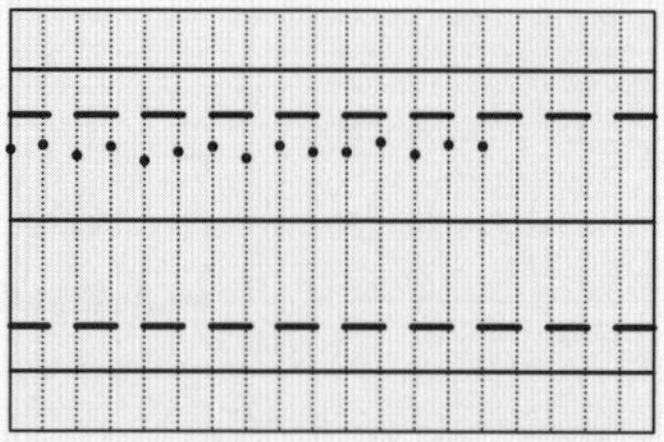

Bei diesem Verlauf ist der Prozess zwar unter Kontrolle, allerdings ist erkennbar, dass der Prozessmittelwert stark vom Sollwert abweicht. Dafür müsste eine zuordenbare Ursache vorliegen (z.B. Maschineneinstellung).

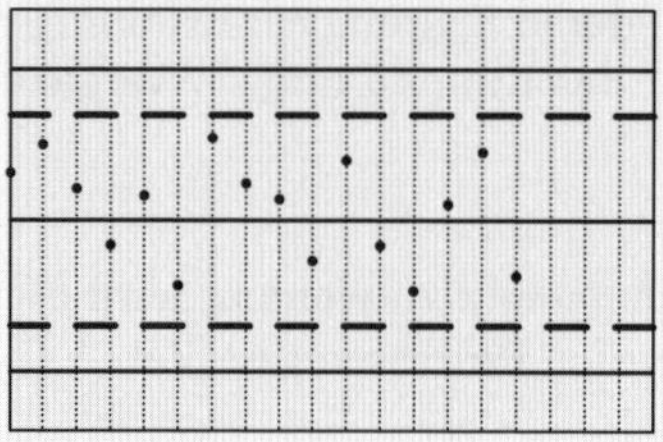

In diesem Fall streuen die Stichproben gleichmäßig um den Sollwert. Es handelt sich also um gewöhnliche, zufällige Schwankung. Der Prozess ist unter Kontrolle, allerdings könnte hier eine Reduktion der Streuung angestrebt werden (Prozessfähigkeit).

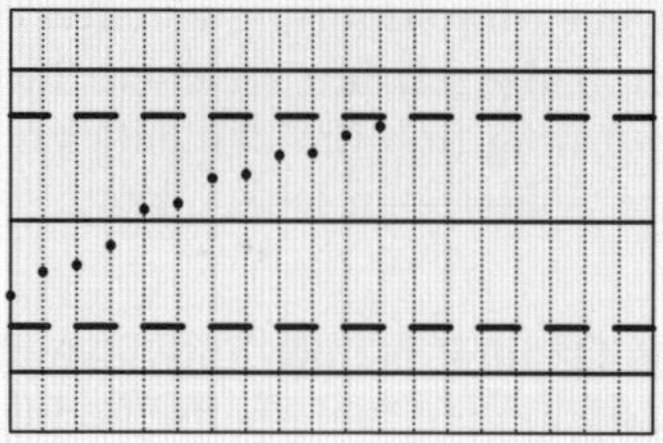

Bei diesem Verlauf ist der Prozess laut Definition unter Kontrolle, allerdings ist ein eindeutiger Trend zu beobachten, aus dem zu schließen ist, dass hier eine zuordenbare Ursache vorliegt (z.B. gleichmäßiger Werkzeugverschleiß).

23. Spezifikations- oder Toleranzgrenzen, also jene Grenzen, die vom Kunden oder der internen Design-Abteilung vorgegeben werden, spielen für die Qualitätsregelkarte keine Rolle. Bei der Qualitätsregelkarte wird nur der Prozess selbst betrachtet. Die Kontrollgrenzen werden aus den aktuellen Prozessdaten berechnet und dienen zur Feststellung, ob eine gewöhnliche Schwankung vorliegt (Prozess ist „unter Kontrolle") oder ob eine zuordenbare Schwankung vorliegt (Prozess wird gestoppt).

24. a. $\text{OKG} = \overline{\overline{x}} + \frac{3\sigma}{\sqrt{n}} = 31{,}05 + \frac{3 \times 0{,}142}{\sqrt{5}} = 31{,}241 \text{ mm}$

$\text{UKG} = \overline{\overline{x}} - \frac{3\sigma}{\sqrt{n}} = 31{,}05 - \frac{3 \times 0{,}142}{\sqrt{5}} = 30{,}859 \text{ mm}$

b. Der Stichprobenmittelwert von 31,21 mm ist innerhalb der Kontrollgrenzen. Prozess ist unter Kontrolle und kann weiterlaufen.

c. Der Stichprobenmittelwert von 30,75 mm liegt unterhalb der unteren Kontrollgrenze. Der Prozess muss sofort gestoppt werden.

d. $OSG = 31 + 0{,}2 = 31{,}2$

$USG = 31 - 0{,}2 = 30{,}8$

$$c_{pk} = \frac{Min\{OSG - \overline{\overline{x}} \;,\; \overline{\overline{x}} - USG\}}{3\sigma}$$

$$= \frac{Min\{31{,}2 - 31{,}05 \;;\; 31{,}05 - 30{,}8\}}{3 \times 0{,}142}$$

$$= \frac{0{,}15}{0{,}426} = 0{,}352 < 1 \rightarrow \text{Prozess nicht fähig!}$$

25. Der Prozessfähigkeitsindex sagt aus, inwiefern ein Prozess in der Lage ist, Teile zu produzieren, die den vorgegebenen Spezifikationen entsprechen.

26. Die Prozessfähigkeit kann verbessert werden durch

- die Verbesserung der Prozesslage, also die Annäherung des Prozessmittelwertes an den Zielwert (Sollwert) und
- die Reduktion der Prozessstreuung, also die Senkung der Prozessstandardabweichung.

27. a. $OSG = 24 + 0{,}25 = 24{,}25$

$USG = 24 - 0{,}25 = 23{,}75$

$$c_{pk} = \frac{Min\{OSG - \overline{\overline{x}} \;,\; \overline{\overline{x}} - USG\}}{3\sigma}$$

$$= \frac{Min\{24{,}25 - 24{,}1 \;;\; 24{,}1 - 23{,}75\}}{3 \times 0{,}194}$$

$$= \frac{0{,}15}{0{,}582} = 0{,}26 < 1 \rightarrow \text{Prozess nicht fähig!}$$

b. $$c_{pk} = \frac{Min\{OSG - \overline{\overline{x}} \;,\; \overline{\overline{x}} - USG\}}{3\sigma}$$

$$= \frac{Min\{24{,}25 - 24{,}0 \;;\; 24{,}0 - 23{,}75\}}{3 \times 0{,}194}$$

$$= \frac{0{,}25}{0{,}582} = 0{,}43 < 1 \rightarrow \text{Prozess weiterhin nicht fähig!}$$

c. $$1=\frac{Min\{24{,}25-24{,}0\ ;\ 24{,}0-23{,}75\}}{3\sigma}$$

$$1=\frac{0{,}25}{3\sigma}$$

$$\sigma=\frac{0{,}25}{3}=0{,}0833$$

Damit der Prozess fähig ist, dürfte die Prozessstandardabweichung nicht höher als 0,0833 sein (für den Fall, dass der Prozessmittelwert dem Sollwert entspricht).

28. Das Pareto-Diagramm stellt die Fehler, aufgrund derer ein Teil als Ausschuss deklariert wird, nach deren Bedeutung (Häufigkeit) in einer einfachen Rangordnung dar. Dafür werden alle Ausschuss-Teile gesammelt und hinsichtlich der Fehler analysiert. Anschließend werden die prozentuellen Anteile der jeweiligen Fehler an der Gesamtfehleranzahl berechnet, absteigend geordnet und in einem Balkendiagramm dargestellt.

29. Im Rahmen der Erstellung von Ishikawa-Diagrammen wird in Teams versucht, Fehlerursachen zu identifizieren und diese übersichtlich darzustellen. Aufgrund ihrer Gestalt werden diese Diagramme auch Fischgräten-Diagramme genannt. Ziel ist es, für einen bestimmten Fehler alle möglichen Ursachen zu finden. Üblicherweise werden die Ursachen in vier Hauptgruppen eingeteilt, nämlich Material, Maschine, Methode und Mensch.

30. Die eine Strategie ist die absatzsynchrone Produktion (Chase Strategy), bei der in jeder Periode so viel produziert wird, wie laut Absatzplan verkauft werden kann. Die andere Strategie ist die emanzipierte Produktion (Level Strategy), bei der in jeder Periode gleich viel produziert wird und auch der Personalstand konstant bleibt. Die Schwankungen der Absatzmengen werden durch Lageraufbau und -abbau ausgeglichen.

31. a. Bei der absatzsynchronen Produktion (Chase Strategy) wird in jedem Monat genau so viel produziert, wie laut Absatzplan verkauft werden kann.

Monat:	1	2	3	4	5	6
Prognostizierter Absatz von X	250	300	340	280	250	200
Produktionsmenge X	250	300	340	280	250	200

b. Bei der emanzipierten Produktion (Level Strategy) wird in jeder Periode gleich viel produziert. Die Schwankungen der Absatzmengen werden durch ein Lager ausgeglichen. In diesem Beispiel beträgt die konstante Produktionsmenge 270 Stück (1620/6).

Monat:	1	2	3	4	5	6
Prognostizierter Absatz von X	250	300	340	280	250	200
Produktionsmenge X	270	270	270	270	270	270
Lagerstand am Ende der Periode	+20	-10	-80	-90	-70	0

c. Am Verlauf des Lagerbestandes bei der emanzipierten Produktion (b) kann man erkennen, dass es in drei Perioden zu Fehlmengen kommt, dass also die produzierte Menge wahrscheinlich nicht ausreicht um die prognostizierte Nachfrage zu befriedigen. Bei der absatzsynchronen Produktion (a) ist fraglich, ob die Kapazität für jede Periode flexibel angepasst werden kann (Überstunden, Leasingpersonal). Welche Strategie letztlich gewählt werden soll, bzw. in welcher Form die Strategien kombiniert werden sollen, hängt von den Kosten und dem gewünschten Lieferservice ab.

32. FCFS-Regel – die Aufträge werden nach der Reihenfolge ihres Eintreffens verarbeitet

SPT-Regel – die Verarbeitung der Aufträge erfolgt auf Basis ihrer Produktionszeit, wobei der Auftrag mit der kürzesten Produktionszeit als erster bearbeitet wird

EDD-Regel – die Aufträge werden aufsteigend nach dem Fälligkeitstermin bearbeitet

Schlupfzeit-Regel – die Aufträge werden nach der Schlupfzeit geregelt. Die Schlupfzeit ist die Differenz zwischen Fälligkeitstermin und der Produktionszeit. Der Auftrag mit der niedrigsten Schlupfzeit wird als erster bearbeitet.

33. a.

Auftrag	Durchlaufzeit	Verspätung
A	0+8=8	0
B	8+6=14	7
C	14+5=19	3
D	19+3=22	7
Summe	63	17
Durchschnitt	15,75	4,25

b.

SPT-Regel

Auftrag	Durchlaufzeit	Verspätung
D	0+3=3	0
C	3+5=8	0
B	8+6=14	7
A	14+8=22	8
Summe	47	15
Durchschnitt	11,75	3,75

EDD-Regel

Auftrag	Durchlaufzeit	Verspätung
B	0+6=6	0
A	6+8=14	0
D	14+3=17	2
C	17+5=22	6
Summe	59	8
Durchschnitt	14,75	2

Schlupfzeit-Regel

Auftrag	Schlupfzeit	Durchlaufzeit	Verspätung
B	7-6=1	0+6=6	0
A	14-8=6	6+8=14	0
C	16-5=11	14+5=19	3
D	15-3=12	19+3=22	7
Summe		61	10
Durchschnitt		15,25	2,5

c. Die Gerecht KG sollte die Aufträge nach der EDD-Regel reihen, da bei dieser Regel die minimale durchschnittliche Verspätung von 2 Tagen erreicht wird.

34. a. FCFS-Regel

Auftrag	Durchlaufzeit	Verspätung
A	0+11=11	0
B	11+2=13	0
C	13+5=18	0
D	18+20=38	12
E	38+10=48	27
F	48+15=63	20
Summe	191	59
Durchschnitt	31,83	9,83

b. SPT-Regel

Auftrag	Durchlaufzeit	Verspätung
B	0+2=2	0
C	2+5=7	0
E	7+10=17	0
A	17+11=28	15
F	28+15=43	0
D	43+20=63	37
Summe	160	52
Durchschnitt	26,67	8,67

c. EDD-Regel

Auftrag	Durchlaufzeit	Verspätung
A	0+11=11	0
E	11+10=21	0
B	21+2=23	0
D	23+20=43	17
F	43+15=58	15
C	58+5=63	4
Summe	219	36
Durchschnitt	36,5	6

d. Schlupfzeit-Regel

Auftrag	Schlupfzeit	Durchlaufzeit	Verspätung
A	13-11=2	0+11=11	0
D	26-20=6	11+20=31	5
E	21-10=11	31+10=41	20
B	23-2=21	41+2=43	20
F	43-15=28	43+15=58	15
C	59-5=54	58+5=63	4
Summe		247	64
Durchschnitt		41,17	10,67

e. Das Unternehmen soll die SPT-Regel anwenden, da diese die niedrigste durchschnittliche Durchlaufzeit von 26,67 Tagen aufweist.

f. Das Unternehmen soll die EDD-Regel anwenden, da diese die niedrigste durchschnittliche Verspätung von 6 Tagen aufweist.

g. Das Unternehmen soll die SPT-Regel anwenden, da bei dieser nur 2 Aufträge verspätet sind.

35. Die Personaleinsatzplanung stellt eine Aufgabe des operativen Produktionsmanagements dar, bei dem der Einsatz der Mitarbeiter kurzfristig geplant werden soll. Sie wird meistens im Dienstleistungsbereich angewendet.

36.

Tag	Montag	Dienstag	Mittwoch	Donnerstag	Freitag	Samstag	Sonntag
Personalbedarf	3	4	5	3	3	2	1
Mitarbeiter 1	3	4	5	3	3	2	1
Mitarbeiter 2	2	3	4	2	2	2	1
Mitarbeiter 3	1	2	3	1	1	2	1
Mitarbeiter 4	0	1	2	1	1	1	0
Mitarbeiter 5	0	0	1	0	0	0	0

37.

Tag	Montag	Dienstag	Mittwoch	Donnerstag	Freitag	Samstag	Sonntag
Personalbedarf	4	6	3	4	9	6	4
Mitarbeiter 1	4	6	3	4	9	6	4
Mitarbeiter 2	4	6	3	3	8	5	3
Mitarbeiter 3	3	6	3	3	7	4	2
Mitarbeiter 4	3	5	2	2	6	4	2
Mitarbeiter 5	2	5	2	2	5	3	1
Mitarbeiter 6	2	4	1	1	4	3	1
Mitarbeiter 7	1	4	1	1	3	2	0
Mitarbeiter 8	1	3	0	0	2	2	0
Mitarbeiter 9	0	2	0	0	2	1	0
Mitarbeiter 10	0	1	0	0	1	1	0
Mitarbeiter 11	0	1	0	0	0	0	0

38.

Uhr	10	11	12	13	14	15	16	17	18	19	20	21	22	23
Personalbedarf	3	4	5	5	3	4	1	2	6	5	5	3	3	2
Neue Mitarbeiter	3	1	1	0	0	0	0	1	5	0	0	0	0	0
Mitarbeiter im Dienst	3	4	5	5	5	5	2	2	6	6	6	6	6	5

39.

Uhr	04	05	06	07	08	09	10	11	12	13	14	15	16	17	18	19	20	21	22	23
Personalbedarf	3	8	12	17	15	11	8	8	8	10	13	15	16	16	15	12	8	9	5	2
Neue Mitarbeiter	3	5	4	5	1	1	1	5	1	3	4	7	2	3	3	4	0	2	0	0
Mitarbeiter im Dienst	3	8	12	17	15	11	8	8	8	10	13	15	16	16	15	12	10	9	6	2

TEIL IV

Logistik

Sebastian Kummer

17 Entwicklung der Logistik

Der Begriff Logistik (englisch: Logistics oder Business Logistics; französisch: logistique d'entreprise) kann etymologisch wie folgt abgeleitet werden:

- vom griechischen „lego“ (denken, denkbar) bzw. „logizomai“ (berechnen; überlegen) und „logos“ (Vernunft) oder vom lateinischen „logica“ (Vernunft)
- vom französischen „logement“ (Unterbringung), das von dem lateinischen Wort für „Miete“ abstammt; damit verwandt ist im deutschen Sprachraum das Wort „logieren“.

Der Ursprung der Logistik liegt im militärischen Bereich. Nach Ende des Zweiten Weltkrieges wurden die Logistikerkenntnisse auf den Bereich der Wirtschaft übertragen, wobei die Automobilindustrie eine Vorreiterrolle hatte. Inzwischen hat sich die Logistik jedoch in allen Branchen etabliert. Die **Entwicklung der Logistik** in Europa kann wie folgt skizziert werden:

- In den 70er Jahren betrachteten viele Unternehmen Logistik als notwendiges Übel. Der Stellenwert der entsprechende Abteilungen in der betrieblichen Hierarchie und das Qualifikationsniveau der Mitarbeiter war dementsprechend niedrig
- In den 80er Jahren wurde die Logistik als Rationalisierungsaufgabe aufgefasst. Die Unternehmen entdeckten, dass insbesondere in Lager und Transportaktivitäten große Rationalisierungspotentiale steckten.
- In den 90er Jahren stand die Erzielung von Wettbewerbsvorteilen im Vordergrund. Unternehmen, die die steigenden Kundenanforderungen besser als ihre Wettbewerber bedienten, konnten sich Wettbewerbsvorteile verschaffen.
- Heute ist Logistik einer der zentralen Unternehmensprozesse.

Wichtige Gründe für die zunehmende Bedeutung der Logistik sind die sinkenden Fertigungstiefen sowie die Globalisierung. Die Logistik war in den vergangenen Jahren in der Lage, den globalen Güteraustausch kostengünstig zu gestalten. Allerdings wird allgemein erwartet, dass die Logistikkosten in Zukunft stärker ansteigen. Ein Grund hierfür sind die immer strenger werdenden Umweltauflagen sowie die Internalisierung externer Kosten, z.B. durch LKW-Mauten. Nicht nur aus diesem Grund sondern auch im Rahmen von Corporate Social Responsibility Initiativen gewinnt die „Grüne Logistik“ immer mehr an Bedeutung.

In Theorie und Praxis wird eine Vielzahl unterschiedlicher Logistikbegriffe verwendet. Im Wesentlichen kann Logistik aus drei Sichtweisen betrachtet werden:

- Logistik als material- und warenflussbezogene Dienstleistungsfunktion (Funktionale Sichtweise)
- Logistik als Koordinationsfunktion
- Logistik als flussorientierte Führung des Unternehmens

Insgesamt wird deutlich: Logistik ist mehr als nur Transportieren und Lagern. Sehr plakativ wird das Ziel der Logistik auch durch sieben Rs der Logistik beschrieben, die besagen, dass die richtige Ware zur richtigen Zeit, am richtigen Ort, in der richtigen Menge, in der richtigen Qualität beim richtigen Kunden und zu den richtigen Kosten ankommt.

Eine Erweiterung des Logistikbegriffs ist das Supply Chain. Unter einer **Supply Chain** versteht man alle Flüsse von Material, Informationen und Geld entlang eines Netzwerks von Unternehmen (engl. supply net, meist mit „Wertschöpfungsnetzwerk“ übersetzt), die an der Entwicklung, Erstellung und Lieferung eines bestimmten Produktes oder einer Dienstleistung beteiligt sind. Die Supply Chain erstreckt sich – im Idealfall – dabei über alle Produktionsstufen vom Rohstofflieferanten bis zum Endkunden.

Folgende Fragen/Entscheidungstatbestände werden im Rahmen dieses Kapitels behandelt:

- Was ist der Ausgangspunkt der Logistik?
- Wie hat sich die Logistik entwickelt?
- Wie erfolgt die institutionelle Abgrenzung der Logistik?
- Was sind die Sichtweisen der Logistik?

Fragen

17.1 Historische Entwicklung der Logistik

1. Definieren Sie den Begriff Logistik.
2. Wo liegen die Ursprünge der Logistik?
3. Wann und wofür wurden die Verfahren des Operations Research zum ersten Mal in der Logistik eingesetzt?
4. Nennen Sie die wesentlichen Entwicklungsschritte der Logistik in Europa seit den 70er Jahren und charakterisieren Sie diese kurz.
5. Wählen Sie aus den sieben folgenden Ausprägungsformen der Logistik jene vier aus, die für das Verständnis der Logistik in jeweils einem der genannten Jahrzehnte charakteristisch sind und ordnen Sie richtig zu.

	Logistik als Rationalisierungspotential
	Logistik als Versorgungsfunktion
70er	Logistik als Materialfunktion
80er	Logistik als zentraler Unternehmensprozess
90er	Logistik als Wettbewerbsvorteil
2000 ff	Logistik als Operations Research
	Logistik als notwendiges Übel

6. Was waren die Auswirkungen der Tatsache, dass Logistik in den 70er Jahren als notwendiges Übel betrachtet wurde?
7. ⋆ Warum können durch Logistik Wettbewerbsvorteile erzielt und auch relativ lange verteidigt werden?

17.2 Entwicklungstendenzen der Logistik

8. Was waren die Gründe für sinkende Logistikkosten in der Vergangenheit? Warum werden für die Zukunft steigende Logistikkosten erwartet?
9. Nennen Sie Beispiele für „Grüne Logistik“ Initiativen!

17.3 Institutionelle Abgrenzung der Logistik

10. Was ist der Unterschied zwischen Makro- Mikro- und Metalogistik?
11. Nennen Sie sechs Teilgebiete der Mikrologistik.

17.4 Sichtweisen der Logistik

12. Beschreiben Sie die Logistik als material- und warenflussbezogene Dienstleistungsfunktion (funktionale Sichtweise).
13. Was sind die wesentlichen Merkmale der Logistik als Koordinationsfunktion?
14. Welche Ziele beschreibt die **„7-R"-Regel** der Logistik?
15. ⋆ Welche Veränderung der Kontextfaktoren hat die Entwicklung der Logistik als flussorientierte Führung des Unternehmens begünstigt?
16. Definieren Sie den Begriff Supply Chain Management.

17.5 Quantitative Logistik: Operations Research-Modelle

17. Was sind die Charakteristika von Operations Research Modellen?
18. Was sind die wichtigsten Verfahren zur Lösung von Operations Research-Problemen in der Logistik?

Lösungen

1. Der Begriff Logistik hat zwei sprachliche (etymologische) Wurzeln:
   - zum einen liegt die sprachliche Wurzel in den verwandten Wörtern „lego“ (griechisch für denken), „logizomai“ (griechisch für berechnen; überlegen) und „logos“ (griechisch für Vernunft) sowie in dem lateinischen Wort „logica“ (Vernunft),
   - zum zweiten in dem französischen Wort „logement“ (Unterbringung), das von dem lateinischen Wort für „Miete“ abstammt. Damit verwandt ist im deutschen Sprachraum das Wort „logieren“.
2. Die Ursprünge der Logistik liegen im militärischen Bereich. Die älteste überlieferte Definition der Logistik ist im Werk Summarische Auseinandersetzung der Kriegskunst des byzantinischen Kaisers Leontos VI (886 bis 911) zu finden. Für Leontos ist die Logistik die umfassende Unterstützung des Heeres und nach der Taktik und der Strategie die dritte Kriegskunst.
3. Die US-amerikanischen Truppen bildeten im zweiten Weltkrieg Projektteams, die sich mit logistischen Fragestellungen befassten. Von diesen wurden insbesondere wichtige Ansätze für das Operations Research (deutsch: Unternehmensrechnung, früher: Unternehmensforschung) entwickelt.
4. Die Wurzeln der Logistik in Europa liegen zeitlich gesehen in den 70er Jahren wobei die Automobilindustrie eine Vorreiterrolle hatte. Der Schwerpunkt der Logistikentwicklung wurde in dieser Zeit durch Ingenieure getragen, die dabei primär die Materialflusstechnik-Entwicklung (z.B. Hochregallagertechnik, fahrerlose Transportsysteme, Kommissioniertechnik usw.) vorantrieben. In den 70er Jahren wurde die Logistik noch von den meisten Unternehmen als notwendiges Übel angesehen. Den Logistikbereichen wurde kaum Beachtung geschenkt. Mit zunehmendem Rationalisierungsdruck rückten in den 80er Jahren die logistischen Bereiche in den Blickpunkt. Die Unternehmen entdeckten, dass hier riesige Rationalisierungspotenziale schlummerten. Bestandssenkungsprogramme und die Errichtung automatisierter Lagerhäuser sind Beispiele für Rationalisierungsmaßnahmen. Mit steigenden Kundenanforderungen und der Suche nach Differenzierungsmöglichkeiten gegenüber den Wettbewerbern rückte in den 90er Jahren die Erzielung von Wettbewerbsvorteilen durch die Logistik in den Vordergrund. In jüngster Zeit zeigt sich immer mehr, dass die Logistik einer der zentralen Unternehmensprozesse ist.
5.

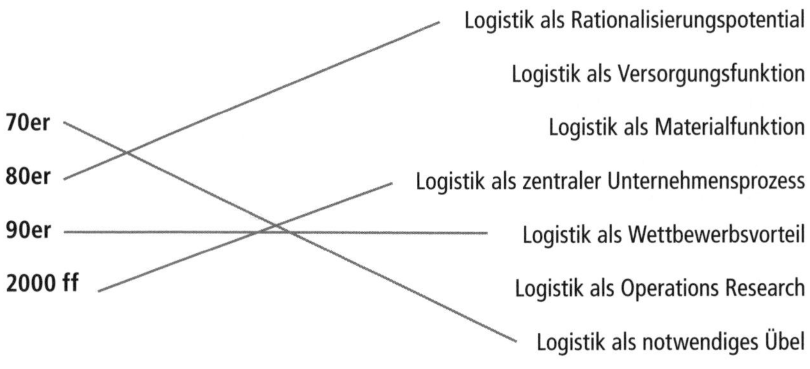

6. Dadurch, dass Logistik in den 70er Jahren vielfach als notwendiges Übel betrachtet wurde, wurde den Bereichen Versand, Lagerung und Fuhrpark kaum Beachtung geschenkt. Dabei wurde der Logistikbereich häufig als „Abschiebebahnhof“ für nicht mehr leistungsfähige Mitarbeiter und Manager aus anderen Bereichen betrachtet. Das niedrige Qualifikationsniveau, das sich zum Teil auch heute noch in diesen Bereichen findet, ist eine Konsequenz dieser Auffassung.
7. Unternehmen wie IKEA und Dell haben gezeigt, dass man durch Logistik sehr gut Wettbewerbsvorteile erzielen und diese auch relativ lange verteidigen kann. Das liegt daran, dass im Gegensatz zu Produkt-Innovationen, welche Wettbewerber durch Nachbau oder Umgehungsentwicklungen relativ leicht kopieren können, innovative Logistikprozesse durch Wettbewerber schwer zu imitieren sind. Diese sind für Konkurrenten nur bedingt sichtbar und in jedem Unternehmen unterschiedlich ausgestaltet. Außerdem sind Logistik-Innovationen häufig stark mit der Unternehmenskultur und mit implizitem Wissen der Mitarbeiter verknüpft. Diese lassen sich schlechter kopieren.
8. Gründe für sinkende Logistikkosten in der Vergangenheit waren:
   - Deregulierung der Transportmärkte,
   - die Produktivitätssteigerungen bei den Transportmitteln
   - durch den verstärkten Einsatz von Containern sowie
   - die allgemeine Professionalitätssteigerung im Bereich des Logistikmanagements

   Aufgrund der zu erwartenden steigenden Treibstoffpreise, der zunehmenden Bemautung von Verkehrsinfrastrukturen und der nur noch in geringem Maße zu erwartenden Produktivitätssteigerungen könnten die Logistikkosten in Zukunft eher ansteigen.
9. Nennen Sie Beispiele für „Grüne Logistik“ Initiativen

   Es gibt „Grüne Logistik“ Initiativen sowohl bei Logistikdienstleistern als auch bei Industrie- und Handelsunternehmen. Beispiele sind:
   - Die Deutsche Post DHL ermöglicht es ihren Kunden durch ihre Initiative GOGREEN, die mit ihren Sendungen verbundenen CO2-Emissionen auszugleichen und damit ausgewählte Klimaschutzprojekte zu unterstützen.
   - Die MARS Green Order Initiative misst mit Hilfe einer einfachen und pragmatischen Methode den CO2 Ausstoß in der Lieferkette und lädt die Partner zur Kooperation bei der Optimierung der Prozesse ein.
10. Systeme der Makrologistik betreffen gesamtwirtschaftliche Zusammenhänge (z.B. das Güterverkehrssystem einer Volkswirtschaft oder hoheitliche Aufgaben der Geldversorgung des gesamten Währungsgebietes). Mikrologistische Systeme dagegen beschäftigen sich mit einzelwirtschaftlichen Sachverhalten (z.B. der Fuhrpark eines Unternehmens) und betreffen somit nur eine einzelne Organisation. Metalogistische Systeme sind im Gegensatz dazu interorganisationale Systeme, die über die rechtlichen Grenzen einer einzelnen Organisation hinausgehen und die Kooperation mehrerer Organisationen (Institutionen) im Güterfluss beinhalten.

11. Wesentliche Teilgebiete der Mikrologistik sind:
    - die Militärlogistik,
    - die Handelslogistik,
    - die Industrielogistik,
    - die Dienstleistungslogistik (z.B.: Krankenhauslogistik oder Bankenlogistik),
    - die Logistikdienstleistung sowie
    - die Logistik sonstiger Institutionen.
12. Logistik als material- und warenflussbezogene Dienstleistungsfunktion (Funktionale Sichtweise) sieht die Logistik als eine unternehmerische Funktion, in deren Aufgabenbereich alle Transport-, Lager- und Umschlagsvorgänge in und zwischen Unternehmen fallen. Darüber hinaus können auch noch weitere logistische Dienstleistungen wie Verpacken, Kommissionieren, Etikettieren oder Palettieren, deren Management ebenfalls von Bedeutung ist, betrachtet werden. Das Wesen dieser Sichtweise zeichnet sich durch das Management dieser Logistikleistungen aus. Logistik bedeutet in diesem Sinne eine neue Funktionsspezialisierung, die mit entsprechenden Effizienzvorteilen verbunden ist.
13. Die Logistik als Koordinationsfunktion kann als Weiterentwicklung der Funktionsspezialisierung betrachtet werden. Nach der vollzogenen Rationalisierung in den einzelnen betrieblichen Funktionsbereichen sind weitere Spezialisierungsgewinne nur durch die Beeinflussung von Struktur und die Höhe des Bedarfs an material- und güterflussbezogenen Dienstleistungen möglich. Dadurch erweitert sich der Fokus der Betrachtung von der Effizienz einzelner betrieblicher Funktionen auf die Effektivität unternehmensbereichsübergreifender und unternehmensübergreifender Prozessketten. Der Koordinationsgedanke macht schließlich nicht an den Unternehmensgrenzen halt. Problemstellung wie Nutzen einer quellen- und senkenbezogenen Abstimmung sind grundsätzlich unabhängig von der Zugehörigkeit zu einem oder mehreren Unternehmen. Eine bildliche Definition für die Logistik als Koordinationsfunktion gibt Haldimann: Logistik ist das Schaffen von Rendezvous.
14. Die sieben Ziele der „7-R"-Regel der Logistik sind, dass
    - die richtigen Materialien und Waren,
    - zur richtigen Zeit,
    - am richtigen Ort,
    - in der richtigen Menge,
    - in der richtigen Qualität,
    - beim richtigen Kunden,
    - zu den richtigen Kosten

    ankommt.

15. Die Logistik als flussorientierte Führung geht einher mit der Veränderung zweier wichtiger Kontextfaktoren.
    - Die **Wettbewerbsintensität** auf den Märkten ist in den letzten Jahren stetig angestiegen. Durch die Vielzahl von Anbietern auf vielen Märkten müssen sich Unternehmen einerseits durch ihre Produkte bzw. Dienstleistungen von anderen Anbietern differenzieren. Außerdem ist es erforderlich, konsequent auf die Strategie der Kostensenkung zu setzen. Beide Strategien zu vereinbaren, ist mit traditionellen, auf Funktionsspezialisierung basierenden Geschäftssystemen nicht mehr zu bewältigen.
    - Die zweite wichtige Kontextfaktoränderung betrifft das **Vorhandensein des material- und warenflussbezogenen Know-hows** in allen Unternehmensbereichen. Die Spezialisierung der Logistik als material- und warenflussbezogene Dienstleistungsfunktion sowie die Übernahme von Koordinationsfunktionen hat zu einer Bedeutungserhöhung und einer besseren Sichtbarkeit der Logistik geführt. Das gestiegene material- und warenflussbezogene Know-how ermöglicht es, die den ersten beiden Phasen der Logistik zugrunde liegende Spezialisierung wieder zurückzuführen. Der in der Betriebswirtschaftslehre stark diskutierte Fokussierungswandel des Denkens in Strukturen zu einem Denken in Prozessen macht diese Respezialisierung geradezu unumgänglich.
16. Supply Chain Management ist eine
    - strategische, kooperationsorientierte und unternehmensübergreifende Managementkonzeption.
    - Die Planung und Steuerung des überwiegenden Teils der Aktivitäten erfolgt nachfrageorientiert (Pull-Prinzip).
    - Es wendet interorganisationale Koordinationsmechanismen mit dem Ziel der Integration aller Wertschöpfungsprozesse an.
17. Charakteristika von Operations Research Modellen sind:
    - Sie dienen der Entscheidungsvorbereitung.
    - Es wird systematisch nach einer optimalen Lösung gesucht.
    - Es werden mathematische Modelle verwendet.
18. Die wichtigsten Verfahren zur Lösung von OR-Problemen in der Logistik sind:
    - statische Programmierung (lineare Programmierung, nichtlineare Programmierung, ganzzahlige und gemischt-ganzzahlige Programmierung),
    - dynamische Programmierung,
    - Entscheidungsbaumverfahren,
    - Netzplantechnik,
    - Warteschlangenmodelle,
    - spieltheoretische Modelle,
    - Simulationen sowie
    - heuristische Verfahren.

18 Logistik als funktionale Spezialisierung

Während vor einigen Jahren hohe Lagerbestände für die sichere Zukunft eines Unternehmens standen, wird heute die Reduktion der Vorräte an Rohstoffen, Halbfertigfabrikaten und Fertigerzeugnissen als eine Erfolg versprechende Maßnahme angesehen. Das **Bestandsmanagement** beschäftigt sich mit der Betrachtung aller im Unternehmen vorhandenen Lagerbestände. Lagerbestände beeinflussen zusammen mit Forderungen und anderen Vermögensgegenständen das Umlaufvermögen eines Unternehmens und über den Kapitalumschlag auch den ROI. Instrumente des Bestandsmanagements sind die ABC-Analyse, die XYZ-Analyse, die Planung optimaler Bestellmengen und -häufigkeiten sowie ausgewählte Bestellpolitiken. Das Bestandscontrolling dient zur Steuerung, Bewertung und Kontrolle der Bestände und erfolgt in den meisten Unternehmen in einer vierstufigen Vorgehensweise: die Bestandsführung, die Bestandsrechnung (Soll-Ist-Vergleich), die Bestandsanalyse und die Bestandsanpassungsmaßnahmen.

Als Erweiterung der klassischen Lagerhaltungsmodelle bei sicheren Erwartungen berücksichtigt das Newsboymodell eine unsichere Nachfrage. Die optimalen Bestellmengen (q) werden durch

$$F_{(q)} = \frac{c_u}{c_u + c_c}$$

bestimmt, wobei c_u die Fehlermengenkosten und c_o die Überbestandskosten sind.

Unter **Lagerung** wird die gewollte, d.h. zielgerichtete, oder ungewollte Überbrückung der Zeitdisparitäten von Objektfaktoren verstanden. Die Prozesse der Lagerhaltung sind: Lagervorbereitung, Einlagerung, Lagerung, Auslagerung und Lagernachbereitung. Die Lagerhaltung erfüllt unterschiedliche Funktionen: Produktionsfunktion, Ausgleichsfunktion, Sicherungsfunktion, Spekulationsfunktion, Kostensenkungsfunktion, Sortierfunktion und Bereitstellungsfunktion. Lagerbewirtschaftungsstrategien betreffen die Lagerplatzauswahl und -vergabe sowie die Ein- und Auslagerungsstrategien. Die Materialflusstechnik hat in den letzten Jahren und Jahrzehnten erhebliche Fortschritte erreicht. Heute stehen zur prozessualen Abwicklung der Lagerungsfunktion sehr unterschiedliche technische Varianten und Möglichkeiten zur Verfügung.

Unter Transport wird die gewollte, d.h. zielgerichtete, oder ungewollte Überwindung der Raumdisparitäten von Objektfaktoren verstanden, wichtige Teilprozesse des Transports sind Transportvorbereitung, Beladung, Transportdurchführung, Entladung und Transportnachbereitung.

Beim Transport innerhalb von Betrieben (innerbetrieblicher Transport) werden als Fördermittel Unstetigförderer (z.B. Stapler, Kräne oder Regalbediengeräte) oder Stetigförderer (z.B. Rollenbahnen) eingesetzt.

Der Transport zwischen Betrieben oder zwischen Betrieben und anderen Einheiten (z.B. Endkunden) wird als außerbetrieblicher Transport bezeichnet. Hierzu können unterschiedliche Verkehrsträger, die spezifische Charakteristika aufweisen und sich daher für bestimmte Transportarten in besonderem Maße eignen, eingesetzt werden.

Seit den 40er und 50er Jahren ist im Rahmen der Unternehmensforschung (**Operations Research**) eine Vielzahl von Modellen entwickelt worden. Operations Research-Modelle dienen der Entscheidungsvorbereitung. Dabei wird mithilfe mathematischer Modelle nach einer optimalen Lösung gesucht. Um die Alternativen im Hinblick auf ihre Eignung zur Problemlösung vergleichbar zu machen, wird zunächst ein übergeordnetes Ziel gesetzt. Bei der Verwendung von mathematischen Modellen ist vor allem zu beachten, dass das zu lösende Realproblem in ein mathematisches Problem (Formalproblem) überführt werden muss. Bei dieser Überführung sollten beide möglichst übereinstimmen und zumindest eine Strukturgleichheit (Isomorphie) besitzen.

Die ursprünglichen Modelle zur Bestimmung eines optimalen Standortes setzen alle an den Transportkosten an und bestimmen den optimalen Standort (Stopt) als den der minimalen Transportkosten. Das Grundmodell ist das Steiner-Weber-Modell.

Der Transport ist in Transportmodellen durch den Ausgangspunkt (Quelle) und den Zielort (Senke) des Raumüberwindungsprozesses gekennzeichnet. In allen Transportmodellen wird die Wegstrecke, die das Transportmittel zurücklegt, und die damit verbundenen Kosten betrachtet. Das klassische Transportproblem ordnet unterschiedliche Senken transportkostenoptimal unterschiedlichen Quellen zu. Die Lösungsverfahren für das Travelling-Salesman-Problem helfen eine optimale Rundreise zu gestalten. Bei der Tourenplanung werden Transportaufträge den Transportmitteln zugeordnet und entsprechende Tourenpläne entwickelt.

Im Zusammenhang mit Material- und Warenflüssen werden eine Reihe von **Unterstützungsprozessen** erbracht: Handhabung, Kommissionierung, Umschlag sowie Verpackung und das Management der Logistikhilfsmittel.

Möglichst reibungslose Informationsflüsse stellen einen wesentlichen Erfolgsfaktor logistischer Systeme dar. Die Struktur der **Informationsflüsse** wird durch die Auftragsabwicklung und die unternehmensübergreifende Integration der Informationsflüsse bestimmt. Es gibt eine Vielzahl technischer Möglichkeiten, die Informationsflüsse effizient zu gestalten. In diesem Zusammenhang sind vor allem die Verkürzung von Wartezeiten, das Wegfallen nicht wertschöpfender Tätigkeiten sowie die Vermeidung von Übertragungs- und Eingabefehlern als Vorteile zu nennen.

Die **Auftragsabwicklung** im Unternehmen beschäftigt sich mit der Koordination aller dispositiven, auftragsbezogenen Tätigkeiten zur Erfüllung eines Auftrages. Ausgangspunkt für die Auftragsabwicklung kann der externe Auftrag eines Kunden oder der interne Auftrag eines Unternehmensbereichs sein. Die Auftragsabwicklung besteht aus vier grundlegenden Prozessen und beginnt mit der Angebotslegung. Darauf folgen die Auftragsprüfung, die Auftragserfüllung und die Fakturierung. Dabei wird im Rahmen der Auftragsabwicklung zwischen einem dem Materialfluss zeitlich vorgelagerten Informationsfluss, einem den Materialfluss begleitenden Informationsfluss und einem auf den Materialfluss folgenden Informationsfluss unterschieden. Neue Identifizierungstechniken helfen, Transparenz in die Logistikprozesse zu bringen. Informationsflüsse in Form von Feedback bezüglich des Eintreffens der Objekte am Zielort, z.B. Empfangsbestätigungen, aber auch Schadensmeldungen, laufen in Gegenrichtung zum jeweiligen Objektfluss.

Folgende Fragen/Entscheidungstatbestände werden im Rahmen dieses Kapitels behandelt:

- Wie hoch ist die Erfolgswirksamkeit von Beständen?
- Was sind die Aufgaben, Instrumente und Ansätze des Bestandsmanagements?
- Wie kann man die optimale Bestellmenge und den Lieferservice bei unsicherer Nachfrage bestimmen?
- Was sind die Prozesse, Funktionen und Formen der Lagerhaltung?
- Welche Arten von Transporten und Unterstützungsprozessen gibt es?
- Welche Modelle des Operations Reserach werden zur Lösung logistischer Fragen verwendet?

Fragen

18.1 Lager/Lagerhaltung

1. Was sind die fünf Gruppen von Lageraktivitäten bzw. -prozessen?
2. Was ist der Unterschied zwischen einem Eigen-, Fremd- und Konsignationslager?
3. Was versteht man unter der Ausgleichsfunktion des Lagers? Nennen Sie auch ein Beispiel.
4. Nennen Sie die Merkmale einer „Chaotischen Lagerung".
5. Was versteht man unter einer wegeoptimierten Ein- und Auslagerung?
6. ⋆ Können wegeoptimierte Ein- und Auslagerungen dazu führen, dass sich
   a. die für die gesamte Ein- und Auslagerung benötigte Zeit verlängert?
   b. die Auslagerungen verzögern?
   c. die Einlagerungen verzögern?

   Gehen Sie bei Ihrer Antwort davon aus, dass die zur Verfügung stehenden Kapazitäten (Lagerhallen, Fahrzeuge und Mitarbeitern) gleich bleiben. Bitte begründen Sie Ihre Antwort kurz.
7. ⋆ Skizzieren Sie kurz, wie sich die Anforderungen an die Lagerung verändert haben.

18.2 Bestandsmanagement

8. Wie wirken Lagerbestände auf den ROI?
9. Nennen Sie die wichtigsten Kosten, die durch Bestände verursacht werden können.
10. Welche Instrumente kann das Bestandsmanagement einsetzen?
11. Erläutern Sie kurz die vier Bestandteile des Bestandscontrollings und erläutern Sie diese kurz.
12. Wie wird die (geplante) Lagerreichweite definiert und berechnet?
13. ⋆ Sie erheben als Bestandscontroller von „Der Mann" von einem Materiallager folgende Zahlen:

	Durchschnittlicher Lagerbestand (in €)	Durchschnittlicher Verbrauch = geplanter Bedarf pro Monat (in €)
Mehl	40.000	100.000
Zucker	25.000	7.500
Verpackungsmaterial	25.000	5.000
Gesamt	**90.000**	**112.500**

Berechnen Sie, bezogen auf die einzelnen Materialien und auf den Gesamtbestand, folgende Kennzahlen:

- durchschnittliche Lagerreichweite (in Monaten und Tagen),
- durchschnittliche Lagerdauer und
- die Umschlagshäufigkeit.

Gehen Sie bei Ihrer Berechnung davon aus, dass der Monat 30 Tage und das Jahr 360 Tage hat.

* 14. Sie sollen ein Bestandsmanagement in einem Unternehmen aufbauen. Es stellen sich folgende Aufgaben:

a. Beim Bestandsmanagement können drei Arten von Fehlmengenkosten auftreten. Nennen Sie alle drei Arten von Fehlmengenkosten und geben Sie für jede Art je ein Beispiel an.

b. Berechnung der Kennzahl „Vorratsintensität": Derzeit befinden sich 750 Stück Computerplatinen mit einem Einstandspreis von je 190 € auf Lager. Der Umsatz des Unternehmens beläuft sich auf 1.300.000 €. Geben Sie die Formel an und errechnen Sie den Anteil der aktuellen Vorräte an Computerplatinen am Umsatz auf Basis der oben angegebenen Daten.

c. Berechnung der Kennzahl „Lagerreichweite": Der aktuelle Lagerbestand an Computerplatinen beträgt zum Zeitpunkt der Betrachtung 670 Stück, eine Lieferung von 1000 Stück ist noch ausständig. Der erwartete Bedarf pro Arbeitswoche (fünf Arbeitstage) beträgt 1900 Stück. Errechnen Sie die geplante Lagerreichweite unter Angabe der Formel und geben Sie an, für wie viele Werktage die Versorgungssicherheit an Computerplatinen gegeben ist.

** 15. Im Rahmen eines Praktikums arbeiten Sie bei einem Computer-Shop im Verkauf. Gleich am ersten Tag fragen viele Kunden nach dem Netbook 187-X zu einem Nettopreis von je 325 €. Dabei bemerken Sie, dass nur mehr eine geringe Stückzahl des Netbooks 187-X auf Lager ist. Auf Nachfrage bei Ihrem Chef erhalten Sie folgende Informationen für die erste Hälfte des Geschäftsjahres. Zu Beginn des Jahres waren 55 Stück Netbook 187-X auf Lager:

Netbook 187-X (Auszug aus der Bestandsführung):

Monat	Zugänge	Abgänge	Bestand (Monatsende)
1	50	35	70
2	50	29	91
3	50	40	101
4	50	62	89
5	50	77	62
6	50	83	29
SUMME	300	326	

Weitere Unternehmensdaten:

Umsatz in € (Monate 1- 6)	Lagerbestände in € (aktuell)
185.000	40.000

a. Errechnen Sie auf Basis dieser Daten die aktuelle Lagerreichweite mit dem vorhandenen Bestand an Netbook 187-X. Es sind derzeit keine Bestellungen offen. Geben Sie dabei die Formel an.

b. Errechnen Sie auf Basis dieser Daten die Vorratsintensität für Netbook 187-X (bewertet zu Nettoverkaufspreisen) am Gesamtumsatz der ersten Hälfte des Geschäftsjahres. Geben Sie dabei die Formel an.

16. Wie kann die Reduktion bzw. Beseitigung von Lagerhütern erreicht werden?

17. Warum ermöglicht eine Verbesserung der Bedarfsprognosen eine Bestandsreduktion?

★★ 18. Ein Newsboy kauft eine Zeitschrift für 8 € ein und verkauft diese für 12 €. Wenn er die Zeitschrift nicht verkaufen kann, kann er diese an den Verlag für 6 € zurückgeben. Um die Optimale Bestellmenge zu ermitteln, beobachtet der Newsboy die Nachfrage:

Nachfragemenge (Ji)	Häufigkeit (Hi)
4	2
5	3
6	6
7	8
8	6
9	3
10	2

Ermitteln Sie anhand der Angaben die optimale Bestellmenge.

★ 19. Die Nachfrage nach einem Newsvendor-Produkt ist durch die folgende Wahrscheinlichkeitsverteilung charakterisiert:

Nachfragemenge (Ji)	80	90	100	110	120	130	140
Wahrscheinlichkeit (Pi)	0,05	0,10	0,25	0,25	0,20	0,10	0,05

Der Händler hat 120 Stück eingekauft. Ermitteln Sie:

- die erwartete Nachfrage,
- die erwartete Verkaufsmenge (expected sales),
- die erwartete Fehlmenge (expected lost sales) und
- den erwarteten Endbestand (expected leftover inventory).

Bestimmen Sie

- den Cycle Service Level (CSL, deutsch: ereignisbezogener Lieferservicegrad) und
- die Fill Rate (FR, deutsch: mengenbezogener Lieferservicegrad).

★ 20. Ein Unternehmen möchte eine 100%ige Liefersicherheit haben. Die maximale Nachfrage pro Woche beträgt 200 Stück, die prognostizierte Nachfrage beträgt 50 Stück. Die Wiederbeschaffungszeit beträgt zwei Wochen.

a. Wie hoch muss der Sicherheitsbestand sein?

b. Wie verändert sich der Sicherheitsbestand, wenn die Wiederbeschaffungszeit von zwei auf eine Woche zurückgeht?

★ 21. Die Nachfrage nach einem Produkt sei normal verteilt und beträgt 320 Stück pro Woche, die Standardabweichung (σ) der Nachfrage beträgt 30 Stück. Wie hoch muss der Sicherheitsbestand (SB) sein, wenn ich ein Cycle Service Level von 97,72% erreichen will?

Tabelle für die Normalverteilung

Cycle Service Level	Sicherheitsfaktor (z)
50,00%	0
84,13%	1
97,72%	2
99,87%	3

18.3 Transport

⋆ 22. Wann werden Stetigförderer eingesetzt und was sind die Vorteile?

23. Was sind die Probleme einer Transportmitteleinsatzplanung „auf Zuruf"?

24. Welche der folgenden Aussagen sind richtig?

   a. Flurförderer werden nur bei einer Einzelfertigung eingesetzt. ☐
   b. Stetigförderer kommen in der Regel bei einer Einzelfertigung zum Einsatz. ☐
   c. Wegen der hohen Taktfrequenz und einem stetigen Transportfluss müssen Förder- und Fertigungsvorgang in der Massenfertigung zeitlich genau abgestimmt werden. ☐
   d. Aufgrund der langsamen Fertigungsgeschwindigkeit und dem geringen Durchsatz zu transportierender Teile werden im Rahmen der Einzelfertigung Flurförderer oder Hebezeuge eingesetzt. ☐
   e. Mit zunehmender Stückzahl der zu transportierenden Erzeugnisse kann der Einsatz von Stetigfördersystemen sinnvoll sein. ☐

25. Was ist ein wesentlicher Nachteil des Schienengüterverkehrs gegenüber dem Straßengüterverkehr und warum kann der Kombinierte Verkehr (KV) zur Minderung dieses Nachteils beitragen?

⋆⋆ 26. Ein Stahlhersteller hat weltweit drei Fertigungsstätten mit folgenden Fertigungskapazitäten:

Brasilien (BR)	10 t
USA (USA)	25 t
Deutschland (D)	20 t

Diese stellen alle das gleiche Produkt her. Die Gesamtproduktion soll auf den vier Märkten Südamerika (SA), Nordamerika (NA), Europa (EU) und Asien (AS) verkauft werden. Die Nachfragemengen in den Märkten betragen:

Südamerika (SA)	15 t
Nordamerika (NA)	5 t
Europa (EU)	10 t
Asien (AS)	25 t

Die Transportkosten pro *t* betragen:

	SA	NA	EU	AS
BR	8	15	20	16
USA	9	13	12	14
D	19	18	10	11

Berechnen Sie die optimale Zuordnung der Belieferung der Märkte durch die Fertigungsstätte (als klassisches Transportproblem).

18.4 Unterstützungsprozesse

27. Welche unterschiedlichen Bereitstellungsarten kennen Sie bei der Kommissionierung?
28. ⋆ Zur Unterstützung der Kommissionierung werden in „Pick by Light Systemen" optische Pickhilfen gegeben. Was könnten Vorteile von derartigen Systemen sein?
29. Wo finden Kommissionierungsvorgänge typischerweise statt? Nennen und erklären Sie alle relevanten Stationen entlang des Material- und Güterflusses kurz.
30. Die Automatisierung von Kommissionierungsprozessen wird derzeit noch nicht häufig eingesetzt. Nennen Sie die zwei wichtigsten Gründe dafür.

18.5 Auftragsabwicklung

31. Große Unternehmen versuchen den Prozess der Auftragsabwicklung zu verbessern. Wie kann dies erfolgen und was sind die Vorteile?
32. Warum können Aufträge als Basis logistischer Prozesse bezeichnet werden?

18.6 Informationsflüsse und Informationssysteme in der Logistik

33. Wie werden aus Daten Informationen?
34. Beschreiben Sie anhand des Bezugs zum Material- und Warenfluss unterschiedliche Arten von Informationen!
35. Welche Anforderungen sind an IuK-Systeme in der Logistik zu stellen?
36. Was sind APS?
37. Die große Bedeutung von Kundeninformationssystemen für das Marketing ist offensichtlich, aber welche Bedeutung haben sie für die Logistik?
38. Erläutern Sie die wesentlichen Formen des e-procurement!
39. Was sind ERP-Systeme?
40. Was sind Tracking-and-Tracing-Systeme und auf welcher Ebene kann eine Erfassung erfolgen?

41. Electronic Data Interchange (EDI) gehören heute zum Standard beim Austausch von Informationen. Welche Vorteile hat die elektronische Datenübertragung gegenüber traditionellen Verfahren, wie Übermittlung per Brief, telefonische Übermittlung oder Übermittlung per Fax?
42. Was versteht man unter Auto-ID und welche Bedeutung hat diese für die Logistik?
43. RFID ist eine neue Technologie beschreiben Sie diese kurz und stellen Sie den Aufbau und wesentliche Elemente eines RFID in einer Skizze dar!

Lösungen

1. Die fünf Gruppen von Lageraktivitäten bzw. -prozessen sind:
   - Lagervorbereitung: Hierzu zählen eventuell erforderliches Konservieren und/oder Verpacken, Palettieren und Kennzeichnen.
   - Einlagerung: Hierunter fallen die Aktivitäten Beladen der Transporteinrichtung (Stapler, Regalförderzeug usw.), Transport zum Lagerplatz und dortiges Einstellen.
   - Lagerung: Neben dem reinen Überbrücken der Lagerzeit fallen hier Tätigkeiten an wie eventuell erforderliches Pflegen der Lagergüter, Lagerbestandskontrollen oder zwischenzeitliches Umlagern.
   - Auslagerung: Zur Einlagerung spiegelbildliche Funktionen.
   - Lagernachbereitung: Hierunter fallen u.a. eventuell erforderliche Ent-, Um- oder Verpackungsvorgänge, Palettieren, Kennzeichnung, Lagerbestandsführung sowie die Reinigung (z.B. Entstaubung) der Lagergüter und/oder der frei gewordenen Lagerplätze.
2. - Von Eigenlager wird gesprochen, wenn das Unternehmen die Lagerung selbst organisiert (eigene Räume und Mitarbeiter). Ggf. könnte der Eigentümer des Lagers (und dessen Beständen) das Unternehmen sein, der Betrieb aber durch einen Dienstleister durchgeführt werden.
   - Bei der Fremdlagerung wird die Lagerung durch einen Logistikdienstleister oder durch ein anderes Unternehmen durchgeführt. Die Übernahme der Tätigkeiten kann sich dabei auf ein kleines Aufgabengebiet beschränken oder – wie es heute bei neueren Konzepten häufig praktiziert wird – sehr weitreichend bis hin zu Endmontageaufgaben, welche im Lager durchgeführt werden, reichen.
   - Konsignationslager sind Lager des Lieferanten oder eines von ihm beauftragten Logistikdienstleisters beim Kunden. Das bedeutet, dass die Ware, die sich im Lager befindet, sich im Besitz des Lieferanten befindet. Zumeist ist damit die Übernahme der Bestandhaltung gemeint, jedoch kann auch die Übernahme der gesamten Lagerhaltungsaktivitäten Gegenstand der Zusammenarbeit sein.
3. Permanent auftretende Dissonanzen zwischen Input- und Output-Strömen, die von den Unternehmen nicht beeinflusst werden können, können durch Lager harmonisiert werden. Diese Ausgleichsfunktion kann z.B. im Beschaffungsbereich Einsatzstoffe, die von einer Erntezeit abhängen und nur zu diesem Zeitpunkt verfügbar sind, durch Lagerung das ganze Jahr verfügbar machen. Auch in der Produktion trifft man auf nicht steuerbare, permanent auftretende Dissonanzen, die durch eine Lagerhaltung ausgeglichen werden müssen. So gibt es bestimmte Chargenproduktionen, bei denen es aus technologischen Gründen nur möglich ist, eine bestimmte Mindestmenge zu fertigen. Diese Chargenmindestmenge stimmt häufig nicht mit der benötigten Menge überein.
4. Die vollständig freie oder chaotische Lagerung hat nichts damit zu tun, dass es an einer Lagerorganisation mangelt – ganz im Gegenteil muss hier eine genaue Verfolgung der eingelagerten Artikel und der Lagerorte erfolgen, denn die Lagerung erfolgt auf beliebigen freien Lagerplätzen. Der Vorteil liegt in der erhöhten Ausnut-

zung der Lagerkapazität. Im Falle eines Rechnerausfalls oder eines Verlustes der Bestandsdatei ist der Zugriff auf die Artikel nur mit erheblichem Suchaufwand möglich.

5. Die wegeoptimierte Ein- und Auslagerung versucht immer die Lade-Einheit eines Artikels auszulagern, bei der die Wegstrecke und/oder die Zeit optimiert werden können. Bei der Ein- und Auslagerung sind insbesondere solche Strategien wirtschaftlich, die so genannte Doppelspiele ermöglichen, das heißt bei denen vom gleichen Flurförderzeug oder Lagermitarbeiter im Anschluss an eine Einlagerung eine Auslagerung vorgenommen wird. Der Lagerplatz der Auslagerung sollte in möglichst geringer Entfernung zum Lagerplatz der eingelagerten Lade-Einheit sein, um Leerfahrten zu minimieren.

6. a. Bei gleichen Lagerflächen und gleicher Anzahl an Fahrzeugen und Mitarbeitern müsste sich die gesamte Ein- und Auslagerung verkürzen, da weniger Wegstrecken im Lager zurückgelegt werden müssen. Eine Verlängerung ist nicht möglich.
   b. Eine Verlängerung der Auslagerungszeit ist durchaus denkbar, wenn bisher an einem Tag zunächst nur Auslagerungen durchgeführt wurden und anschließend die Einlagerungen erfolgen. Wenn nun eine Strategie mit „Doppelspielen" genutzt wird, so würde sich die Zeitspanne, in der Auslagerungen durchgeführt werden verlängern. Insgesamt würden sich dabei die Auslagerungen verzögern.
   c. Hier gilt die gleiche Argumentation wie bei b. Wenn an einem Tag zunächst nur Einlagerungen durchgeführt würden, so wären diese in einer kürzeren Zeitspanne zu bewältigen als bei Anwendung der Strategie der „Doppelspiele".

7. Die Anforderungen an die Lagerung steigen ständig. In den vergangenen Jahren waren hier folgende Entwicklungen zu sehen:
   - Produktivitätssteigerung durch neue Techniken, insbesondere durch Automatisierung.
   - Lagersicherheit im Sinne des Schutzes vor Unfällen (*engl. safety*).
   - Seit dem 11. September 2001 verschärfte Investition in Sicherheitsmaßnahmen zum Schutz vor unerwünschten Eingriffen (*engl. security*) insbesondere bei Gütern, die mit Luftfracht transportiert werden sowie in Maßnahmen zum Schutz vor Diebstahl.
   - Verstärkter Focus auf Energieeffizienz und Umweltschutz. Der Lagerbereich wurde lange vom Umweltmanagement vernachlässigt. Nachdem im Transportbereich eine Vielzahl von Umweltschutzmaßnahmen getroffen wurde entdecken nun die ersten Unternehmen den Bereich der Lager.

8. Bestandskosten können heute bis zu 11% des Gesamtkostenvolumens betragen und binden somit wertvolles Kapital des Unternehmens. Lagerbestände beeinflussen zusammen mit Forderungen und anderen Vermögensgegenständen das Umlaufvermögen eines Unternehmens und über den Kapitalumschlag den ROI. Durch sinkende Lagerbestände sinkt das Umlaufvermögen, ein sinkendes Umlaufvermögen führt zu einem sinkenden Gesamtvermögen und somit zu einem steigenden Kapitalumschlag. Das Lagerbestandsmanagement kann außerdem auch Kosten senkend wirken und sich so positiv auf den Gewinn und über die Umsatzrentabilität positiv auf den ROI auswirken.

9. Die wichtigsten Kosten, die durch Bestände verursacht werden, sind:
   - Kalkulatorische Kosten für das gebundene Kapital (Zinskosten),
   - Kosten der Ein-, Um- und Auslagerungsvorgänge,
   - Kosten der Lagerung (Lagerhaus, Lagerhilfsmittel),
   - Kosten der Verwaltung des Lagers und der Bestände,
   - Kosten der Disposition der Bestände,
   - Steuern und Versicherungskosten,
   - Lagerrisikokosten für Diebstahl, Beschädigung oder Wertverlust gelagerter Güter (z.B. wird der Wertverlust von Elektronikbauteilen auf etwa 2% pro Woche geschätzt).
10. Instrumente des Bestandsmanagements sind:
    - die ABC-Analyse,
    - die XYZ-Analyse,
    - die Planung optimaler Bestellmengen und -häufigkeiten sowie
    - Bestellpolitiken.
11. Die vier Bestandteile des Bestandscontrollings sind:
    - Bestandsführung: Die Erfassung der Ist-Daten ist eine Dokumentationsaufgabe, die Zu- und Abgänge aufzeichnet. Dabei werden drei Bestandsarten unterschieden: der tatsächliche Lagerbestand, der Buchbestand und der Inventurbestand.
    - Bestandsrechnung: Der Soll-Ist-Vergleich dient der eigentlichen Kontrolle von Beständen im Unternehmen. Dazu wird der mengenmäßige Verbrauch von Materialien und Gütern nach unterschiedlichen Kriterien (z.B. Anschaffungspreise (Einstandspreise), Wiederbeschaffungspreise oder feste Verrechnungspreise) bewertet. Eine weitere Aufgabe der Bestandsrechnung besteht in der Gegenüberstellung von Soll-Werten aus der Bestandsplanung und Ist-Werten aus der Bestandsführung, um die Bestandsentwicklung so früh wie möglich überprüfen zu können.
    - Bestandsanalyse: Die Abweichungsanalyse dient der Untersuchung von Ursachen unerwarteter Bestandsabweichungen und zur Überprüfung des Lagersortiments. Dabei wird festgestellt, ob das gelagerte Sortiment umfangreicher ist als nötig und ob Lagerhüter (= Produkte und Materialien, die selten nachgefragt werden) vorhanden sind.
    - Bestandsanpassungsmaßnahmen: Sie dienen dazu, den optimalen Lagerbestand zu erreichen. In der Regel sind dies Maßnahmen zur Bestandssenkung. In Ausnahmefällen, z.B. Engpass-Situationen, können dies aber auch Maßnahmen zur Bestandserhöhung sein (z.B. Einschaltung neuer Lieferanten, um die Bestände zu erhöhen).
12. Die Lagerreichweite gibt Aufschluss über die interne Versorgungssicherheit durch Bestände im Unternehmen. Die Lagerreichweite wird normalerweise in Tagen, Wochen oder Monaten (= Periode) angegeben und kann rückwirkend (ohne offene Bestellungen) oder vorausschauend wie folgt berechnet werden:

$$Lagerreichweite = \frac{Aktueller\ Lagerbestand\ am\ Stichtag}{Durchschnittlicher\ Bedarf\ pro\ Periode}$$

$$geplante\ Lagerreichweite = \frac{Lagerbestand + offene\ Bestellungen}{geplanter\ Bedarf\ pro\ Periode}$$

13. Die Kennzahlen können wie folgt berechnet werden:

	Reichweite in Monaten	Reichweite in Tagen	Durchschnittliche Lagerdauer	Umschlags-häufigkeit
Mehl	0,4	12	12	2,5
Zucker	3,33	100	100	0,3
Verpackungsmaterial	5	150	150	0,2
Gesamt	0,8	24	24	1,25

14. a. Es gibt folgende Arten von Fehlmengenkosten:

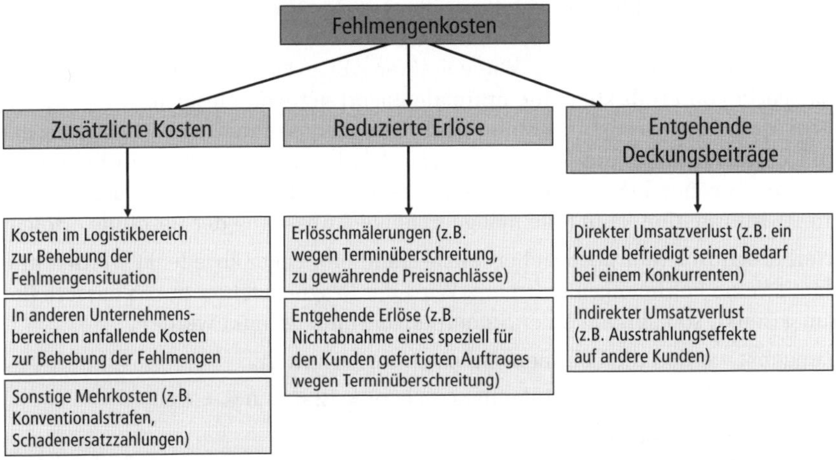

b. Die Kennzahl „Anteil der Vorräte am Umsatz“ kann wie folgt berechnet werden:

$$Vorratsintensität = \frac{Vorräte\ (Lagerbestandswert)}{Umsatz}$$

$$= \frac{750 \text{ x } 190\ €}{1.300.000\ €} = 0{,}1096 = 10{,}96\ \%$$

c. Die Lagerreichweite kann wie folgt berechnet werden:

$$Lagerreichweite = \frac{Lagerbestand + offene\ Bestellung}{geplanter\ Bedarf\ pro\ Periode}$$

$$= \frac{670 + 1.000}{1.900} = 0{,}87895\ Wochen = 4{,}4\ Werktage$$

15. a. $Lagerreichweite = \frac{Aktueller\ Lagerbestand\ am\ Stichtag}{Durchschnittlicher\ Bedarf\ pro\ Periode}$

L = 29 / 54,3 = 0,534

aktuelle Lagerreichweite (in Monaten)	0,53 ~ 0,5 Monate

b. $Vorratsintensität = \frac{Vorräte\ (Lagerbestandwert)}{Umsatz}$

A = (29 x 325 €) / 185.000 = 9425 / 185.000 = 0,05094595 x 100 = 5,1%

16. Die Beseitigung von Lagerhütern kann durch eine Reichweitenanalyse oder durch eine Altersstrukturanalyse erfolgen. Bei der Reichweitenanalyse wird der durchschnittliche Bestand eines bestimmten Produkts auf den durchschnittlichen Verbrauch pro Periode bezogen. Wie bei einer ABC-Klassifikation wird dann für jede Kategorie von Produkten eine optimale Lagerreichweite festgelegt. Für die Altersstrukturanalyse werden Bestände nach Bewegungskennziffern (Bewegungshäufigkeit eines Produkts pro Periode) eingeteilt. So wird festgestellt, welche Güter in den vergangenen Perioden oft, selten oder gar nicht nachgefragt wurden. Auf Basis dieser Information kann eine mengenmäßige Anpassung der Bestände erfolgen.
17. Weil Prognosefehler über Sicherheitsbestände im Lager abgedeckt werden müssen, damit keine Fehlmengen auftreten. Wird der Prognosefehler durch bessere Prognosen gesenkt, so kann auch der Sicherheitsbestand gesenkt werden.
18. Zunächst werden die Fehlmengenkosten (c_u) ermittelt

    c_u = Verkaufspreis (*Vp*) – Einkaufspreis (*Ep*) = 12 € – 8 € = 4 €

    Die Überbestandskosten (c_o) betragen:

    c_o Einkaufspreis (*Ep*) – Rücknahmepreis (*Rp*) = 8 € – 6 € = 2 €

    Mithilfe der Wahrscheinlichkeiten können die erwarteten Fehlmengen- und Überbestandskosten errechnet werden.

Nachfragemenge (Ji)	Häufigkeit (Hi)	Wahrscheinlichkeit (Pi)	Kumulierte Wahrscheinlichkeit	Erwartete Fehlmengenkosten pro Stück [$c_u \cdot F(x)$]	Erwartete Überbestandskosten pro Stück [$c_o \cdot F(x)$]
4	2	0,067	0,067	3,733	0,000
5	3	0,100	0,167	3,333	0,333
6	6	0,200	0,367	2,533	0,733
7	8	0,267	0,633	1,467	1,267
8	6	0,200	0,833	**0,667**	1,667
9	3	0,100	0,933	0,267	1,867
10	2	0,067	1,000	0,000	2,000

Die Optimalbedingung sagt, dass die Bestellmenge optimal ist, bei der die erwarteten Unterbestandskosten pro Stück das erste Mal kleiner als die erwarteten Überbestandskosten pro Stück sind. In diesem Fall ist das für $q = 8$ der Fall.

Die optimale Bestellmenge beträgt 8 Stück.

19. Die Grunddaten zeigt die Tabelle.

Nachfragemenge	80	90	100	110	120	130	140	Summe
Wahrscheinlichkeit	0,05	0,1	0,25	0,25	0,2	0,1	0,05	1
Kumulierte Wahrscheinlichkeit	0,05	0,15	0,4	0,65	0,85	0,95	1	
Erwartete Nachfrage	4	9	25	27,5	24	13	7	109,5
Verkäufe	80	90	100	110	120	120	120	
Fehlmengen	0	0	0	0	0	10	20	
Lagerüberschuss	40	30	20	10	0	0	0	
Erwartete Verkaufsmengen	4	9	25	27,5	24	12	6	107,5
Erwartete Fehlmengen	0	0	0	0	0	1	1	2
Erwarteter Endbestand	2	3	5	2,5	0	0	0	12,5

- Die erwartete Nachfrage ist die Summe der mit den Wahrscheinlichkeiten multiplizierten Nachfragen. Die erwartete Nachfrage beträgt 109,5.
- Die erwartete Verkaufsmenge ist die Summe der mit den Wahrscheinlichkeiten multiplizierten Verkäufe (da nur 120 Stück bestellt wurden, können auch bei höherer Nachfrage nur 120 Stück verkauft werden). Die erwartete Verkaufsmenge beträgt 107,5.
- Die erwartete Fehlmenge ist die Summe der mit den Wahrscheinlichkeiten multiplizierten Fehlmengen. Die erwartete Fehlmenge beträgt 2.
- Der erwartete Endbestand ist die Summe der mit den Wahrscheinlichkeiten multiplizierten Lagerüberschüsse. Der erwartete Endbestand ist 12,5.
- Das Cycle Service Level entspricht der kumulierten Wahrscheinlichkeit der Nachfragen bis zur Bestellmenge (120). Das Cycle Service Level ist 85%
- Die Fill Rate wird wie folgt berechnet:

$$Fill\ Rate = \frac{erw.Verkauf}{erw.Nachfrage} = \frac{107{,}5}{109{,}5} = 98{,}17$$

20. a. Der Sicherheitsbestand muss 300 Stück betragen.
    Berechnungen: $300 = 200 \times 2 - 50 \times 2 = 2\ (200 - 50)$
    b. Der Sicherheitsbestand sinkt um die Hälfte.
    Berechnungen: $150 = 200 \times 1 - 50 \times 1 = 1\ (200 - 50)$
21. Um ein Cycle Service Level von 97,72% zu erreichen, muss der Sicherheitsbestand 60 Stück betragen. Begründung:

    $SB = z \times \sigma$

    $60 = 2 \times 30$

22. Stetigförderer werden immer dann eingesetzt, wenn feste Transportstrecken vorliegen, über die ein vergleichsweise kontinuierlicher Objektstrom bewegt werden muss. Eine Rollenbahn kann z.B. dazu eingesetzt werden, Pakete in einem Depot zu verteilen oder Produkte von einem Teil des Lagers (z.B. Hochregal) zu einem anderen (z.B. Versand) zu bringen. Eine solche Lösung erfordert zwar Investitionen, ist im Betrieb aber vergleichsweise kostengünstig, vor allem wenn die Schwerkraft ausgenützt werden kann. Außerdem besitzen Stetigförderer in der Regel eine hohe Leistungsfähigkeit (Durchsatz).
23. Eine Transportmitteleinsatzplanung „auf Zuruf" bereitet folgende Probleme:
    - geringe Verkettung von Fertigungsteilen durch Stetigförderer,
    - zu hoher Personal- und Fahrzeugbestand,
    - eine schlechte Kapazitätsauslastung,
    - zu viel und zu lange Leerfahrten und
    - „Selbsttransport" der Maschinenbediener und Verlust wertvoller Maschinen- und Facharbeiterzeiten.

    Aus diesem Grund ist vor allem bei Groß- und mittelständischen Unternehmen eine systematisch betriebene Planung und Steuerung mit Fahraufträgen sinnvoll.
24. Die Aussagen c, d und e sind richtig.
    a. ist falsch, da Flurförderer nicht nur bei einer Einzelfertigung eingesetzt werden, sondern auch bei Serienfertigung.
    b. ist falsch, da Stetigförderer für den Einsatz in einer Einzelfertigung kaum geeignet sind.
    c. ist richtig. Wegen der hohen Taktfrequenz und einem stetigen Transportfluss müssen Förder- und Fertigungsvorgang in der Massenfertigung zeitlich genau abgestimmt werden.
    d. ist richtig. Aufgrund der langsamen Fertigungsgeschwindigkeit und dem geringen Durchsatz zu transportierender Teile werden im Rahmen der Einzelfertigung Flurförderer oder Hebezeuge eingesetzt.
    e. ist richtig. Mit zunehmender Stückzahl der zu transportierenden Erzeugnisse kann der Einsatz von Stetigfördersystemen sinnvoll sein.
25. Einer der wesentlichen Nachteile beim Eisenbahnverkehr ist, dass der Transport immer von Station zu Station erfolgt und es erhebliche Schwierigkeiten bereitet, eine Door-to-Door Versorgung innerhalb 24 Stunden oder gar über Nacht sicherzustellen. Da die Quelle des Transports und/oder die Senke häufig über keinen Gleisanschluss

verfügen, so sind Vor- und Nachläufe zu einer Station (Verladeterminal) und Umschlagsvorgänge erforderlich. Der Kombinierte Verkehr (KV) versucht durch die Verwendung standardisierter, handlingfreundlicher Transporteinheiten (z.B. Container), die notwendigen Umschlagsaktivitäten möglichst effizient und kostengünstig durchzuführen.

26. Ein Stahlhersteller hat weltweit drei Fertigungsstätten mit folgenden Fertigungskapazitäten:

Eröffnungsmatrix

	SA	NA	EU	AS	
BR	10t 8	0t 15	0t 20	0t 16	10t
USA	5t 9	5t 13	0t 12	15t 14	25t
D	0t 19	0t 18	10t 10	10t 11	20t
	15t	5t	10t	25t	

Verbesserung

	SA	NA	EU	AS	
BR	10t 8	0t 15	0t 20	0t 16	10t
USA	5t 9	5t 13	0t ← 12	~~15t~~ 14	25t
D	0t 19	0t 18	~~10t~~ → 10	10t 11	20t
	15t	5t	10t	25t	

	SA	NA	EU	AS	
BR	10t 8	0t 15	0t 20	0t 16	10t
USA	5t 9	5t 13	10t 12	5t 14	25t
D	0t 19	0t 18	0t 10	20t 11	20t
	15t	5t	10t	25t	

27. Es gibt zwei grundsätzlich unterschiedliche Arten der Bereitstellung: Bei der **zentralen Bereitstellung** wird die Ware zu einem Kommissionierplatz gebracht (Prinzip Ware zum Menschen). Bei der **dezentralen Bereitstellung** geht ein Kommissionierer zum Platz, an dem die Ware bereitgestellt wird (Prinzip Mensch zur Ware).
28. Durch „Pick by Light Systeme" können zum einen die Kommissionierzeiten verkürzt werden, zum anderen kann die Fehlerquote beim Kommissionieren gesenkt werden.
29. Kommissionierprozesse können grundsätzlich in allen Situationen des Material- und Güterflusses stattfinden:
    - Im Eingangsbereich: Hier wird ein Teil der gelieferten Warenmengen verwendungsbezogen vorkommissioniert (gemeinsame Einlagerung von häufig im Verbund benötigten Teilemengen).
    - Im Produktionsbereich: Hier werden produkteinheitsbezogene Teilesätze zusammengestellt, die gemeinsam verbaut werden.
    - Im Absatzbereich: Hier bezieht sich die Kommissionierung auf die Aufträge der Kunden. Dabei ist das komparativ größte Kommissionierungsaufkommen zu beobachten.
30. Es gibt zwei erhebliche Schwierigkeiten bei der Automatisierung von Kommissionierungsprozessen:
    - Die handhabungstechnische Diversität der Güter und Waren.
    - Der Mensch als Träger der Prozesse arbeitet sehr schnell und zudem sind Kommissionierungstätigkeiten vergleichsweise nur gering entlohnt.
31. Ein Beispiel ist die Global Ordering Initiative von DaimlerChrysler, jetzt Mercedes Benz. Sie hatte das Ziel, die Auftragsdurchlaufzeiten bei der Mercedes-PKW-Produktion von 40 bis 50 Tagen auf nur noch 12 bis 15 Tage zu verkürzen. Damit könne der Händler Kundenaufträge direkt beim Produktionswerk „einbuchen" und erhalte im Gegenzug eine sofortige Terminbestätigung. Das Beispiel zeigt, dass durch Änderungen in der Auftragsabwicklung die Lieferzeiten deutlich gesenkt werden können.
32. Aufträge können als Basis logistischer Prozesse bezeichnet werden, weil sie nahezu alle für die Logistik wichtigen Informationen wie z.B. Auftragsnummer, Auftragsdatum, Kundenadresse, Kundennummer, Kundeninformationen, Verkäufer, Verkaufsgebiet, Artikelbezeichnung, Artikelnummer, Menge des Artikels, Preis des Artikels, Verkaufsbedingungen, Liefertermin, Lieferanschrift und Versandart enthalten. Bei der Bearbeitung der internen und externen Aufträge werden in der Regel DV-Anlagen eingesetzt.
33. Aus Daten wird dann eine Information, wenn der Empfänger den Daten einen Bedeutungsinhalt hinzufügt. Demnach werden gefilterte, formatierte oder extrahierte Daten, d.h. Daten mit Interpretationen, als Information bezeichnet. Gibt z.B. ein mit der Lagerhaltung beauftragter Logistikdienstleister die Bestandsdaten an seinen Kunden weiter und tätigt dieser daraufhin eine Bestellung, findet eine Aufwertung zu Informationen statt.

34. Anhand des Bezugs zum Material- und Warenfluss lassen sich folgende Arten von Informationen unterscheiden:
    - Vorbereitende Informationen beziehen sich auf die Übermittlung der Bedarfe an Lieferanten, auf die Planung der Leistungserstellung sowie auf die Bestellung und Reservierung der dafür notwendigen Ressourcen.
    - Vorauseilenden Informationen kommt die Aufgabe zu, den betreffenden Stellen in der Supply Chain rechtzeitig das Eintreffen der erwarteten Güter bekannt zu geben. Sie dienen den Empfängern zur weiteren Disposition und Planung.
    - Begleitende Informationen sind u.a. für die Ausführung von operativen Tätigkeiten (z.B. Produktions-, Transport-, Lagerprozesse etc.) notwendig.
    - Nachfolgende/Abschließende Informationen folgen dem logistischen Leistungsprozess nach. Als Beispiel kann die Verbuchung und Fakturierung der angefallenen Aufwände und Entgelte angeführt werden.
35. Welche Anforderungen sind an IuK-Systeme in der Logistik zu stellen?

    Um IuK-Systeme in der Logistik adäquat einführen bzw. anwenden zu können, sind eine Reihe von Anforderungen zu beachten.

    Generelle Anforderungen:
    - Identifikation
    - Lokalisierung
    - Zuverlässigkeit
    - Sicherheit
    - Integrierbarkeit
    - Anpassungsfähigkeit

    Aus den soeben beschriebenen generellen Anforderungen lassen sich spezifische Anforderungen an Informationssysteme in der Logistik ableiten:
    - Erfüllung der unternehmensinternen und unternehmensexternen Anforderungen
    - Organisationseinheiten des Unternehmens
    - Stakeholder des Unternehmens (Kunden, Lieferanten, Wettbewerber, Eigentümer, Staat, Gesellschaft, etc.)

    Wenn ein System allen Anforderungen gerecht wird, bestimmen die technischen und wirtschaftlichen Bedingungen eine erfolgreiche Umsetzung.
36. APS steht für **A**dvances **P**lanning **S**ystems. Es findet sich zum Teil auch der Begriff der Supply Chain Software. Sie dienen dazu übergreifende Planungsprozesse zu optimieren. Sie verwenden dazu die Transaktionsdaten aus den ERP-Systemen, entweder unterschiedlicher Teilbereiche eines Unternehmens oder unternehmensübergreifend und versuchen darauf aufbauend optimale Pläne zu entwickeln.
37. Kundeninformationssysteme stellen eine große Herausforderung – vor allem für die Informationslogistik – dar. Auf der einen Seite werden diese Systeme dazu genutzt, um Informationen über das Kundenverhalten zu gewinnen. So erhalten große Handelsunternehmen, Hotelketten, Fluggesellschaften, Autovermietungen etc. dadurch, dass ihre Kunden entsprechende Service- und Kreditkarten benutzen, genaue Informationen über das Verhalten ihrer Kunden. Diese Informationen werden dazu verwendet, ihr Angebot dem Kundenverhalten entsprechend anzupassen.

Neben der Bedeutung für das Marketing haben die Kundeninformationssysteme jedoch auch eine wichtige Bedeutung für die Verbesserung der Prognosen. Weiß ein Unternehmen, wie die abgesetzten Produkte verwendet werden (z.B. km-Laufleistungen bei PKWs), so können daraus wichtige Informationen für die Ersatzteillogistik gewonnen werden. Hat ein Handelsunternehmen gute Informationen über das Kaufverhalten seiner Kunden, so kann es z.B. den Absatz von bestimmten Produkten vor Feiertagen besser abschätzen.

Das steigende Bedürfnis nach individualisierten Produkten erfordert eine differenzierte Marktbeobachtung und -bearbeitung. Für die einzelnen Zielgruppen müssen unterschiedliche Angebote entwickelt werden. Die Differenzierung kann dabei sowohl über die Produktentwicklung oder die für jeden Kunden individuelle Anfertigung erfolgen als auch über eine hohe Logistikleistung.

38. Wesentliche Formen des e-procurements sind:

    - Die Anbindung an Online-Shops von Lieferanten. Allerdings werden hierbei die Daten in der Regel nicht automatisch in ein Warenwirtschaftssystem übertragen.
    - Desktop-Purchasing-Systeme (Multi-Lieferantenkataloge) fassen die elektronischen Kataloge mehrerer Lieferanten zusammen. Vorteile sind die einheitliche Bestelloberfläche und die Verknüpfung mit dem ERP-System. Allerdings kann die Erstellung und Pflege derartiger Systeme hohe Kosten verursachen.
    - Die Beschaffung über **eMarktplätze** ist eine Alternative, weil hier Multi-Lieferantenkataloge bereits vorhanden sind. Ähnlich wie bei einem Firmenverzeichnis sind Anbieter dort mit ihren Produkten registriert und über eine Suchmaschine leicht zu finden. Die Effektivität des Einkaufs steigt mit der nahtlosen Anbindung an die eigene Warenwirtschaft, weil die Bestellprozesse automatisiert ablaufen können.

39. Unter einem Enterprise Resource Planning-System (ERP-System) wird eine integrierte betriebswirtschaftliche Software verstanden, die auf Basis standardisierter Module Unternehmensprozesse steuert und die Planung der Unternehmensressourcen (Material, Maschinen, Personal, finanzielle Ressourcen) unterstützt. Typische Logistikfunktionalitäten innerhalb von ERP-Systemen sind: Bestandsführung, ABC-Analysen, Absatzplanung, Kundenauftragsverwaltung, Materialbedarfsrechnung, Einkaufsabwicklung, Produktionsplanung, Lagerverwaltung, Kommissionierung und Versandplanung.

40. Tracking-and-Tracing-Systeme umfassen die Identifikation und Verfolgung von Sendungen in der Logistikkette. Somit ist eine vollständige Rekonstruktion des Warenflusses (auch als Basis für die Optimierung des Logistiksystems) möglich. Eine Erfassung kann auf:

    - Produktebene, z.B. durch aufgedruckte Barcodes oder eingebaute RFID-Transponder,
    - Ebene der Nummer der Versandeinheit (NVE)
    - Karton- oder Colli-Basis
    - Palettenebene
    - Containerbasis oder
    - Lieferungsebene

    erfolgen.

41. Electronic Data Interchange (EDI) hat gegenüber traditionellen Verfahren, wie Übermittlung per Brief, telefonische Übermittlung oder Übermittlung per Fax im Wesentlichen folgende Vorteile:
    - Fehlervermeidung,
    - Vermeidung von Doppeleingaben,
    - schnelle Datenübertragung.

    Ein weiterer wesentlicher Vorteil liegt in der Vermeidung nicht wertschöpfender Tätigkeiten wie etwa Wartezeiten, Öffnung von Briefen oder Ablage.

42. Auto-ID ist die Abkürzung für **Auto**matische **I**dentifikation und **D**atenerfassung. Sie ist die automatisierte, eindeutige und fehlerrobuste Identifikation und basiert darauf, dass die logistischen Einheiten (z.B. Lager-, Transport-, Verpackungs-, Lade-, Bestelleinheiten) mit einer Codierung versehen sind, die von Auto-Identifikationssystemen (Auto-ID Systeme) gelesen und verarbeitet werden können. Ziel ist es, einen reibungslosen Güter- /Waren- /Materialfluss in Wertschöpfungsnetzwerken gewährleisten zu können

43. RFID steht für Radio Frequency Identification. Sie ist eine auf Radiowellen basierende Kommunikation zwischen einem Transponder und einem Lesegerät, wobei die Daten kontaktlos und nur auf Abruf übermittelt werden. Die Ursprünge finden sich in den 1940er Jahren im U.S. amerikanischen Militär, das Transponder in der Luftfahrt einsetzte, um eigene Flugzeuge besser von feindlichen Maschinen unterscheiden zu können.

    Ein RFID-System besteht grundsätzlich aus einem Transponder (auch Tag genannt), einer Luftschnittstelle (magnetisches oder elektromagnetisches Feld), einem Lesegerät (entweder nur Lese- oder Lese- und Schreibeinheit) und einer lokalen Schnittstelle zu einem IT-System.

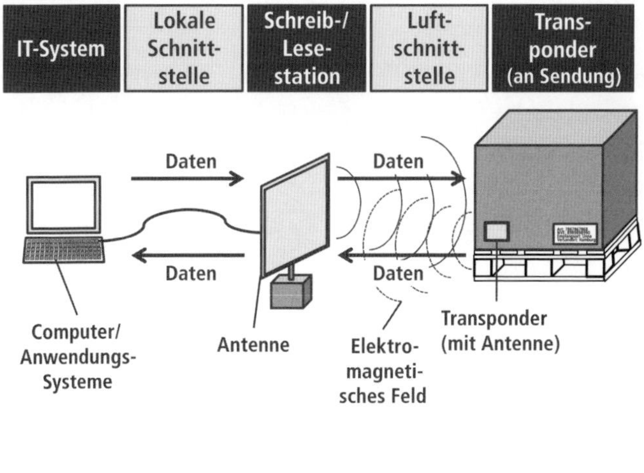

19 Logistik als Koordinationsfunktion (Querschnittsfunktion)

Die Logistik als Koordinationsfunktion betrachtet nicht nur die logistischen Prozesse in einzelnen Unternehmensbereichen, sondern auch zwischen Unternehmensbereichen und externen Partnern (Kunden, Lieferanten und Entsorgungsunternehmen). Dies führt zur Bildung logistischer Prozessketten vom Lieferanten über Beschaffung (Beschaffungslogistik), Produktion (Produktionslogistik) und Absatz (Distributionslogistik) hin zum Kunden. Der Strom an Recyclinggütern, Verpackungen und Leergut führt in entgegengesetzter Richtung vom Kunden bis zum Lieferanten oder einem Entsorgungsunternehmen.

Zum besseren Verständnis werden die logistischen Teilbereiche kurz vorgestellt:

Aus Sicht der Logistik ist es Aufgabe der Beschaffung (des Einkaufs), die erforderlichen Zulieferleistungen vertraglich zu sichern. Der Prozess der Bereitstellung von Gütern und Materialien und der dazugehörigen Informationen ist Aufgabe der **Beschaffungslogistik**. Ziel der Beschaffungslogistik ist die Bereitstellung der richtigen Materialien zum richtigen Zeitpunkt, in der richtigen Menge, in der richtigen Qualität, am richtigen Ort, zu minimalen Kosten.

Die Strategie der engeren Anbindung der Lieferanten an das Unternehmen ist eine Reaktion auf die steigenden Anforderungen an Liefergenauigkeit und -zuverlässigkeit sowie aus steigenden Risiken durch kürzere Produktlebenszyklen und steigende Variantenvielfalt. Außerdem sollen Transaktionskosten eingespart und Bestände gesenkt werden. Die Anbindung kann durch unterschiedliche Maßnahmen unterstützt werden, z.B. durch die Ansiedlung von Lieferanten in Werksnähe. Bei der Realisierung einer logistischen Anbindung werden zunächst Rahmenvereinbarungen abgeschlossen, dann Rahmenaufträge vergeben und schließlich Lieferabrufe getätigt. Als Just-in-Time-Prinzip wird eine genaue verbrauchsnahe Bereitstellung bezeichnet. Diese kann minutengenau, stundengenau oder tagesgenau erfolgen.

Die **Produktionslogistik** sorgt dafür, dass alle Material-, Güter- und Informationsflüsse von der Bereitstellung der Materialien bis zur Fertigstellung der Güter reibungslos verlaufen.

Historisch gewachsene Fertigungslayouts berücksichtigen den Materialfluss häufig zu wenig. Gründe können in der Platznot sowie der klassischen Werkstattfertigung (Maschinen mit gleichen oder ähnlichen Fertigungsverfahren werden zusammengefasst) liegen. Die Logistik präferiert jedoch in der Regel produkt- oder objektorientierte Fertigungslayouts.

Lean Produktion und Lean Logistik übertragen den allgemeinen Grundsatz „Vermeidung jeder Verschwendung“ auf die Produktions- und Logistikbereiche. Wichtige Maßnahmen, um eine Prozessorientierung zu verwirklichen, sind:

1. Die U-förmige Maschinenanordnung ordnet Produktionsmittel in einer U-Form an.
2. Bei der Kanban Steuerung pendelt eine Karte zwischen einer Senke und einer Quelle; mittels dieser Karte bestellt eine Fertigungsstelle bei ihrer vorgelagerten Fertigungsstelle die jeweils benötigte Menge an zu bearbeitenden Teilen.
3. Das Prinzip Jidoka (Autonomation) stattet Maschinen mit Mechanismen aus, die bei Abweichungen vom normalen Prozess die Maschine selbsttätig anhalten und dann das Überwachungspersonal informieren.
4. Poka-Yoke: Poka heißt der unbeabsichtigte Fehler und Yoke heißt die Vermeidung. Es geht also beim Poka-Yoke darum, gezielt Vorkehrungen zu treffen, damit unbeabsichtigte Fehler, die Menschen leider immer machen, überhaupt nicht passieren können.

Die **Distributionslogistik** umfasst alle Güter- und Informationsflüsse von der Fertigstellung der Güter bis zur Annahme der Güter durch die Kunden. Die Aufgabe des Absatz- und Marketing-Bereichs eines Unternehmens ist die Marktbearbeitung. Die Distributionslogistik sollte alle Aufgaben, die mit den Material- und Güterflüssen zusammenhängen, übernehmen. Eine große Herausforderung für die Distributionslogistik sind die sinkenden Sendungsgrößen.

Die Kundenstruktur kann durch die Anzahl und die Größe der Kunden charakterisiert werden. Verändert sich das Verhältnis von Großkunden zu Kleinkunden, so wirkt sich diese Veränderung (komplexitäts-) kostentreibend auf die Logistik aus.

Die Auftragsstruktur ist gekennzeichnet durch das Volumen, die Heterogenität und die Varianz der Aufträge. Bei großen Auftragsvolumina lassen sich Economies of Scale (Betriebsgrößenvorteile) für die material- und warenflussbezogenen Dienstleistungsaufgaben realisieren.

Die Distributionskanäle können definiert werden als unternehmenseigene oder unternehmensfremde Organisationseinheiten, die beim Verkauf und beim physischen Weg der Ware vom Produzenten zum Endverbraucher beteiligt sind. Die Ausgestaltung des Distributionskanals und dessen Charakterisierung können nach unterschiedlichen Kriterien erfolgen: Eigentumsübernahme (Ownership), Übernahme der Funktionen (z.B. Transportunternehmen, Lagerunternehmen oder Großhändler), Kundengruppen, Produkte (z.B. Agrargroßhandel, Getränkegroßhandel oder Sanitärgroßhandel).

Die Distributionsstruktur ist gekennzeichnet durch die Anzahl der Lagerstufen, die Anzahl der Lager auf jeder Stufe und die Frage nach den Standorten der Lager. Für die Verbindungen zwischen den Lagern müssen z.B. die Transportmittel ausgewählt werden, die Häufigkeit, die Zeitpunkte und die Kapazitäten der Verbindungen, bestimmt sowie die Reihenfolge der Bedienung der Lager festgelegt werden. In den 80er und 90er Jahren zeichnete sich ein deutlicher Trend zur zentralen Lagerhaltung ab, da Betriebsgrößenvorteile und eine bessere Bestandsdisposition und eine erhebliche Bestandsreduzierung in der Regel zu deutlichen Gesamtkostenvorteilen führen. Allerdings kann die Veränderung der Rahmenbedingungen, z.B. die EU-Erweiterung oder steigende Transportkosten dazu führen, dass der Zentralisierungstrend sich verlangsamt oder sogar umkehrt.

Beim Cross-Docking findet eine Abstimmung der Lieferungen unterschiedlicher Lieferanten/Produkte mit den Auslieferungen an die Filialen statt. Die Produkte werden nur umgeschlagen und ggf. für eine geringe Zeitdauer zwischengelagert. Es ist offensichtlich, dass durch ein solches Vorgehen Lagerbestände und Lagerhaltungskosten reduziert werden können. Das Cross-Docking reduziert vor allem auch den Aufwand für die Annahme und das Einschlichten/Einsortieren der Güter in die Regale. Anstelle einer Vielzahl von Lieferungen erhält die Filiale nur noch eine oder wenige Anlieferungen.

Entsorgungslogistische Aufgaben sind nicht auf einzelne Abschnitte der Wertschöpfung beschränkt, sie können alle (logistischen) Teilbereiche betreffen. Eine Abgrenzung kann über die entsorgungslogistischen Objekte erfolgen, ggf. über die Flussrichtung (entgegen der bisher beschriebenen Materialflussrichtung) erfolgen. Die Rahmenbedingungen für die Gestaltung der Entsorgungsstruktur sind gesetzliche Bestimmungen, der Wunsch der Kunden nach umweltfreundlichen Produkten und Dienstleistungen sowie ein Wertewandel innerhalb des Managements der Unternehmen und innerhalb der Gesellschaft. Grundsätzlich gilt: Vermeidung vor Verwertung vor Entsorgung.

Je nachdem ob eine zusätzliche Bearbeitung erfolgt, und ob der Einsatz wieder auf der gleichen oder auf einer (nachgelagerten) anderen Stufe erfolgt, wird zwischen Wiederverwendung, Wiederverwertung, Weiterverwendung oder Weiterverwertung unterschieden.

Folgende Fragen/Entscheidungstatbestände werden im Rahmen dieses Kapitels behandelt:

- Was sind die Aufgaben, Elemente und Instrumente der Beschaffungslogistik?
- Was sind die Aufgaben, Elemente und Instrumente der Produktionslogistik?
- Was sind die Aufgaben, Elemente und Instrumente der Distributionslogistik?
- Was sind die Aufgaben, Elemente und Instrumente der Entsorgungslogistik?

Fragen

19.1 Beschaffungslogistik

1. Zu welchen Problemen kann eine isolierte Betrachtung von Optimierungsaufgaben innerhalb einzelner Unternehmensbereiche bzw. Logistikbereiche führen?
2. Was sind Schnittstellen und wie können Schnittstellen unterschieden werden?
3. Wie können die Aufgaben der Beschaffungslogistik von denen der Beschaffung abgegrenzt werden und welche Vorteile hat eine derartige Abgrenzung?
4. Was sind die sieben „R“ der Beschaffungslogistik?
5. Was ist das Just-in-Time-Prinzip und was sind dessen wesentliche Vor- und Nachteile?
6. ⋆ Was sind wesentliche Voraussetzungen für eine (weitestgehend) bestandslose Fertigung?

19.2 Produktionslogistik

7. ⋆ Warum sind historisch gewachsene Fertigungslayouts häufig problematisch?
8. Was ist das aus Sicht der Logistik beste Fertigungslayout, um die Probleme von historisch gewachsener Werkstattfertigung zu überwinden?
9. ⋆ Warum kann es sinnvoll sein, von objektorientierten Fertigungsstrukturen abzuweichen?
10. Warum ist aus Sicht der Logistik die Einführung von Qualitätskontrollen außerhalb der Fertigungsprozesse in der Regel problematisch?
11. ⋆⋆ Eine Produktion hat fünf Maschinen. Für das Produkt, das mit den Maschinen gefertigt wird, werden auf den Maschinen (M_i mit $i = 1, 2, 3, 4, 5$) folgende Werkstückwechsel (W_i) und Maschinenlaufzeiten (L_i) benötigt (sec = Sekunden):

Maschine (i)	Werkstückwechselzeit (W_i) in sec.	Maschinenlaufzeit (L_i) in sec.
1	15	20
2	7	25
3	10	20
4	10	15
5	18	18

In der Produktion wird in zwei Schichten à 8 Stunden gearbeitet.

a. Wie groß ist die Kapazität pro Tag, wenn ein/e Mitarbeiter/in pro Schicht eingesetzt wird?

b. Wie groß ist die Kapazität pro Tag, wenn zwei MitarbeiterInnen pro Schicht eingesetzt werden?

c. Wie groß ist die maximale Kapazität dieser Produktion pro Tag im Zweischichtbetrieb?

d. Während einer Nachfragekrise geht die Nachfrage auf ca. 1.280 Stück zurück, wie können Sie den Nachfragerückgang auffangen?

e. Im Höhepunkt der Krise geht die Nachfrage auf ca. 480 Stück zurück, wie können Sie den Nachfragerückgang auffangen?

f. Nachdem die Krise überwunden ist wollen ihre Kunden die Lagerbestände wieder auffrischen. Die Nachfrage steigt auf 2.400 Stück, was können Sie tun?

12. Nennen Sie die drei wichtigsten Informationskategorien, die auf einer Kanban Karte vorhanden sein sollten.

⋆ 13. Sie arbeiten für einen Hersteller von Staubsaugern und sollen ein Kanban-System für die Beschaffung von Elektromotoren entwickeln. Ihr Lieferant hat eine durchschnittliche Lieferzeit von 10 Stunden. Pro Stunde stellen Sie 120 Staubsauger her. Der Sicherheitsbestand soll immer für 2 Stunden reichen. Das Fassungsvermögen der Materialbehälter beträgt 90 Stück. Wie viele Kanban (K) müssen Sie in Umlauf bringen?

14. Was versteht man unter Poka-Yoke?

19.3 Distributionslogistik

15. Welche der folgenden Aussagen sind richtig?

a. Die Absatzplanung sollte von der Logistik gemacht werden, da Marketing/Vertrieb die Absatzzahlen tendenziell überschätzt. ☐

b. Die Distributionslogistik sollte die wesentlichen logistischen Dienstleistungen Transport, Lagerung, Kommissionierung verantworten, während das Marketing und der Vertrieb für die Auftragsbearbeitung zuständig sind. ☐

c. Das Erstellen von Angeboten sollte durch die Logistik erfolgen, damit diese über alle wichtigen Informationen verfügt. ☐

d. Die physische Schnittstelle zwischen Produktion und Distribution kann – je nach Unternehmen – unterschiedliche Ausprägungen haben: Abholung der Waren durch die Distributionslogistik an der Maschine/Band, Bereitstellung der Ware in einem Fertigwarenlager und Abholung durch die Distributionslogistik, Bereitstellung zur Distribution durch die Produktion, z.B. im Warenausgang. ☐

e. Die Verhandlung von Preis und Konditionen ist Aufgabe von Marketing/Verkauf, jedoch werden hierzu auch Informationen aus der Distributionslogistik benötigt. ☐

16. Nennen Sie den Einfluss, den die Kunden- und Auftragsstruktur auf die Distributionslogistik sowie deren Kosten haben.

17. Nach welchen Kriterien können die Ausgestaltung des Distributionskanals und die Charakterisierung der einzelnen Organisationseinheiten erfolgen?

18. Wie kann die Distributionsstruktur eines Unternehmens gekennzeichnet werden? Skizzieren Sie unterschiedliche Distributionsstrukturen.

19. Was versteht man unter dem Cross-Docking-Konzept? Nennen Sie dessen Vorteile.

20. Nennen Sie wesentliche Voraussetzungen für Cross-Docking.
21. Bei der Distribution von Gütern gibt es unterschiedliche Distributionsstrukturen.
    a. Skizzieren Sie schematisch eine 3-stufige Distribution mit Zentrallager und benennen Sie alle relevanten Stationen entlang des Güterflusses.
    b. Welche Kostengrößen sind bei der Entscheidung über die Anzahl der Lager zu berücksichtigen?
22. Wie kann der Begriff elogistik definiert werden?
23. Füllen Sie die folgende Abbildung und geben Sie zu jedem der fehlenden Felder kurz ein Beispiel

Anbieter / Nachfrager	Administration	Business	Consumer
Administration	(A2A) Administration to Administration, z.B. Tranferleistungen von Behörden	(B2A) Business to Administration, z.B. Steuererklärung	(C2A) Consumer to Administration, z.B. Beantragung von Pässen
Business			
Consumer	(A2C) Administration to Consumer, z.B. Abwicklung von Transferleistungen	(B2C) Business to Consumer, z.B. Onlineshops	(C2C) Consumer to Consumer, z.B. ebay

24. Was sind die wichtigsten Herausforderungen für die elogistik?
25. Was sind die Probleme der Auslieferung an den Endkunden? Skizzieren Sie Ansätze zur Lösung dieses Problems

19.4 Entsorgungslogistik

★ 26. Warum hat die Entsorgungslogistik in den vergangenen Jahren an Bedeutung gewonnen?
27. Was sind die wesentlichen Probleme/Herausforderungen der Entsorgungsstrukturen in den Unternehmen?

Lösungen

1. Eine isolierte Betrachtung von Optimierungsaufgaben innerhalb der Beschaffungs-, Produktions- und Absatzwirtschaft kann zu Schnittstellenproblemen und damit verbundenen Koordinationsproblemen (meist in Form von Zielkonflikten zwischen einzelnen Planungsfeldern) führen.
2. Schnittstellen sind Übergangsstellen für den Informations- und/oder Material- bzw. Güteraustausch zwischen unterschiedlichen Systemen (Planungsfeldern). Zudem sind Schnittstellen für den Informations- und/oder Material- bzw. Güteraustausch zwischen unterschiedlichen Systemen (Planungsfeldern) erforderlich.[1] Nach Art der Schnittstellen kann unterschieden werden in:
   - Schnittstellen zwischen Elementen des Subsystems Logistik (Schnittstellen erster Ordnung),
   - Schnittstellen zwischen Elementen des Subsystems Logistik und anderen Subsystemen bzw. Elementen (Schnittstellen zweiter Ordnung),
   - Schnittstellen zwischen Elementen des Subsystems Logistik und Systemen außerhalb der Organisation (Schnittstellen dritter Ordnung),
   - Nach dem Übertragungsobjekt werden physische Schnittstellen (z.B. Materialumschlag) und informatorische Schnittstellen (z.B. EDI) unterschieden.
3. Aus Sicht der Logistik ist es Aufgabe der Beschaffung (des Einkaufs), die erforderlichen Lieferkapazitäten zur Verfügung zu stellen. Hierzu gehören u.a. die Aufgaben:
   - Beschaffungsmarktforschung
   - Lieferantenmanagement
   - Make or buy

   Zur Beschaffung (Einkauf) zählen die marktbezogenen Aufgaben, die mit den Materialflüssen nur indirekt zusammenhängen. Häufig geben diese langfristige Rahmenbedingungen vor (z.B. die Frage, ob neue Lieferanten in Billiglohnländern gesucht werden sollen). Die kurzfristige Steuerung wird von diesen Aufgaben nur im Einzelfall beeinflusst. Wenn die Lieferanten und die Preise für die Materialien und bezogenen Teile festliegen, so muss der Einkauf an dem Prozess der Bereitstellung von Gütern und Materialien und der dazugehörigen Informationen nicht teilnehmen. Dies ist Aufgabe der Beschaffungslogistik.

   Durch eine solche Abgrenzung zwischen Beschaffungslogistik und Beschaffung (Einkauf) wird es möglich, sowohl die Spezialisierungsvorteile der Beschaffungsaktivitäten als auch die Vorteile, die aus der Integration der Aufgaben der Beschaffung in die logistische Kette (Koordination mit dem Produktions- und Vertriebsbereich) resultieren, zu nutzen. Die Aufgabenverteilung im Bereich Bedarfsermittlung und Bestellung erfolgt in der Unternehmenspraxis sehr unterschiedlich. Es besteht die Tendenz, die grundsätzlichen mittel- bis langfristigen Aktivitäten dieser Bereiche, z.B. Abschluss von Rahmenverträgen, der Beschaffung (Einkauf) zuzuordnen, die Aktivitäten, die eng mit den Materialflüssen zusammenhängen, z.B. Abrufe innerhalb der Rahmenverträge, der Beschaffungslogistik zuzuordnen.

1 Vgl. Sokianos, N. et al (1998), S. 385 f.

4. Ziel der Beschaffungslogistik ist es:
   - die richtigen Materialien,
   - zum richtigen Zeitpunkt,
   - in der richtigen Menge,
   - am richtigen Ort,
   - in der richtigen Qualität,
   - an der richtigen Stelle (interner Kunde),
   - zu den richtigen Kosten bereitzustellen.
5. Unter Just-in-Time wird eine zeitlich genaue (bezogen auf den Zeitpunkt an dem die Objekte tatsächlich benötigt werden) Bereitstellung von Rohmaterialien, Halbfertigprodukten oder Fertigprodukten verstanden. Ein derartiges Bereitstellungskonzept reduziert Bestände in Eingangslagern auf sehr geringe Reichweiten.
   - Vorteile von JIT liegen in der Verringerung von Kapitalbindungskosten, sonstigen Lagerkosten und der Vermeidung von Überbeständen. Des Weiteren dienen Bestandsreduzierungen als Anstoß für eine Veränderung der Durchfluss-Strukturen. Just-in-Time-Produktion steht somit für eine vollständige Beherrschung eines erheblichen Teils der gesamten Materialflusskette. Bei der Vorbereitung von JIT-Konzepten werden in der Regel Schwachstellen in den Abläufen und in den Strukturen aufgedeckt. Die bei JIT notwendige Schaffung eines Vertrauensverhältnisses zwischen den Partnern kann als Vorteil angesehen werden.
   - Nachteile von JIT können in einem starken Abhängigkeitsverhältnis zwischen Kunden und Lieferanten liegen. Störungen beim Lieferanten oder beim Transport vom Lieferanten zum Kunden wirken sich, da es keine Puffer gibt, direkt auf den Kunden (z.B. dessen Produktion) aus. Entsprechende Risikoanalysen und Ausfallstrategien müssen entwickelt werden. Häufig werden als Nachteil von JIT-Anlieferungen eine Erhöhung der Anzahl der Lkw-Transporte und damit erhöhte Transportkosten genannt. Es wird auch bei JIT versucht, die Lkws möglichst gut auszulasten, d.h., es wird die Anliefergröße so gewählt, dass kein halbvoller Lkw die Güter transportiert. Auch schließen sich JIT und Bahntransporte nicht ganz aus. So gibt es z.B. in der Automobilindustrie tägliche Ganzzüge, die die Motoren oder andere Komponenten anliefern. In jedem Falle bedeutet „Anlieferung direkt ans Band“, dass für den gewählten Verkehrsträger die erforderlichen Entlade-, Abstell- und Rangierflächen vorhanden sein müssen.
6. Eine bestandslose Fertigung lässt sich nur dann ins Auge fassen, wenn lieferantenbezogen die produktions- und vertriebswirtschaftlichen sowie kundenbezogen die material- und produktionswirtschaftlichen Steuerungssysteme präzise, zeitaktuell und hoch integriert funktionieren. Eine enge Informationskopplung über DFÜ ist notwendig.

   Der Lieferant muss einen (extrem) hohen Servicegrad einhalten. Die Anlieferung muss sehr präzise erfolgen. In der Regel wird auf eine Eingangsprüfung beim Kunden verzichtet, aus diesem Grund muss der Lieferant sehr hohe Qualitätsstandards erfüllen, denn auf die Eingangskontrolle kann der Betrieb nur dann verzichten, wenn der Zulieferer sich verpflichtet, 100 Prozent gute Qualität zu liefern. Da es bei geringeren Nachfragemengen schnell zu Leerkapazitäten kommt, sollte ein einigermaßen gleichmäßiger Bedarf vorliegen. Wenn hohe Schwankungen in der Nachfrage auftreten, so müssen diese gut prognostizierbar sein, damit eine Kapazitätsanpassung (nach oben oder unten) rechtzeitig durchgeführt werden kann. Damit Störungen im Transport (z.B. Stau) nur in geringem Umfang auftreten, muss eine funktionierende Verkehrsinfrastruktur vorhanden sein. Insgesamt setzen JIT-Lösungen ein hohes Know-how bei allen involvierten Partnern voraus.

7. Bei historischen Fertigungslayouts (Maschinenanordnung in der Produktion) ist die Wahrscheinlichkeit hoch, dass durch die Anordnung der Maschinen der Materialfluss nur noch rudimentär erkennbar ist. Bei Verfolgung einzelner Bearbeitungsgänge in einer Fertigungsstätte erfolgen die Transporte zwischen einzelnen Fertigungsstufen oftmals kreuz und quer durch die Halle. So wurden bei der Analyse innerbetrieblicher Transportwege innerhalb der Fertigung und der jeweiligen Lager eines mittelständischen Maschinenbauunternehmens bei geordnetem Fertigungslayout Transportstrecken von mehr als 15 km (Betriebsgelände ca. 800 x 400 m) festgestellt! Als Grund für ein nur wenig flussorientiertes Fertigungslayout wird angeführt, dass neue Fertigungsmaschinen dort aufgestellt werden, wo gerade Platz ist. Außerdem wird argumentiert, dass Maschinen für gleiche oder ähnliche Fertigungsvorgänge wegen der besseren Aufsichtsmöglichkeit und Mehrmaschinenbedienung am besten in einem Bereich aufgestellt werden sollten. Ein solches Layout behindert jedoch häufig den Materialfluss und führt zu Ineffizienzen. Der Vorteil eines solchen Fertigungslayouts liegt in der Maschinenüberwachung. Ein weiterer Vorteil ist die Möglichkeit, eine höhere Auslastung der Maschinen zu erreichen. Diese auf den ersten Blick wirtschaftliche Anordnung der Maschinen und Fertigungsbereiche führt aber zu einer Vielzahl von Problemen:
   - Produktionsplanung und Kapazitätsbestimmung werden erschwert,
   - zu viele und zu lange Transport(weg)e,
   - hohe Umlaufbestände,
   - viele Handlingaktivitäten an einem Werkstück,
   - lange Durchlaufzeiten,
   - Probleme der Fehlerermittlung und -beseitigung,
   - unregelmäßige Materialflüsse sowie
   - unübersichtliche Fertigung: Die räumliche Trennung von aufeinander folgenden Fertigungsschritten verhindert Abstimmung und Kommunikation zwischen Mitarbeitern unterschiedlicher Bereiche.

8. Aus Sicht der Logistik ist das Fertigungslayout, wo immer möglich, nach dem Objektprinzip zu gestalten. Das Material fließt somit gleichmäßig und die Reihenfolge der Arbeitsgänge spiegelt sich klar im Fertigungslayout wieder. Um eine produktorientierte Fertigung erfolgreich implementieren zu können, müssen die Mitarbeiter in vielen Fällen lernen, ein breiteres Spektrum von Maschinen zu bedienen. Die Verfahrensspezialisierung wird dabei zugunsten einer Produktspezialisierung aufgehoben.

9. Im Industriebetrieb kann es beispielsweise Abteilungen oder einzelne Fertigungsprozesse geben, die aus ökonomischen Gründen zusammengefasst (z.B. economies of scale) oder die in der Peripherie angesiedelt werden müssen. Ursachen hierfür können sein: Lärm, Arbeit mit giftigen oder sonst gefährlichen Substanzen. In diesen Fällen wäre die Zusammenfassung solcher Bearbeitungsstellen innerhalb einer Fertigungsstraße wegen der zu beachtenden Sicherheitsvorschriften unverhältnismäßig teuer.
10. Qualitätssicherung (QS) außerhalb des Produktionsprozesses kann aus Sicht der Logistik problematisch sein, weil es dadurch in der Regel zu Verzögerungen im Prozessfortschritt und zu einer Verlängerung der Durchlaufzeit kommt. Werden die fertigen Teile einer QS-Abteilung übergeben – sei es im Wareneingang, in der Produktion oder im Anschluss an die Produktion – so bedeutet dies zusätzliche Schnittstellen und in der Regel eine erhebliche Verzögerung des gesamten Prozesses und damit eine Verlängerung der Durchlaufzeiten. Ziel muss es deswegen sein, eine „Null-Fehler"-Strategie zu verfolgen und eine Integration der Qualitätssicherungsaufgaben in die Produktionsprozesse (Werkereigenprüfung) zu erreichen. Auftretende Fehler werden sofort, notfalls durch Bandstopp, und möglichst eigenverantwortlich gelöst. Ein weiterer wichtiger Aspekt, um eine hohe, gleich bleibende Qualität zu produzieren, ist der Einsatz robuster, einfacher Lösungen mit hoher Prozess-Sicherheit.
11. Die folgende Übersicht zeigt eine mögliche Anordnung der Produktion im u-förmigen Layout:

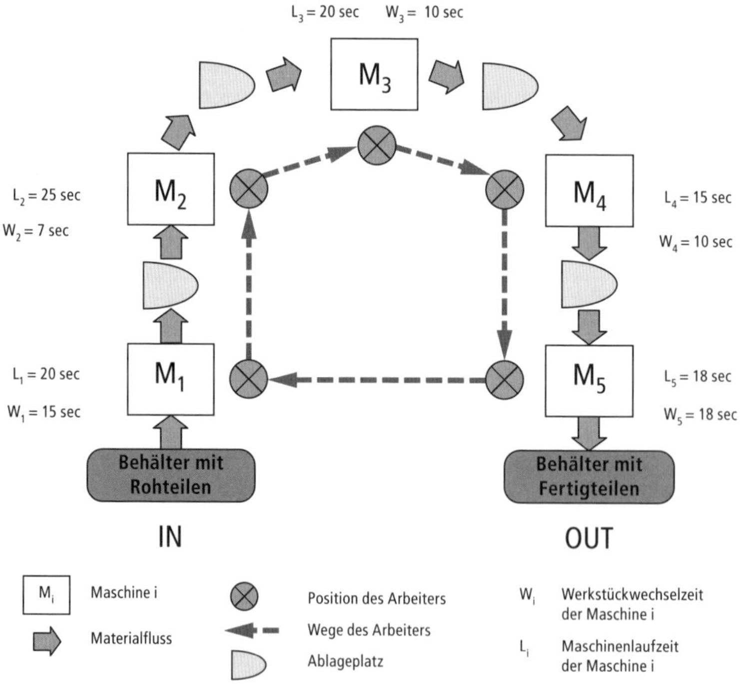

Die wesentlichen Ausgangsdaten sind in folgender Tabelle zusammengefasst (sec = Sekunden):

Maschine (i)	W_i in sec	L_i in sec	$W_i + L_i$
1	15	20	35
2	7	25	32
3	10	20	30
4	10	15	25
5	18	18	**36**
	60		

a. Wenn ein/e Mitarbeiter/in eingesetzt wird, so wird die Kapazität durch die Werkstückwechselzeiten (W_i) bestimmt.

$$\sum_{i=1}^{5} W_i = 60\,\text{sec}$$

Ein/e Mitarbeiter/in kann in der Stunde 60 Stück produzieren. In einer Schicht können 480 Stück und in zwei Schichten 960 Stück produziert werden.

b. Wenn zwei Mitarbeiter/innen pro Schicht eingesetzt werden, so wird die Kapazität durch die Werkstückwechsel und Maschinenlaufzeit der Maschine 5 (36 sec) bestimmt. Pro Stunde können 100 Stück produziert werden, pro Schicht 800 Stück und in zwei Schichten 1.600 Stück.

c. Die maximale Kapazität beträgt 1.600 Stück. Auch wenn mehr als zwei Mitarbeiter/innen eingesetzt werden, kann die Kapazität nicht gesteigert werden

d. Ein Lösungsansatz wäre, in einer Schicht mit zwei Mitarbeiter/innen (800 Stück) und in der anderen Schicht mit einem/r Mitarbeiter/in (480 Stück) zu arbeiten. So können insgesamt 1.280 Stück pro Tag produziert werden.

e. Es sollte nur in einer Schicht mit einem/r Mitarbeiter/in gearbeitet werden.

f. Es könnte in drei Schichten (3 × 8 = 24 Stunden) mit jeweils zwei Mitarbeiter/innen gearbeitet werden. Ohne Berücksichtigung der Pausen ergäbe sich eine Produktionskapazität von 3 x 800 = 2.400 Stück. In der Realität läge die Produktionskapazität (in Abhängigkeit von der Pausenregelung) darunter.

12. Auf einer Kanbankarte sollten folgende drei Informationskategorien vorhanden sein:

- Entnahmeinformationen,
- Transportinformationen und
- Produktionsinformationen.

13. Die Anzahl von Kanban kann durch folgende Formel berechnet werden:

$$K = \frac{\textit{Erwarteter Bedarf in Durchlaufzeit + Sicherheitsbestand}}{\textit{Fassungsvermögen pro Materialbehälter}} = \frac{J \times tw \times (1+SB)}{M}$$

Wobei:

- J … durchschnittliche Anzahl benötigter Einheiten pro Periode ist. Die Angaben im Beispiel beziehen sich auf die Stunde. Pro Stunde werden 120 Elektromotoren benötigt.
- tw … durchschnittliche Wiederbeschaffungszeit benötigter Einheiten pro Periode. Die Wiederbeschaffungszeit für die Elektromotoren beträgt 10 Stunden.
- SB … Sicherheitsbestand (in % des Bedarfs). Es soll ein Sicherheitsbestand von 2 Stunden gehalten werden, das sind 20% des Verbrauchs in der Wiederbeschaffungszeit.
- M … Fassungsvermögen pro Materialbehälter in Stück. Es beträgt im Beispiel 90 Stück.

Nun kann

K … die Anzahl an Kanbans (Karten oder Materialbehälter) einfach berechnet werden:

$$K = \frac{120 \times 10 \times (1 + 0,2)}{90} = 16$$

14. Poka heißt der unbeabsichtigte Fehler und Yoke heißt die Vermeidung. Es geht also darum, unbeabsichtigte Fehler zu vermeiden. Dies kann dadurch erfolgen, dass durch technische Vorkehrungen und Einrichtungen (narrensichere Mechanismen, Prüfungen während des Prozesses und automatische Korrektur) Fehler ausgeschlossen werden. Diese Form wird als hartes Poka-Yoke bezeichnet. Ziel ist es, das Auftreten von Problemen direkt an der Entstehungsquelle zu verhindern. Diese Poka-Yoke-Vorrichtungen machen es unmöglich, eine Maschine falsch zu bedienen oder zu bestücken. Als weiches Poka-Yoke werden Hilfsmittel, wie z.B. farbliche Markierungen, Checklisten, optische oder akustische Signale bezeichnet, die verhindern sollen, dass Fehler entstehen. Wenn die Mitarbeiter die Hilfsmittel aber missachten, können trotzdem Fehler entstehen.

15. Die Aussagen d und e sind richtig.
    a. Ist falsch. Zwar überschätzt der Bereich Marketing/Vertrieb die Absatzzahlen tendenziell. Für die Erstellung der Absatzplanung sind aber die Marktkenntnisse des Bereichs Marketing/Vertrieb von großer Bedeutung.
    b. Ist falsch. Die Distributionslogistik sollte alle Aufgaben, die mit den Warenflüssen zusammenhängen, übernehmen. Aufgrund von Spezialisierungsvorteilen und zur Vermeidung von Liegezeiten und Fehlern bei der Übergabe der Informationen sollte die gesamte Auftragsbearbeitung der Logistik zugeordnet werden.

c. Ist falsch. Das Erstellen von Angeboten ist eine der Kernaufgaben des Bereichs Marketing/Vertrieb.

d. Ist richtig. In der Tat kann die physische Schnittstelle zwischen Produktion und Distribution unterschiedliche Ausprägungen haben.

e. Ist richtig. Die Verhandlung von Preis- und Konditionen ist eine der Kernaufgaben des Bereichs Marketing/Vertrieb. Wichtige Informationen, die aus der Distributionslogistik benötigt werden, sind z.B. die Logistikkosten.

16. Die Kundenstruktur kann durch die Anzahl und die Größe der Kunden charakterisiert werden. Verändert sich das Verhältnis von Großkunden zu Kleinkunden, so wirkt sich diese Veränderung (komplexitäts-) kostentreibend auf die Logistik aus. Wenn verhältnismäßig mehr Großkunden als Kleinkunden gegeben sind, wirkt das (komplexitäts-) kostensenkend. Eine Verteilung der Kunden in der Fläche erfordert komplexere logistische Systeme und damit tendenziell höhere Logistikkosten als eine punktuelle Belieferung. Die Auftragsstruktur ist gekennzeichnet durch das Volumen, die Heterogenität und die Varianz der Aufträge. Bei großen Auftragsvolumina lassen sich Economies of Scale für die material- und warenflussbezogenen Dienstleistungsaufgaben realisieren. Auch die Koordinationsaufgabe ist in der Regel einfacher zu bewältigen. Eine starke Heterogenität und eine hohe Schwankungsbreite hinsichtlich der Zusammensetzung und des zeitlichen Auftretens der Aufträge stellen höhere Anforderungen an das Logistiksystem und führen damit tendenziell zu höheren Logistikkosten.

17. Die Ausgestaltung des Distributionskanals und die Charakterisierung der einzelnen Organisationseinheiten können nach folgenden Kriterien erfolgen:
   - Eigentumsübernahme (Ownership), z.B. Händler oder Verkaufsmittler, Verkaufsagenten),
   - Übernahme der Funktionen, z.B. Transportunternehmen, Lagerunternehmen oder Großhändler,
   - Kundengruppen und
   - Produkte, z.B. Agrargroßhandel, Getränkegroßhandel, Sanitärgroßhandel.

18. Die Distributionsstruktur eines Unternehmens ist gekennzeichnet durch
   - die Anzahl der Lagerstufen,
   - die Anzahl der Lager auf jeder Stufe und
   - die Frage nach den Standorten der Lager.

   Für die Verbindungen zwischen den Lagern müssen z.B. die Transportmittel ausgewählt werden, die Häufigkeit der Verbindungen, die Zeitpunkte der Verbindungen und die Kapazitäten der Verbindungen bestimmt sowie die Reihenfolge der Bedienung der Lager festgelegt werden.

Alternative Distributionsstrukturen können wie folgt skizziert werden:

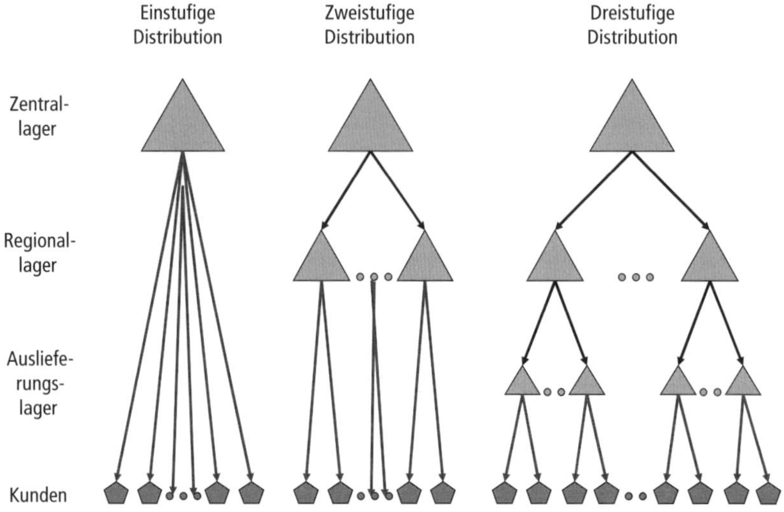

19. Cross-Docking ist die Anwendung des Just-in-Time bzw. Just-in-Sequence Prinzips im Handel. Während in der Produktionslogistik die unterschiedlichen Anlieferungen von Materialien, Vor- oder Halbfertigprodukten mit der Monatge/ bzw. Produktion abgestimmt werden, wird unter Cross-Docking eine Abstimmung der Lieferungen unterschiedlicher Lieferanten/Produkte mit den Auslieferungen an die Filialen verstanden. Die Produkte werden in einem Cross Docking-Konzept in einem Umschlagspunkt bzw. einem Cross Docking Lager nur umgeschlagen oder ggf. für eine geringe Zeitdauer zwischengelagert. Wesentliche Vorteile des Cross-Dockings sind:
    - Reduktion von Lagerbestände und Lagerhaltungskosten und
    - Reduktion des Aufwands für die Annahme und das Einschichten/Einsortieren der Güter in die Regale in der Filiale.
20. Wesentliche Voraussetzungen für Cross-Docking sind:
    - Genaue Planung, da es kein oder nur geringe Pufferlager geben sollte.
    - Hohe Liefertreue, Lieferfähigkeit und Lieferqualität der Lieferanten.
    - Elektronischer Datenaustausch (EDI), aufgrund der Häufigkeit und – im Falle des einstufigen Cross-Dockings – der Vielzahl der filialbezogenen Bestellungen (bzw. Bestellinformationen).
    - Die Lieferanten sollten ein größeres Liefervolumen besitzen.
    - Die Waren bzw. die Sendungen, die über ein Cross Docking Lager geführt werden sollten einen einfachen Umschlag ermöglichen. Idealerweise ist dies durch Palettierung gewährleistet.
    - Eine hohe Umschlagshäufigkeit der Ware sollte vorhanden sein, da sonst die Abstimmung der Lieferungen der Lieferanten und die Belieferung der Filialen schwierig sind.

21. a. Eine dreistufige Distribution mit Zentrallager kann wie folgt skizziert werden:

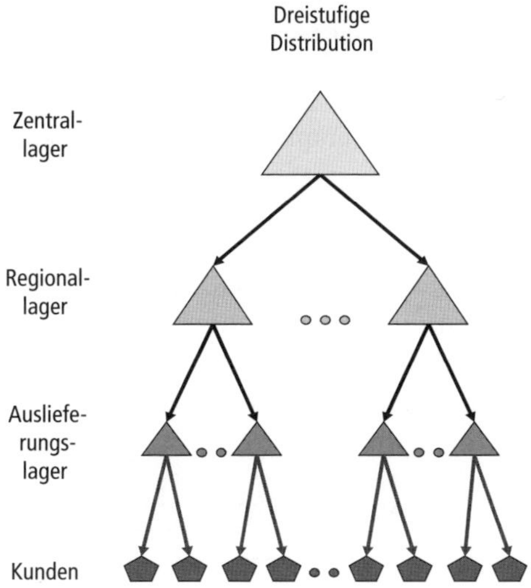

b. Folgende Kostengrößen bestimmen die Entscheidung über die Anzahl der Lager:
   - Lagerkosten,
   - Auslieferungskosten,
   - Bestandskosten und
   - Transportkosten zu Lägern.

22. Die Logistik für ecommerce und ebusiness wird als elogistik bezeichnet.

23.

Anbieter / Nachfrager	Administration	Business	Consumer
Administration	(A2A) Administration to Administration, z.B. Tranferleistungen von Behörden	(B2A) Business to Administration, z.B. Steuererklärung	(C2A) Consumer to Administration, z.B. Beantragung von Pässen
Business	(A2B) Administration to Business, z.B. öffentliche Beschaffung öffentlicher	(B2B) Business to Business, z.B. eprocurement	(C2B) Consumer to Business, z.B. Reklamationen, Beschwerden
Consumer	(A2C) Administration to Consumer, z.B. Abwicklung von Transferleistungen	(B2C) Business to Consumer, z.B. Onlineshops	(C2C) Consumer to Consumer, z.B. ebay

24. Wichtige Herausforderungen für die elogistik sind:
   - steigendes Sendungsaufkommen
   - kleinere Sendungs- bzw. Losgrößen
   - hohe Anforderungen an die Lieferzeit

- Die Auslieferung an die Haustür des Endkunden (Last Mile-Problematik).
- Viele Rücksendungen, da der Kunde – aufgrund des Charakters des Kaufprozesses – die Waren in der Regel nicht vorher ausprobieren bzw. physisch begutachten kann. Außerdem erlauben es die gesetzlichen Rahmenbedingungen, Güter, des Distanzhandels – mit gewissen Einschränkungen – in der EU ohne Begründung innerhalb von 14 Tagen nach Empfang der Ware zurückzusenden.

25. Die Zustellung der Waren zum Endkunden gestaltet sich aufgrund der Tatsache, dass bei vielen Haushalten tagsüber niemand anwesend ist schwierig. Auch die Abholung der Sendungen zu normalen Öffnungszeiten der Postfilialen, wie sie früher üblich war, ist für viele Haushalte unkomfortabel, da diese zum Großteil in der Arbeitszeit liegen. Die Lösung des Problems der „letzten Meile“, ist einer der wichtigen Fragestellungen der elogistik.

    Lösungsansätze hierzu zeigt die folgende Skizze:

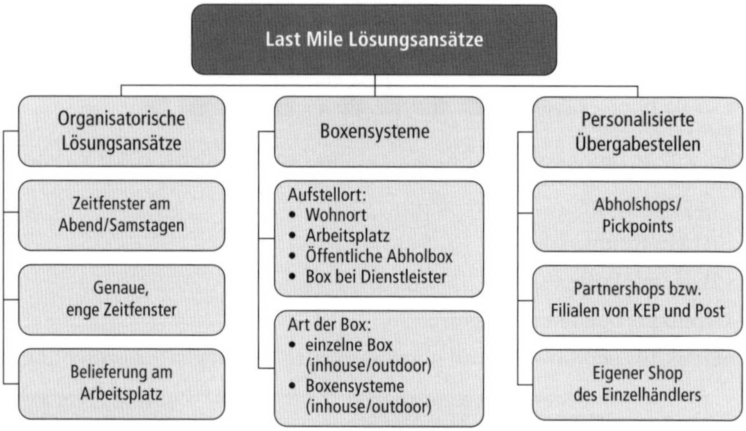

Lösungsansätze für das Auslieferungsproblem im ecommerces

26. Der Bedeutungszuwachs der Entsorgungslogistik liegt an mehreren Faktoren:
    - An der Verschärfung der gesetzlichen Rahmenbedingungen für die Gestaltung der Entsorgungsstruktur.
    - An dem Wunsch der Kunden nach umweltfreundlichen Produkten und Dienstleistungen.
    - Am Wertewandel innerhalb des Managements der Unternehmen und innerhalb der Gesellschaft.
    - Zudem erkennen immer mehr Unternehmen in dem Bereich der Entsorgungslogistik wirtschaftliche Chancen.

27. Herausforderungen/Probleme bei der Gestaltung der Entsorgungsstruktur in den Unternehmen resultieren zum einen daraus, dass die Richtung der Materialflüsse umgekehrt verläuft, was zu einem Umdenken bei der Aufgabenverteilung für die Dienstleistungen Sammeln, Sortieren, Transportieren und Lagern führt. Zum anderen ist eine Neugestaltung der (bislang vernachlässigten) folgenden Aufgaben für alle Materialien und Produkte erforderlich:

 - Vermeidung von Faktorverbräuchen,
 - Reduzierung von Faktorverbräuchen,
 - Wiederverwendung,
 - Wiederverwertung,
 - Weiterverwendung,
 - Weiterverwertung und
 - Beseitigung durch Deponierung.

 Die Logistik versucht, die, hinsichtlich der Entsorgungsstrukturen gestellten Anforderungen, durch den Aufbau kreisförmiger Material- und Güterflüsse zu bewältigen. Entsorgungslogistische Systeme können unternehmensspezifisch, branchenspezifisch oder branchenübergreifend aufgebaut werden.

20 Logistik als Flussorientierung

Logistik als Flussorientierung kann als Weiterentwicklung der Logistik als Koordinationsfunktion betrachtet werden. Diese Sichtweise entspricht dem in der Betriebswirtschaftslehre stark diskutierten **Fokussierungswandel weg vom Denken in Strukturen hin zu einem Denken in Prozessen.** Allerdings betrifft diese Sichtweise nicht nur das Management einer logistischen Dienstleistung. Vielmehr soll das Führungssystem so ausgestaltet werden, dass auf der Ausführungsebene reibungslose Flüsse der Materialien und Güter sichergestellt sind. Das zentrale Ziel der flussorientierten Gestaltung des Unternehmens liegt in der Erhöhung der Reaktionsfähigkeit sowie der Reaktionsgeschwindigkeit auf veränderte Umweltbedingungen.

Nach Weber/Kummer kann sie wie folgt definiert werden: Das Ziel der **Logistik** besteht darin, das Leistungssystem des Unternehmens flussorientiert zu gestalten. Um dieses Ziel zu erreichen, nimmt die Logistik eine Koordinationsfunktion im Führungssystem wahr. Sie umfasst die Strukturgestaltung aller Führungsteilsysteme, die zwischen diesen bestehende Abstimmung sowie die führungssysteminterne Koordination.

Bei Betrachtung des Unternehmens als System kann zwischen dem Führungssystem und dem Leistungssystem unterschieden werden. Die Aufgabe des Führungssystems ist es, das Leistungssystem effizient und effektiv zu führen. Dazu ist es in die **Führungsteilsysteme**

- Wertesystem,
- Planungssystem,
- Kontrollsystem,
- Informationssystem,
- Personalführungssystem und
- Organisationssystem

gegliedert.

Der Grad der Umsetzung des Flussprinzips im Unternehmen kann von der Unternehmensführung anhand bestimmter Messgrößen kontrolliert und bewertet werden. Bewertungskriterien für die Umsetzung des Flussprinzips sind Struktur-, Prozess- und Leistungsmerkmale des Unternehmens.

Geringe Komplexität, hohe Kohärenz (Durchgängigkeit), eine große Wandelbarkeit sowie die Koordinierbarkeit von Systemen sind Strukturmerkmale, die einen hohen Grad der Flussorientierung gewährleisten.

Eine hohe Kundenorientierung, große Fehlertoleranz und Stabilität sowie ein großer Durchsatz und eine hohe Effizienz sind Prozessmerkmale und sprechen für eine hohe Flussbezogenheit von Systemen.

Menge (Leistungsmenge), Schnelligkeit, Flexibilität und Präzision sind flussbezogene Leistungsmerkmale.

Die Flussorientierung als Gestaltungs- und Führungsprinzip ist aber nicht auf den Bereich der BWL beschränkt. Logistik ist daher in einem ganz generellen Sinne flussorientierte Stabilisierung von Systemen in ihrer Umwelt.

Folgende Fragen/Entscheidungstatbestände werden im Rahmen dieses Kapitels behandelt:

- Was ist die flussorientierte Sichtweise der Logistik?
- Was ist das Ziel der flussorientierten Logistik?
- Wie hoch ist der Grad der Flussorientierung der Logistik?

Fragen

20.1 Logistik im Führungssystem

1. Erläutern Sie, wie die Logistik als Flussorientierung in den Führungsteilsystemen verankert werden kann.

20.2 Bewertungskriterien für die Umsetzung des Flussprinzips

2. Nennen Sie die flussbezogenen Bewertungskriterien.
3. Welche der folgenden Aussagen sind richtig?
   a. Flussorientierte Systeme sind sehr komplex. Eine hohe Komplexität fördert deswegen die Flussorientierung in Logistiksystemen. ☐
   b. Wesentliche Messgrößen der Komplexität sind: Die Anzahl der Elemente (Zahl der Produkte, Fertigungsstufen, Materialarten ...) eines Systems und die Anzahl der Beziehungen zwischen diesen Elementen. ☐
   c. Um eine hohe Kohärenz zu erreichen, müssen komplexe Logistiksysteme vornehmlich hierarchisch aufgebaut sein, damit bei Entscheidungen möglichst viele Aspekte der Unternehmensführung berücksichtigt werden können. ☐
   d. Eine lange Prozesskette (Zahl der für einen einzelnen Auftrag, von der Annahme bis zur Auslieferung, verantwortlichen Stellen), ist ein Zeichen für eine hohe Kohärenz. ☐
   e. Logistiksysteme sollten möglichst stabil sein. Eine große Adaptionsfähigkeit steht der Flussorientierung entgegen. ☐
4. Wie können Sie die Wandelbarkeit von Logistiksystemen messen?
5. Warum stellen Fehlertoleranz und Stabilität wichtige Merkmale einer flussorientierten Logistik dar?
6. Was versteht man unter Durchsatz?
7. Wie trägt die Schnelligkeit zum Erfolg von flussorientierten Logistiksystemen bei?

Lösungen

1. Bezogen auf die einzelnen Führungsteilsysteme ergeben sich folgende Prämissen:
   - Im Wertesystem kann die Logistik als flussorientierte Führung als grundsätzlicher Wert verankert werden. Dieser grundlegende Wert bildet die Basis des Führungshandelns und unterliegt meist keinen kurzfristigen Änderungen.
   - Die Beherrschung turbulenzarmer Leistungsprozesse bedeutet eine strategische Fähigkeit und stellt die Grundlage in der Planung dar.
   - Neben traditionellen Größen sollten flussbezogene Handlungsergebnisse und Zielgrößen im Kontrollsystem überprüft werden.
   - Das Informationssystem muss einen Erfahrungsaufbau zur flussgerechten Gestaltung der Führung ermöglichen.
   - In der Personalführung gilt es, die Bedeutung der Beherrschung turbulenzarmer Leistungsprozesse durch eine entsprechende Ausrichtung der Anreizsysteme (z.B. Karrieregestaltung, Entgeltsysteme) zu berücksichtigen.
   - In der Organisation schließlich muss der Nutzen einer Prozess-Spezialisierung standardmäßig neben dem Nutzen anderer Spezialisierungsrichtungen Berücksichtigung finden.
2. Flussbezogene Bewertungskriterien sind:
   - Flussbezogene Strukturmerkmale:

     Komplexität,

     Kohärenz,

     Wandelbarkeit und

     Koordinierbarkeit.
   - Flussbezogene Prozessmerkmale:

     Kundenorientierung,

     Fehlertoleranz und Stabilität von Prozessen,

     Durchsatz und

     Effizienz.
   - Flussbezogene Leistungsmerkmale:

     Menge (Leistungsmenge),

     Schnelligkeit,

     Flexibilität und

     Präzision.

3. Nur die Aussage b ist richtig.
   a. Ist falsch. Eine hohe Komplexität erhöht den Koordinationsaufwand und erschwert eine effiziente betriebliche Leistungserstellung.
   b. Ist richtig. Wesentliche Messgrößen der Komplexität sind: Die Anzahl der Elemente (Zahl der Produkte, Fertigungsstufen, Materialarten ...) eines Systems und die Anzahl der Beziehungen zwischen diesen Elementen
   c. Ist falsch. Um eine hohe Kohärenz zu erreichen, müssen komplexe Logistiksysteme möglichst flache Hierarchien haben, damit Entscheidungen schnell getroffen werden und es möglichst wenige Schnittstellen gibt.
   d. Ist falsch. Eine lange Prozesskette erschwert die Kohärenz (Durchgängigkeit) der Prozesse.
   e. Ist falsch. Logistiksysteme sollten zwar möglichst stabil sein. Im Sinne einer Wandelbarkeit sollte die Anpassungsfähigkeit (Adaptierbarkeit) an die Umwelt aber hoch sein.
4. Wandelbarkeit ist in einem dynamischen Umfeld Grundvoraussetzung für langfristige Wettbewerbsfähigkeit und nachhaltiges Wachstum. Durch Wandelbarkeit sollen Anpassungs- und Umstellungskosten reduziert werden. Da diese Kosten erst dann gemessen werden können, wenn ein System angepasst oder umgestellt wird, versucht man die Wandelbarkeit durch Messgrößen wie z.B. den Grad an Standardisierung von Schnittstellen, die Umstelldauer von Teilprozessen oder die benötigte Zeit für Produkteinführungen zu erfassen.
5. Fehlertoleranz und Stabilität von Prozessen erhöhen die Leistungsfähigkeit von Systemen. Dafür müssen Prozesse ausfallsicher und reproduzierbar sein. Messgrößen hierfür sind die Anzahl von Fehlern, die Schnelligkeit der Beseitigung aufgetretener Fehler und die Ausfallsicherheit von Prozessen und Teilprozessen.
6. Durchsatz beschreibt die Leistungsmenge pro Zeit und Ort. Ein steigender Durchsatz erhöht unter sonst gleichen Bedingungen die Produktivität und Wirtschaftlichkeit des Unternehmens. Mögliche Messgrößen sind Auslastungsgrade, Engpässe oder der Durchsatz einzelner Stufen der Wertschöpfungskette.
7. Die Schnelligkeit der Leistungserbringung ist besonders aus Kundensicht ein wichtiger Faktor. Messgrößen können hierfür Prozesszeiten einzelner Stufen der Wertschöpfung, Durchlaufzeiten von Aufträgen und Auftragselementen oder Lieferzeiten sein.

21 Supply Chain Management (Netzwerk, ganzheitlicher Ansatz)

Anschaulich beschreibt das englische Schlagwort „from Farm to Fork“, also vom Bauernhof auf die Gabel, die ganzheitliche integrierte Sichtweise von Supply Chains. Allerdings greift selbst diese Betrachtung bei einem ganzheitlichen Anspruch zu kurz. Soll das Supply Chain Management z.B. die biologische Reinheit eines Agrarproduktes gewährleisten, so müssen die Vorlieferanten der Farm einbezogen werden. Denn was nützt der schönste biologische Anbau, wenn das Saatgut gentechnisch manipuliert oder mit Pestiziden behandelt wurde.

Dieses an und für sich einfache Beispiel zeigt allerdings auch, wie umfangreich und komplex eine ganzheitliche, integrierte Betrachtung von Supply Chains ist und was theoretisch gut aussieht, kann in der Unternehmenspraxis nicht funktionieren oder sich im schlimmsten Fall ins Gegenteil verkehren. Insofern bietet das SCM zahlreiche Chancen aber auch genauso viele Risiken.

Ein ganzheitliches, integriertes Supply Chain Management steht zwischen den vertikal integrierten Unternehmen (Hierarchie) und einer freien Marktorganisation und kann mit Hilfe der Netzwerktheorie beschrieben werden. Das zentrale Ziel von Unternehmensnetzwerken ist die gemeinsame Schaffung von Wettbewerbsvorteilen, z.B. durch:

- gemeinsame Nutzung von Ressourcen
- gemeinsame Gestaltung von Geschäftsprozessen
- gemeinsame Marktbearbeitung

Gemäß der **Kooperationsrichtung** existieren horizontale, vertikale und diagonale Unternehmensnetzwerke. **Horizontale Netzwerke** entstehen durch den Zusammenschluss von Unternehmen der gleichen Wertschöpfungsstufe zur Erzielung von Skaleneffekten. **Vertikale Netzwerke** entstehen durch den Zusammenschluss von Unternehmen aufeinander folgender Wertschöpfungsstufen innerhalb einer Branche mit dem Ziel der Abstimmung der gemeinsamen Leistungserstellung auf die Kundennachfrage. In **diagonalen Netzwerken** schließen sich Unternehmen unterschiedlicher Branchen zusammen, um Verbundeffekte zu erzielen.

In der Praxis typische Erscheinungsformen von Unternehmensnetzwerken sind strategische, regionale, interne Netzwerke und virtuelle Unternehmen.

Grundvoraussetzung für effizientes SCM sind **Kooperationen zwischen Unternehmen**. Voraussetzung für langfriste Kooperationen sind u.a. Vertrauen, Offenheit, Fairness, Kommunikationsfähigkeit, Technologieeinsatz, Überwindung juristischer Hürden und eine klare Aufgabendefinition.

Gründe für Kooperationen können betriebsinterne Ressourcenknappheiten (z.B. Personal, Kapital), ein unwirtschaftliches Verhältnis zwischen innerbetrieblichem Aufwand zur Erfüllung der Teilaufgabe und Wert der Teilaufgabe oder die Notwendigkeit der Zusammenarbeit mehrerer Unternehmen zur Erfüllung der Teilaufgabe sein.

Wesentliche Bestandteile des Supply Chain Managements sind:

1. Supply Chain Analyse

   Die Supply Chain Analyse soll Transparenz über die Supply Chains, in welche das Unternehmen eingebunden ist, schaffen. Hierzu können, ausgehend von graphischen Darstellungen vielfältige Hilfsmittel eingesetzt werden.

2. Supply Chain Design

   Durch das Supply Chain Design sollen Netzwerke effizient gestaltet werden. Es wird festgelegt, welche Netzwerkpartner eingebunden werden und welche Funktion diese übernehmen sollen.

3. Supply Chain Planning

   Die Entwicklung der Planungssysteme in den Unternehmen ist eng mit der Entwicklung der Informationssysteme gekoppelt. Leitidee der Supply Chain Management-Software oder des Advanced Planning Systems (APS) ist die ganzheitliche, prozessorientierte Planung und Steuerung der Flüsse von Informationen, Waren und Finanzmitteln in der Supply Chain.

   Ein zentraler Ansatzpunkt des Supply Chain Planning ist eine gemeinsame unternehmensübergreifende Planung und Prognose, daher auch der Begriff Collaborative Planning, Forecasting and Replenishment (CPFR). Ein notwendiger Bestandteil einer effizienten Zusammenarbeit ist die Nutzung neuer Informations- und Kommunikationstechniken.

4. Supply Chain Operations

   Die Supply Chain Operations umfassen die Abwicklung der Aufträge inklusive aller Steuerungs- und Regelprozesse zur operativen Umsetzung der logistischen Aufgaben zur Planung, Steuerung und Überwachung des Materialflusses.

5. Supply Chain Controlling

   Supply Chain Controlling ist die Kernaufgabe von SCM, nämlich die Steuerung der Supply Chain, d.h. deren permanente Überwachung hinsichtlich Erfüllung der Vorgabewerte und – bei Verletzung der Vorgabewerte – deren Sicherung durch sofort zu ergreifende Gegensteuerungsmaßnahmen. Die Instrumente des Controllings können in angepasster Form auch in Supply Chains angewendet werden.

Die Entwicklung des Supply Chain Managements ist eng mit der Entwicklung von Informationssystemen verbunden. Sie sind ein wesentlicher „Enabler" für die unternehmensübergreifenden Kooperationen in Supply Chains. SCM-Software wird als **Advanced Planning and Scheduling Systems** (APS-Systeme) bezeichnet. Leitidee ist die ganzheitliche, prozessorientierte Planung und Steuerung der Flüsse von Informationen, Waren und Finanzmitteln in der Supply Chain. Die umfassende IT-Unterstützung der Supply Chain entsteht durch das Zusammenspiel von unternehmensübergreifenden Planungssystemen (APS) und unternehmensinternen Steuerungssystemen (ERP) zur Abwicklung der Transaktionen (Supply Chain Execution).

ERP-Systeme stellen Daten aus den einzelnen Unternehmen zur Verfügung (z.B. freie Kapazitäten, Liefertermine). Diese Daten bilden die Basis für die Planung und Szenarienbildung mittels APS-Systemen. Eine wichtige Anforderung an SCM-Software sind daher die Gestaltung von Schnittstellen und die Datenintegration aus den unterschiedlichen ERP-Systemen der Supply Chain Partner. Aktuelle Trends bei betrieblichen IT-

Systemen betreffen die webbasierte Zusammenarbeit zwischen Unternehmen, die dezentrale Datenhaltung und die Nutzung von Software auf mobilen Endgeräten.

Ansätze in der Zusammenarbeit zwischen (Einzel-) Händlern und den Konsumgüterherstellern wurden in den vergangenen Jahren unter dem Schlagwort **Efficient Consumer Response (ECR)** entwickelt und entlang der Supply Chains implementiert. Efficient Consumer Response (ECR) ist ein Ansatz zur Zusammenarbeit zwischen (Einzel-) Händlern und den Konsumgüterherstellern.

Supply Chain Management ist eine **komplexe Management-Aufgabe**. Diese kann häufig nur von Großunternehmen, die über entsprechendes Know-how und entsprechende Management-Kapazitäten verfügen, durchgeführt werden. Moderne Informations- und Kommunikationstechniken erlauben jedoch auch mittelständischen Unternehmen ein effizientes Supply Chain Management zu betreiben.

Folgende Fragen/Entscheidungstatbestände werden im Rahmen dieses Kapitels behandelt:

- Was ist ganzheitliches, integriertes Supply Chain Management?
- Was sind die Kernbestandteile des Supply Chain Managements?
- Welche Grundprobleme und Lösungsansätze behandeln Supply Chain Analyse, Design, Planning, Operations und Controlling?

Fragen

21.1 Kernbestandteile des SCM

1. Wie kann ein ganzheitliches, integriertes Supply Chain Management zu Kostenvorteilen führen? Gibt es ggf. auch Kostennachteile?
2. Welche der folgenden Aussagen trifft auf ein ganzheitliches, integriertes Supply Chain Management zu?
   a. Durch die enge Zusammenarbeit entstehen zwar Kosteneinsparungen aber aufgrund der Abhängigkeiten kann das einzelne Unternehmen seine Marktchancen weniger Nutzen. ☐
   b. Die Zusammenarbeit im Rahmen des ganzheitlichen integrierten Supply Chain Managements verbessert den Ressourcenzugang der einzelnen Unternehmen. ☐
   c. Die enge Zusammenarbeit des ganzheitlichen integrierten Supply Chain Managements schützt vor Know-how Verlusten ☐
   d. Durch die Abstimmung in der Supply Chain benötigt man mehr Zeit für die Realisierung der Marktreife von Produkten (Time to market). ☐
   e. Die enge Zusammenarbeit ermöglicht die Realisierung von Lerneffekten. ☐
3. Wie können durch Unternehmensnetzwerke Wettbewerbsvorteile geschaffen werden?
4. Warum können Kooperationen in Supply Chains dazu beitragen, dass die Ressourcenknappheit gemindert wird?
5. Netzwerke befinden sich im Spannungsfeld von Markt und Hierarchie, füllen Sie die folgende Tabelle aus.

Parameter	Markt	Kooperation/ Netzwerk	Hierarchie
Leitidee			
Koordination			
Anreize			
Vertragsformen			
Informationsbeschaffung			

21.2 Gestaltung des SCM

6. Nennen Sie fünf wesentliche Aufgaben/Phasen des Supply Chain Managements.
7. Welche Entscheidungen müssen typischerweise im Rahmen des Supply Chain Designs gefällt werden?
8. Der wahrscheinlich wichtigste Prozess der Supply Chain Planung ist die integrierte Absatz-, Produktions- und Beschaffungsplanung (Sales and Operations Planning, (S&OP). Stellen Sie die Phasen des S&OP in einem Flussdiagramm dar.

★ 9. Warum ist es in der Supply Chain Analyse und in der Folge auch im Supply Chain Design wichtig, sich auf bestimmte Teile bzw. Ausschnitte der Supply Chain zu konzentrieren?

10. Nennen Sie wichtige Supply Chain Controlling Instrumente.

21.3 IT Systeme im SCM

11. Stellen Sie die Entwicklungsschritte betrieblicher Planungssysteme hin zu SCM-Software, bzw. Advanced Planning Systems (APS) dar. *(Antwort als Tabelle möglich)*

21.4 Efficient Consumer Response als Konzept des SCM

12. Was versteht man unter ECR und was sind die wichtigsten Konzepte des ECR?
13. Was bedeutet CPFR?

21.5 Herausforderungen des SCM

★ 14. Beschreiben Sie den Widerspruch zwischen Kooperation und Machtverhalten in Supply Chains.

★ 15. Warum stellt die Globalisierung eine Herausforderung für das SCM dar?

Lösungen

1. Kostenersparnisse können z.B. dadurch erzielt werden, dass größere Volumina hergestellt werden (economies of scale) und bei einer besseren Abstimmung der Investitionen können Fixkosten vermieden werden. Kommt es allerdings zu opportunistischem Verhalten in der Supply Chain oder zu Verlust der Wettbewerbsfähigkeit einzelner Partner so kann das zu Kostensteigerungen führen.
2. Welche der folgenden Aussagen trifft auf ein ganzheitliches, integriertes Supply Chain Management zu?
   a. Durch die enge Zusammenarbeit entstehen zwar Kosteneinsparungen aber aufgrund der Abhängigkeiten kann das einzelne Unternehmen seine Marktchancen weniger Nutzen. ☐
   b. Die Zusammenarbeit im Rahmen des ganzheitlichen integrierten Supply Chain Managements verbessert den Ressourcenzugang der einzelnen Unternehmen. ☒
   c. Die enge Zusammenarbeit des ganzheitlichen integrierten Supply Chain Managements schützt vor Know-How Verlusten ☐
   d. Durch die Abstimmung in der Supply Chain benötigt man mehr Zeit für die Realisierung der Marktreife von Produkten (Time to market). ☐
   e. Die enge Zusammenarbeit ermöglicht die Realisierung von Lerneffekten. ☒
3. Unternehmensnetzwerke können auf vielfältige Art und Weise Wettbewerbsvorteile schaffen, Beispiele hierfür sind:
   - die gemeinsame Nutzung von Ressourcen,
   - die gemeinsame Gestaltung von Geschäftsprozessen oder
   - die gemeinsame Marktbearbeitung
4. Einzelne Unternehmen verfügen häufig nicht über die finanziellen Mittel und/oder wollen auch nicht die mit einem Ressourcenaufbau einhergehenden Risiken eingehen. Außerdem ist es zum Teil schwierig, spezifische Ressourcen, z.B. spezifisches Know-how, aufzubauen. Mithilfe von Kooperationen können sowohl die Kosten, bzw. die Finanzierung eines Ressourcenaufbaus wie auch die Risiken geteilt werden. Außerdem können durch Kooperationen Unternehmen in Supply Chains (langfristig) eingebunden werden, die über spezifische Ressourcen verfügen.

5.

Parameter	Markt	Kooperation/ Netzwerk	Hierarchie
Leitidee	Souveränität, Autonomie	Vertrauen	Lenkung, Kontrolle
Koordination	Preis	Selbstabstimmung, Pläne	Weisung, Autorität
Anreize	Gewinn/ Verlust	Gewinn/ Verlust	Sanktion/ Promotion
Vertragsformen	Einzeltransaktions-verträge	Rahmenverträge	Keine Vertrags-notwendigkeit
Informationsbeschaffung	Unternehmens-externe Beschaffung	Kombinierte, oft informelle Beschaffung	Hierarchieinterne Aggregation und Filterung

6. Die fünf wesentlichen Aufgaben/Phasen des Supply Chain Managements sind:
   - Supply Chain Analyse,
   - Supply Chain Design,
   - Supply Chain Planning,
   - Supply Chain Operations und
   - Supply Chain Controlling.
7. Im Rahmen des Supply Chain Designs müssen typischerweise Entscheidungen über folgende Sachverhalte gefällt werden:
   - den Charakter der Supply Chain. Dabei kann auf die Netzwerkformen (regionalen, strategischen virtuellen oder unternehmensinternen Netzwerken) zurückgegriffen werden.
   - die Art, Anzahl wesentlicher Ressourcen, z.B. Werke und Lager.
   - den Ort wesentlicher Ressourcen.
   - welche Prozesse auf welcher Ebene der Supply Chain ausgeführt werden.
   - welche Supply Chain Partner welche Aufgaben/Prozesse erfüllen und aus Sicht der einzelnen Unternehmen, ob diese Prozesse/Aufgaben outgesourced oder inhouse erbracht werden sollen
   - Transportarten und -wege.
   - eingesetzte Informations- und Kommunikationssysteme.

8. die Phasen des Sales and Operations Planning, (S&OP) können durch folgendes Flussdiagramm dargestellt werden:

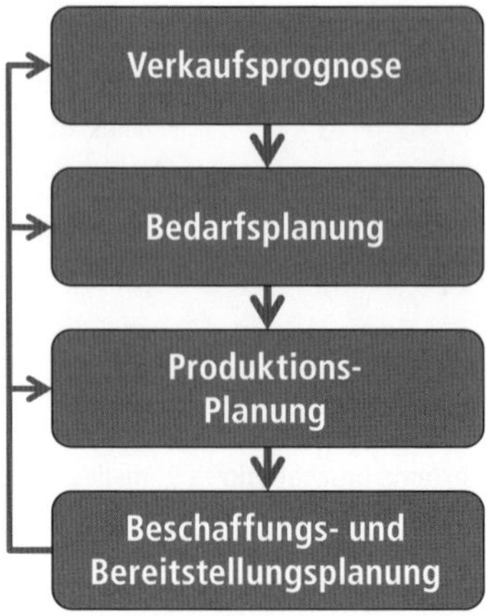

9. Würde man in der Realität Supply Chains vom Rohmaterialhersteller bis zum Endkonsumenten betrachten, so müsste man viele tausende, ggf. sogar hunderttausende von Verbindungen betrachten. Aus diesem Grund kann sich das Supply Chain Management nur auf ausgewählte Verbindungen konzentrieren.

   Diejenigen, bei denen im Falle einer Störung, der Einfluss auf die Leistungsfähigkeit oder das Ergebnis (im Sinne der Profitabilität für alle Partner) einer Supply Chain besonders groß wäre, können als – in Analogie – kritischer Pfad bezeichnet werden. Ein solches Segment einer Supply Chain kann analysiert (Supply Chain Analyse) werden und es können hierfür in der Regel auch einigermaßen gut Gestaltungsvorschläge entwickelt werden (Supply Chain Design). Da es unrealistisch ist, dass eine Gesamtplanung und ein Gesamtcontrolling für alle Verbindungen einer Supply Chain realisiert werden kann, wird man sich auch beim Supply Chain Planning und Supply Chain Controlling auf einige Verbindungen konzentrieren.

10. Wichtige Instrumente des Supply Chain Controlling sind:
    - Prozess Mapping
    - Wertschöpfungsanalysen
    - SCOR-Modell
    - Controlling von Kooperationen und Beziehungen
    - Prozesskostenrechnung
    - Target Costing
    - Kennzahlensysteme
    - Supply Chain Benchmarking
    - Supply Chain Balanced Score Card

11. Die Entwicklung von betrieblichen Planungssystemen hin zu SCM-Software bzw. Advanced Planning Systems (APS) zeigt die folgende Tabelle:

Betrachtungsgegenstand	Fokus der Informationsverarbeitung	Typische Schlüsselanwendungen
Teilfunktion	Automatisierung	Material Requirement Planning (MRP I), Eigenentwicklungen
Gesamtfunktion	Softwarepakete	Manufacturing Ressource Planning (MRP II)
Gesamtes Unternehmen	Gemeinsame Datenbasis	Enterprise Ressource Planning (ERP)
Supply Chain	Funktionsübergreifende, simultane Planung	SCM-Software, Advanced Planning Tools (APS)

12. Efficient Consumer Response (ECR) ist ein Ansatz zur Zusammenarbeit zwischen (Einzel-)Händlern und den Konsumgüterherstellern. Durch diese Kooperationskonzepte verändern sich die logistischen Prozesse zum Teil radikal. Einerseits versuchen die großen (Einzel-)Händler logistische Aufgaben, z.B. die Belieferung der Filialen, die Transporte von den Herstellern zu Zentral- oder Regionallagern sowie Kommissionierungs- und Lagerhaltungsaufgaben zu übernehmen. Auf der anderen Seite gibt es Konzepte, die die Belieferung von Waren durch die Lieferanten bis in die Regale der Filiale vorsehen.

    ECR enthält logistikbezogene Prozesse, die als Efficient Replenishment (ER) bezeichnet werden. Konzepte hierzu sind:

    - Collaborative Planning, Forecasting and Replenishment (CPFR),
    - Continuous Replenishment Program (CRP),
    - Cross Docking,
    - Direct Store Delivery (DSD),
    - Efficient Unit Loads (EUL) und
    - Quick Response (QR).

    Die effiziente Gestaltung marketingbezogener Prozesse wird als Category Management (CM) bezeichnet. Konzepte hierzu sind:

    - Efficient Product Introduction (EPI),
    - Efficient Promotion (EP),
    - Efficient Store Assortement (ESA) und
    - Efficient Store Merchandising (ESM).

    Die effiziente Verwaltung und Informationsverarbeitung kann unter dem Begriff Efficient Administration (EA) zusammengefasst werden. Ansatzpunkte sind:

    - Electronic Data Interchange (EDI) und
    - Computer-Aided Ordering (CAO).

13. CPFR steht für Collaborative Planning, Forecasting and Replenishment. Es kann ins Deutsche mit „gemeinsame Planung, Prognose und Bestandsführung“ übersetzt werden. In der Praxis wird aber fast ausschließlich der englische Fachbegriff verwendet. Das Konzept zeichnet sich dadurch aus, dass Hersteller und Händler die ihnen zur Verfügung stehenden Informationen teilen und im Rahmen einer wechselseitigen Abstimmung auf Basis einer abgestimmten Prognose eine gemeinsame Planung für Produktion, Lagerbestand und Absatz erstellen. Besonders wichtig ist es, Verkaufsförderungsmaßnahmen, z.B. Promotionen, aufeinander abzustimmen.
14. Eine partnerschaftliche Zusammenarbeit in Form einer Kooperation hilft, Transaktionskosten, z.B. Kosten der Informationsbeschaffung, Vereinbarungskosten oder Überwachungskosten zu senken. Aus diesem Grunde werden Vertrauen und partnerschaftliche Kooperationen in der Literatur als ein effizienter Ansatz des Supply Chain Managements gesehen. Eine starke Zusammenarbeit innerhalb der Wertschöpfungskette führt allerdings nicht unbedingt zu partnerschaftlichen Kooperationen; im Hinblick auf eine Maximierung der eigenen Vorteile bilden sich oft traditionelle, machtorientierte Strukturen heraus. So geben die Unternehmen, die eine größere Machtposition besitzen, den Wettbewerbsdruck an ihre Lieferanten weiter, wie man z.B. anhand der Zusammenarbeit zwischen Lebensmitteleinzelhandel und Lebensmittelindustrie und der Reduzierung der Provisionen der Reisebüros durch die Fluglinien sehen kann. Die damit verbundenen Begleiteffekte zeigen, dass dieses Vorgehen häufig nicht rational ist. So schaffen es die vermeintlich unterlegenen Partner, die ihnen aufgebürdeten Kosten in Verhandlungen wieder einzubringen, z.B. indem Lieferanten erzielte Rationalisierungsvorteile nicht oder nur verzögert an die Hersteller weitergeben. Allgemein fördert eine Machtposition opportunistisches Verhalten, wodurch in vielen Fällen eine optimierte Gestaltung der gesamten Wertschöpfungskette verhindert wird.
15. Die Globalisierung stellt zweifelsohne eine der größten Herausforderungen für das SCM dar. Dabei sind Logistik und Supply Chain Management gleichsam Treiber und Getriebene der Entwicklung. Ohne leistungsfähige Logistik und Supply Chain Systeme wäre die Globalisierung nicht möglich und die (relativ) niedrigen Kosten ermöglichen den Aufbau Globaler Supply Chains. Wie aber nicht zuletzt diverse Katastrophen, wie der Tsunami und die Atomkatastrophe in Japan oder Überschwemmungen in Thailand zeigen, sind durch die globale Arbeitsteilung ganze Industrien betroffen. In diesen Fällen vor allem die Automobil-, Elektro- und Computerindustrie. Einige Hersteller waren überrascht, dass sie von den Katastrophen betroffen waren, denn nicht ihre Lieferanten sondern einige Vorlieferanten kamen aus den betroffenen Gebieten. Dies hat die Notwendigkeit des Supply Chain Mapping gezeigt und die Sensibilität für die Gefahren der globalen Arbeitsteilung erhöht.